反叛的科學家
一代傳奇物理大師的科學反思
The Scientist as Rebel

弗里曼·戴森
Freeman Dyson

蕭秀姍—譯

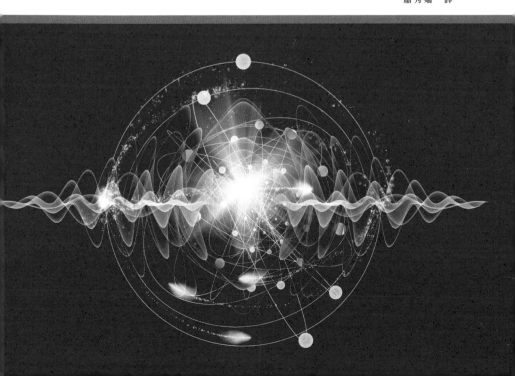

獻給我的老師艾瑞克・詹姆斯及
克狄麗亞・詹姆斯伉儷（Eric and Cordelia James）：
高貴面容、脆弱身軀——都已消逝。
但你依然堅守
在陰影與光輝中，
鄉間的所有淳樸特質，
孕育出你悲喜交加的人生場景
在我們心中，你溫暖熱情且目光如炬，
因為你向來如此。
——塞希爾・戴・路易斯（Cecil Day Lewis）

Contents

〔推薦序〕
一個知識人的諍言

高崇文｜中原大學物理學系教授

這本《反叛的科學家》收錄了著名的物理學家弗里曼‧戴森（Freeman Dyson）發表在《紐約書評》的書評，以及零星發表過的書評、序言與短文。

一般的物理學家哪會寫那麼多的書評與序言？沒錯，戴森不是尋常的物理學家，而是科學史上極少見、特立獨行又多才多藝的奇人。從這本文集的內容，各位讀者不難發現戴森的「守備範圍」不可思議地廣大，從奈米機器人到智慧外星人，從原子核到黑洞，從心電感應到氣候變遷，他都有自己獨特的見解。如同他朋友所形容的，戴森常使朋友感到耳目一新，但讓辯論的對手感到惱火。前陣子過世的物理大師史蒂夫‧溫伯格形容得更傳神，他說：「如果把形成共識形容成湖面結冰的話，戴森會不遺餘力地在冰面上鑿洞。」（I have the sense that when consensus is forming like ice hardening on a lake, Dyson will do his best to chip at the ice.）

但是各位千萬不要誤會，戴森只是個喜歡唱反調的業餘人士。當年量子電動力學一開始有兩種不同的版本；一種是許文格與朝永振一郎所發展的正則算子演算法；另一種則是費曼發明，別出心裁的所謂費曼圖演算法。雖然這兩種算法都給出相同的結果，但只有戴森的慧眼看出兩種演算法的關聯。戴森讓物理界普遍接受了費曼演算法這個威力強大的工具，這對二十世紀蓬勃發

展的粒子物理可說是致勝的關鍵。當一九六五年的諾貝爾物理獎頒給費曼、許文格與朝永振一郎的時候，許多人為戴森抱不平，但是戴森在二〇〇九年說：「如果你想拿諾貝爾獎，你就該長期集中注意力，掌握一些深刻而重要的問題，堅持個幾十年，但這不是我的風格。」

戴森曾說過，科學家有兩類，一類像狐狸，興趣極廣，能輕鬆從一個問題轉移到另一個。另一類像刺蝟，執著在自己認為重要的問題上。無庸置疑地，戴森把自己歸類成狐狸。

各位從這本文集無疑地能領教到他知識的廣度與深度，但是戴森最引以自豪的，並非是自己的聰明才智，而是他身為知識人，不屈服於政治與文化上的權威，秉持著良心來向同世代的人發出諍言的一身傲骨。舉例來說，戰爭與科技這個主題反覆出現，這是因為他原本在劍橋大學研究數學。十九歲時被分配到英國皇家空軍的轟炸機司令部，在那裡開發了用於計算轟炸機編隊之理想密度的分析方法。這個經驗讓他痛感於戰爭的殘酷無情，也對人類是否明智地運用自身聰明才智的產物，有著深刻的體認，發諸文字，特別發人深省。

這其實是英國知識人的一個偉大的傳統，讓我想起另一位特立獨行的知識人，哲學家羅素。羅素回憶童年時曾說，當時身為首相的祖父告訴羅素一段聖經經文：「不可隨眾行惡。」（出埃

及記23章2節）事實上羅素最引以為榮的祖先，不是擔任過首相的祖父，而是不屈於日益專制的英王查理二世，而被砍頭的羅素爵士。

這種雖千萬人吾往矣的氣魄，在戴森的身上也不遑多讓。他從來不怕引起爭議，各位可以在各篇後面看到戴森將文章發表後讀者的反應寫成後記，正如同他所選的書名《反叛的科學家》，戴森不折不扣是一位反叛的科學家，但是他反叛的動機並非是為了彰顯己能，而是視為自己對這個世界的責任。這一切都如同他最後所引用的一句話：

「時間很晚了，然而善惡的選擇卻在敲著我們的門。」

是的，因為良心，所以不能不說。這正是一個知識人的諍言。

〔推薦序〕
理性的反叛者

葉乃裳｜國際知名物理學家
美國加州理工學院物理學教授

　　《反叛的科學家》是著名理論物理學家暨數學家弗里曼・戴森（Freeman Dyson）的作品集錦，共計二十九篇。這些文章多數是書評，大部分發表在《紐約書評》，也有他為其他書籍所撰寫的序言，或是他演說的講稿，以及三篇出自他自己的絕版著作《武器與希望》（*Weapons and Hope*）的短文。

　　戴森是位傑出的學者，一生在諸多領域都有卓越的貢獻，包括量子場論、凝態物理、天文學、核子物理、拓樸學、數字學（number theory）等。做為凝態物理學者，我對於戴森的成就是非常熟悉的，因為他的「戴森方程式」（Dyson equation）及「戴森序列」（Dyson series）是描述物質中粒子與粒子和粒子與場之交互作用的經典方式。然而，我對於戴森在物理與數學以外的涉獵及思維並無甚多了解，直到讀了《反叛的科學家》後，才對他有更深層的認識，發現他是位富有創意的思想家，也是一位充滿責任感的人道主義者。

　　這本書所收集的文章內容豐富，包含戴森對許多泰斗級的科學家及相關科學史的敘述和評論；對科學議題以及科技於人類社會發展的省思；對戰爭與和平的探討；以及他自己的哲學和世界觀之闡述。戴森以平易近人的筆調與盡可能客觀公正的角度，來表達自己的思維。這與他的行事風格完全相符；他向來為人低調溫和，卻也從不吝於表達自己的驚人之論。他對於多元的知識，

都充滿了孩子般的好奇，樂於探究且富有想像力。他本身就是一個反叛的科學家，認為科學的發展與創意的發揮必須建構於反叛權威的思維。然而，這種反叛的思維並非基於激情、偏執或仇恨，而是深思熟慮之後，由理性所驅動，其目的是為了求真知，進而建立更美好的、為人類謀福祉的新社會。在戴森看來，科學是自由精神的聯盟，而科學家則是在此聯盟下的藝術家及反叛者。

　　戴森的科學觀是實際而包容的；他雖為理論科學家，卻非常重視實驗的驗證，而且不會天真地認為宇宙萬象均可簡化成一以貫之的萬有理論。因此，他對於近代用超弦理論及重力子去統一廣義相對論及量子力學，並不以為然，他認為完全無法證實重力子存在的情況下，執著於萬有理論是沒有實質意義的。另一方面，戴森認為科學是永無止境的，而一門好的科學，必須能在分析性與綜合性的工具和方法中取得平衡，如此方能使綜合科學隨著知識的累積，而更富有創造力，於是持續開展更新的領域。

　　戴森一生與許多大師級的科學家皆有交集，例如愛因斯坦、奧本海默、愛德華・泰勒、漢斯・貝特、理查・費曼、朱利安・施溫格、朝永振一郎、史帝芬・溫伯格、湯馬斯・戈爾德……等等，然而在戴森筆下最生動的人物，莫過於他視為偶像的老師——費曼。戴森對於費曼的崇拜可由他引用劇作家瓊生對於莎士比亞的描述而清楚說明：「我確實熱愛這個人，這份崇拜不亞於任何世人的偶像崇拜。」

　　戴森詼諧地將偉大的科學家分為兩大類：一類是狐狸，另一類是刺蝟。他說：「狐狸技倆很多，而刺蝟只懂一種。狐狸對一切都有興趣，能輕鬆從一個問題轉移到另一個問題。刺蝟只對一些他們認為是基本的問題有興趣，並在同樣的問題上執著數年或數十年之久。……科學需要刺蝟與狐狸兩者，才能健全發展。刺蝟會深入研究事物的本質，而狐狸則會探究奧祕宇宙的複雜細節。愛因斯坦是刺蝟，而費曼是狐狸。」戴森以費曼的信件選集為例，描述了「狐狸的工作方式」：「只要我們能做些什麼，就沒有問題是太小，或沒什麼大不了的。」於是，量子論中一項重大問題讓費曼榮獲一九六五年諾貝爾物理獎的偉大成果，只是費曼長串研究項目之一而已。

　　其實，戴森本人也是屬於「狐狸」一類的，所以他能深刻地欣賞費曼的特質與天賦。然而他認為費曼能成為大眾偶像，與愛因斯坦及霍金並列為二十世紀物理學的三大人物，是因為費曼不只是有紮實成就的天才，也是個表演家，更是個智者。

　　除了科學的領域，戴森的言論顯示了他的人道主義與和平主義。他在一九九五年夏天曾參與了一項有關美國未來核武庫（nuclear stockpile）的技術研究計畫，其結果有助於停止核武測試，只以現有的核武設計來維持可靠的核武庫，並推動終結核武競賽。戴森熱切地期望科學家們能經由實際合作來協助終止戰爭。他也密切地關注非軍事的科技領域所引發出的道德問題，特

別是在資訊、生物科技及神經科技三方面。他認為如果新興科技潮流忽略了窮人需求，而只為富人謀福利，則窮人早晚會反抗「科技暴政」，造成非理性的暴力與社會動盪。因此，他倡導以正面的科技力量追求社會公義，讓科技的發展成為替廣大群眾謀福祉的動力。

戴森對於生物科技為未來人類的發展充滿了希望與憧憬：除了改變現有的產業並幫忙調節地球生態之外，他認為新興生物科技可發展太空殖民，而殖民的地點則是彗星，因為它們多包含了充分供應活體細胞所需的原料，諸如水、碳與氮等基本成分。

根本上，戴森認為為人類謀福祉的科學是「善」，而導致人類浩劫的科學是「惡」。所以，「科學是人類神聖的理性與想像特質的自由發揮」；「科學是少數人對於財富、舒適與勝利的需求所做出的回應，只是為了換取和平、安全與維持現狀而給出的禮物」；「科學是人類對事物的逐步征服，先是時間與空間，再來是物質，然後是自己的身體與其他生物體，最後征服的是自身靈魂中的黑暗與邪惡。」

做為一個科學家，戴森精彩的論述或是觸動了我心深處的共鳴，或引發了我想與他激烈爭辯的衝動，只可惜我已無緣與他促膝長談。然而，我希望他的好書可以帶領讀者遨遊於一個廣闊而有情的時空，也能幫助我們深切省思科學與人生的真諦及定位。

前言

　　能夠集結偉大科學家與卓越反叛者特質的人，非富蘭克林（Benjamin Franklin）莫屬了。富蘭克林沒有受過正規教育，也沒有繼承大筆財富，但他在歐洲貴族的科學競賽中，擊敗了這群博學多聞的貴族們。他的勝利促使他相信，即便沒有受過大量的軍事戰略或是國際政治訓練，他自己與美國的同胞依然可以在戰爭及外交上擊敗歐洲的貴族。富蘭克林之所以會獲得勝利，是因為他的反叛不是一時衝動，而是經過多年的深思熟慮。在他漫長一生中的多數時候，他是忠於英國國王的人民。他在倫敦居住多年，代表當時的英國殖民地賓夕法尼亞邦（Commonwealth of Pennsylvania）與英國政府交涉，從容估量他未來的敵手。

　　富蘭克林在倫敦期間，是英國皇家藝術製造和商業促進學會（Society for the Encouragement of Arts, Manufactures and Commerce）的活躍成員，這個學會迄今仍蓬勃發展。學會提供津貼與獎金，鼓勵發明家與企業家從事發明與製造。無論是在英國本土或美洲殖民地的英國人民都可以申請獎金，但通常是學會合意的殖民企業才能獲得獎金補助。富蘭克林在一七五五年初入學會時，熱烈支持學會在獎勵發明上的努力，他認為這與自己所創的美國哲學會（Philosophical Society in America）相輔相成。但隨著時間過去，他的態度變得越來越質疑。雖然在美國獨立戰爭期間，甚至直到他過世為止，他都未曾公開反對學會，也一直在學會中保有良好信譽。但他私底下在一本書的頁緣處，寫下自己對於學會獎

金補貼系統的真正感受：

> 你們所謂來自議會及學會的獎金，不過是提供一種誘因，誘使我們離開能夠獲利的工作，從事那些若不計入你們給的獎金其實沒什麼獲利的工作，也就是誘使我們放棄對自己有利的生意，去從事對你們有利的生意。這就是獎金的真面目。

富蘭克林在一七七〇年寫下這段話，那是終結英國統治十三州殖民地戰爭爆發的五年前。

富蘭克林只有在確認時機成熟且代價可以接受時，才會成為反叛者。他是個保守的反叛者，他的目標不在於摧毀社會原先所建立的規範，而是儘可能地將其保留下來。身為駐巴黎外交官的富蘭克林，非常融入法國大革命前所建立的規範。十年後由丹頓（Danton）及羅伯斯比爾（Robespierre）所掌權的法國，富蘭克林可能就無法這麼融入了。富蘭克林所展現的反叛是經過深思熟慮的反叛，是由理性與仔細考量所驅動，並非由激情與仇恨所驅使。

雖然這本書有這樣的書名，但書的主要內容並不在於反叛的科學家，而是集結了各種主題的書評、序言與短文。這些文章大多發表在《紐約書評》（*The New York Review of Books*）。非常感謝《紐約書評》邀請我將這些文章集結成書，並容許我使用發表在其他刊物上的文章來補充說明。本書最後的書目資料，詳述了每篇文章的出處及想法來源。集結的文章根據題材分為四大部分，每部分的文章皆按時間順序排列。第一部說到科學與科技所產生的政治議題。第二部談及戰爭與和平的問題。第

三部是有關科學的歷史。第四部則是個人與哲學上的反思。雖然沒有刻意安排，但恰巧每一部分都至少出現一位反叛的科學家。不過書中有些內容所提到的科學家根本稱不上反叛者，像是約翰‧考克勞夫（John Cockcroft）及歐內斯特‧沃爾頓（Ernest Walton）（請參閱第21章）。此外，書中有些內容的重點是士兵而非科學家，例如馬克斯‧黑斯廷斯（Max Hastings）的《大決戰》（*Armageddon*）（請參閱第13章）。

為《紐約書評》撰寫文章的一大樂事是他們刊登的書評篇幅極長。書評家必須要撰寫約四千字的文章，也就是說，不只能寫出對書的評論，還可以寫出對題材的反思。本書中的短篇評論原先則發表在其他期刊上。若將本書比喻為三明治，來自《紐約書評》的十二則長篇書評就是其中的肉片，這些長篇書評大部分出現在第三部。另外還有四篇長篇書評，原先不是發表在《紐約書評》上。其中一篇為伯納爾講座（Bernal lecture）的內容，卡爾‧薩根（Carl Sagan）特別把它以附錄的形式，發表在一場與外星文明交流的會議記錄中（請參閱第24章）。其他三篇文章（請參閱第8、9及10章）則是本人絕版著作《武器與希望》（*Weapons and Hope*）中的三個章節。蘇聯解體後，《武器與希望》中的多數內容都過時了，不過這三個歷史章節還值得留下來。

本書開頭的第一篇文章「反叛的科學家」，源自一九九二年十一月在英國劍橋舉行的科學家與哲學家會議中的一場演講。這場演講是為了紀念來自魯斯霍爾姆的詹姆斯爵士（Lord James of Rusholme），詹姆斯爵士在演說前的六個月過世，享年八十三歲，這位德高望眾的長者，是英國教育體制中首屈一指的人物。詹姆斯爵士過世後，報紙上所刊登的訃文指出他是一位有能力的

組織管理者，他曾主導了約克大學的創立，並在一九六二年至一九七三年的最初十一年間，擔任此校的副校長。據說他對教育的觀點保守，他信奉舊式學術研究的嚴謹作法，努力爭取讓約克大學成為牛津等級的學者團體與學術重鎮。這裡引述他的一段話：「無名的裘德（Jude the Obscure；英國作家湯馬斯‧哈代的長篇小說）再也不用絕望地看著大學窄門的塔樓與尖塔，只要他的成績有三科是 A，就可以滿足多元入學方案中的一種，必要時也讓自己準備好不要執著於大學窄門裡之中。」他試圖讓約克大學成為精英分子的駐地，這裡指的不是金錢及社會階級上的精英，而是立基在腦力及競試上的精英。他的精英教育觀點與一九五〇及六〇年代的主流政治發生衝突。主流觀點認為，無論裘德能否拿到 A 的成績，他都應該要進入大學。主流觀點認為每個人都有權接受高等教育，而不是只有聰明人才行。最終，詹姆斯爵士只得白費力氣地去對抗政客的所作所為，那些他認為是愚蠢的所作所為。每次他在爭取嚴謹的學術標準失敗時，他總愛引用詩人馬修‧阿諾德（Matthew Arnold）的詩句：

> 讓勝利者來吧，
> 當愚蠢的堡壘傾倒時，
> 他們會在牆邊找到你的身體！

我以此文「反叛的科學家」向詹姆斯爵士致敬，因為他跟富蘭克林一樣，是位科學家，也是位反叛者。詹姆斯爵士就像富蘭克林那般，以反叛者的身分取得了偉大的成就，因為他旨在建立新社會，而不是摧毀舊社會。他就像富蘭克林那般，建立了持

久的制度。當他達成建立新大學的目標後，他成了一位保守的
管理者。而我在三十年前就對他知之甚詳，當時無人能想像他
有一天會進入英國上議院。那時他還只是艾瑞克・詹姆斯（Eric
James），溫徹斯特公學（Winchester College；一所男子寄宿學
校）裡的一位化學老師，而我是就讀那間學校的小男孩。他出版
了一本《物理化學原理》（*Elements of Physical Chemistry*）的優
良教科書，被各個學校廣泛使用。他確實是位科學家，同時也是
個反叛者及局外人，他為溫徹斯特公學悶熱的老舊教室，注入了
一股清新的氣息。但他也了解傳統的價值，他偉大到足以看見事
情的兩面。在學術傳統被視為理所當然的溫徹斯特公學，我們視
詹姆斯是位改革者。一九六〇年代在約克大學，當學術標準四處
受到攻擊時，我們則將詹姆斯視為傳統主義者。他在離開溫徹斯
特公學到創立約克大學的期間，花了十七年擔任曼徹斯特文理學
校（Manchester grammar school）的校長。在戰後那些年，身處
曼徹斯特的他，在自我重建的社會中佔據了中間立場。曼徹斯特
文理學校給了他機會去結合自己人生中的兩大目標：天才兒童教
育與社會改革。

　　我對詹姆斯最鮮明的印象來自一九四一年的夏天，那時因為
許多農場工人被徵召入伍，農場就請求學校的學生及老師在放假
期間前去支援。我們一起到了漢普郡（Hampshire）的鄉間，在
被雨水淋濕的赫斯特本普賴厄斯（Hurstbourne Priors）紮營兩個
星期，試著搶收濕透的小麥及燕麥，一捆捆的小麥及燕麥中已有
綠芽冒出。當時的農民還沒有高溫乾燥設備，下大雨的八月就代
表收成毀了。我們整個白天都在農田裡工作，晚上就在帳蓬裡探
討存在的意義。

現在回想起來，那兩個星期是我就學期間的高潮，透過詹姆斯與他太太克狄麗亞（Cordelia）講述的布萊希特評論（Brechtian commentaries），我突破了學術的束縛，看見了外頭世界的事物。克狄麗亞與詹姆斯一同勇敢地對抗愚蠢的堡壘長達五十年。他們倆在赫斯特本普賴厄斯時，與我們工作地的所有者利明頓爵士（Lord Lymington）起了衝突。這所有者與本書第十七章出現的利明頓爵士是同一人。第十七章是對詹姆斯‧格雷克（James Gleick）著作《牛頓傳》的書評。利明頓爵士繼承了牛頓的手稿，卻漫不經心地以小量拍賣的方式，讓手稿散落到世界各地。詹姆斯及克狄麗亞在晚上會唯妙唯肖地模仿利明頓爵士尖銳的聲調及愚蠢的強辯，引我們發笑。

當詹姆斯於一九九二年去世時，電影《春風化雨》（*Dead Poets Society*）正在上映。那個故事講述一所美國上流階級的預備學校，以及一位因為不墨守成規而惹禍上身的英文老師。電影的主題就是反叛。愚蠢的陳規，自以為是的校長，拯救學校的角色只剩下那位英文老師，與被老師鼓勵打破陳規的一群叛逆男孩。那是一部適合紀念詹姆斯的電影。我們在溫徹斯特的學校，就像電影裡的學校那般，有著相同的氛圍，也都有著叛逆的男孩及裝模做樣的校長。不過我們沒有在夜裡到山洞中開會，而是利用了戰時燈火管制的優勢，爬過屋頂並上到教堂的塔樓中。我們沒有具顛覆力的英文老師，但我們有著具顛覆力的化學老師。跟電影中的老師一樣，詹姆斯也熱愛詩文。他擁有化學博士的學位，但他明白以正規講課方式教導我們學習化學反應，根本沒有意義，那只會讓我們覺得無聊，因為我們自己看教科書可以學得更快。所以他把氧化鐵及氧化亞鐵放一邊，為我們唸起了

奧登（Auden）、伊瑟伍德（Isherwood）、迪倫‧湯馬斯（Dylan Thomas）與塞希爾‧戴‧路易斯的最新詩文，這些都是在二次大戰的絕望歲月中，為年輕世代發聲的詩人。

四十年後我在約克大學的一場宴會上遇見了詹姆斯，那時他已卸下副校長的職務。這是我在十七歲之後首次見到他，我引用了一首詩做為開場白，那是四十年前他唸給我們聽的詩，由戴‧路易斯創作，內容講述西班牙戰爭：

> 他們劫數難逃。
> 他們打了場預見失敗的戰爭，
> 也確實輸了。
> 詹姆斯憑著記憶馬上接著說出：
> 比斯開灣的潮水
> 覆蓋了許多不屈服的骸骨，
> 風正嘆息著
> 在監獄的圓弧圍牆那裡
> 其餘人注定要像他們的船艦那樣生鏽，
> 坎塔布連海巴斯克地區的男人啊。

幸運的是，我們的校長不像電影中的校長，他還有著容得下詹姆斯的智慧，放手讓詹姆斯做自己。詹姆斯進入英語教育升等體系，自己成為了校長，創立了大學，政府封他為「男爵」以表謝意。一位英國預備學校的化學老師在職業生涯結束時能有如此崇高的地位，真是難以想像的一件事。

但詹姆斯的內心仍是個反叛者。歷經了四十年的創意活躍人

生，他還記得當我們在一九四〇年代看見地獄災難襲捲世界的那種悲傷與憤怒。這份悲傷與憤怒依然是我們人生的一部分，也就是這份悲傷與憤怒讓詹姆斯成為一位偉大的老師。

詹姆斯的人生展示了，反叛精神與在嚴謹學術訓練中堅定追求卓越並不相互衝突。在科學的歷史中，反叛與專業能力常常密切相關。

本書中的多個章節，都在講述身為著名反叛者的知名科學家。湯馬斯·戈爾德（Thomas Gold；請參閱第3章）是對多種議題都有異端見解的偉大天文學家。約瑟夫·羅特布拉特（Joseph Rotblat；請參閱第12章）是知道德國原子彈威脅消失後就離開戰時洛斯阿拉莫斯核彈計畫（Los Alamos bomb project）的獨特科學家。諾伯特·維納（Norbert Wiener；請參閱第22章）是基於道德拒絕與企業或政府有任何關聯的偉大數學家。戴斯蒙德·伯納爾（Desmond Bernal；請參閱第24章）是分子生物學的創建者之一，也是共產黨的忠貞黨員，還是馬克斯主義的狂熱信徒。

本書中有三章（第23、25及26章）是要獻給我的老師理查·費曼（Richard Feynman），他是最像詹姆斯的物理學家。費曼有著另一種反叛精神，他把對科學的認真奉獻與外部世界的快樂冒險結合在一塊。

最善於描寫反叛在科學中所扮演角色的，莫過於古生物學家洛倫·艾斯利（Loren Eiseley）了。遺憾的是，本書中並沒有專門討論他的章節。他是位出色的作家，因著作《無限旅程》（The Immense Journey）與《意外的宇宙》（The Unexpected Universe）而為大眾所熟知，他在著作談及活著與死去生物的悲慘故事，那是身

為博物學家與化石搜尋者的艾斯利在工作過程中的所見所聞。

他的著作中談及最多個人私事的是自傳《所有奇怪時刻》(*All the Strange Hours*)。艾斯利在這本書中解釋了為什麼他是反叛者、為什麼他是詩人,以及為什麼他覺得自己與學界同仁的血緣關係,比起在雪地中注定被圍捕至死的冬夜監獄逃犯還要來得疏遠。艾斯利想像著在雪地中流血的逃犯,戴·路易斯想像著在法國監獄中生鏽的西班牙水手,這兩幅有關人們處境的景像在今日仍跟六十年前一樣有說服力。

——弗里曼·戴森,2006年寫於普林斯頓

第一部
當代科學議題

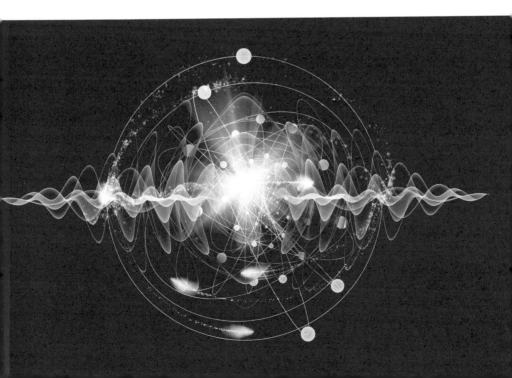

第 1 章

反叛的科學家

　　這世上不會只有一種科學觀點，就跟不會只有一種詩文觀點一樣。科學是由不完整的各種矛盾觀點拼湊而出。但在這些觀點中，有一個共通的要素，這要素就是去反抗當地主流文化所加諸的限制，當地主流文化可能是西方文化或東方文化，視情況而定。科學觀點並不為西方所獨有，阿拉伯、印度、日本或中國的科學都不下於西方文化。阿拉伯、印度、日本及中國，在現代科學發展中都佔有重要的一席之地。而且在二千年前，巴比倫與埃及在遠古科學的最初發展上也不亞於希臘。科學的核心事實之一就是，它不分東西南北，也不分人種。每個努力想要學習科學的人都能擁有它。科學的真諦同時也是詩文的真諦。詩文並非西方人發明。印度有些詩文比荷馬史詩還要古老。詩文深植阿拉伯與日本文化的程度，不亞於詩文深植俄國與英國文化的程度。雖然我引用的是英文詩句，但這不代表詩文就只有西方觀點。詩文與科學都是上天賜予全人類的禮物。

　　對於偉大的阿拉伯數學家暨天文學家奧瑪・開儼（Omar Khayyam）而言，科學是對伊斯蘭知識限制的反抗，他以絕佳的詩句更為直接地表達出這種反叛：

他們叫那個倒扣的碗為天空，

在那之下被禁錮的我們蠕動著活著與死去，

不要舉手向它求助，

──因為它

跟你我一樣只會無力打滾。

　　對於十九世紀時期的第一代日本科學家而言，科學是對他們傳統封建文化的反叛。對於拉曼（Raman）、玻色（Bose）、與薩哈（Saha）等印度當代偉大物理學家而言，科學是雙重反叛，首先是對於英國統治的反叛，再來是對於印度教道德宿命的反叛。這在西方也是一樣，從伽利略到愛因斯坦等的偉大科學家都是反叛者。以下是愛因斯坦自己對這種情況的描述：

　　我在慕尼黑的路易博德文理中學（Luitpold Gymnasium）就讀七年級時，我的導師找我談談，表達了他希望我離開這間學校的意思。我說我沒有做錯什麼事情，他只回應：「你的出現破壞了班上對我的尊敬。」

　　愛因斯坦樂於幫助老師，於是他就按照老師的意思在十五歲時輟學了。

　　從上述及其他許多例子中，我們看見科學並非是由西方哲學或西方教學法則所掌控。在所有文化中，科學是自由精神的聯盟，反抗每種文化強加給孩子的地區性專制。身為一個科學家，簡化論或反簡化論，都不是我對宇宙的觀點。我討厭任何形式的西方主義。我感覺自己是古生物學家艾斯利所提「廣大旅程」中

的一個過客，這個旅程長過許多國家的歷史，甚至也比人類的歷史要來得更久遠。

多年前在紐約自然博物館，有個舊石器時代的洞穴藝術展覽。這是個絕佳的機會，可以將收藏在法國幾十個博物館的石雕與骨雕集中一處看完。多數的雕刻作品是在一萬四千年前的法國所完成，也就是在最後一個冰河時期結束時，短暫的藝術創作盛世所完成。這些雕刻作品十分精緻漂亮，其雕刻者不可能是在洞穴營火前為了消遣的一般獵人，他們必定是受過高等文化薰陶的藝術家。

當你初次看到這些作品時，最讓人感到驚訝的地方在於這看起來不像西方文化，它們與一萬年之後在美索不達米亞、埃及與克里特島的原始藝術，完全沒有相似之處。

若我事先不知道這個古代洞穴藝術是在法國發現的，我會猜測它來自日本。這種風格在今日看起來更偏向日本，而非歐洲。

這個展覽清楚地向我們展示，跨越一萬年的時間，西方、東方以及非洲文化的差異根本沒有意義。跨越十萬年的時間，我們都是非洲人。跨越三億年的時間，我們都是兩棲動物，遲疑地從乾涸的池塘裡搖搖晃晃爬上不友善的陌生陸地。

對於過去的這種長時間觀點，甚至帶出了羅賓遜·傑弗斯（Robinson Jeffers）對於未來的更長時間觀點。以這麼長時間的觀點來看，不只是歐洲文明，連人類本身都只是短暫過客。

傑弗斯的觀點在他所寫長詩「雙斧」（The Double Axe）的不同段落中表露無疑：

「來吧，小子
你跟狐狸和小黃狼差不了多少，不過我會賜予你智慧。
噢，未來的孩子
麻煩來了；
現在的世界航行在岩石之上；
但你在之後才會出生與活著。
將來還有一天，大地會搔搔自己，笑著抹去人類：
但你在那之前就會出生。」

「時間終將到來，毫無疑問，
當太陽也將死去時；行星們會凍結，
上面的空氣也是；冰凍空氣中的白色雪花將變成塵埃；
永遠不再起風；
在昏暗星光下閃閃發光的塵埃正是死去的風；風的白色殘骸。
銀河也將死亡；
耀眼的銀河、我們的宇宙、每顆有名字的星星都將死去。
浩瀚無垠的夜晚。
親愛的夜晚，在空蕩大廳中漫步的你，
何以長得如此高大！」[1]

傑弗斯不是科學家，但他所表達的比任何出自科學家觀點的詩文都還要好。他像愛因斯坦那般，對於國家驕傲及文化禁忌表

---

1. Robinson Jeffers, *The Double Axe and Other Poems, including eleven suppressed poems.*（Liveright, 1977）

現出諷刺、超然與輕蔑的態度，孑然一身地處在對大自然的敬畏中。他獨自一人堅決反對二次大戰的愚蠢行為。在愛國情操狂熱的那幾年間，傑弗斯的詩文無法出版。傑弗斯與編輯經歷長久爭論後，《雙斧》終於在一九四八年出版。在戰爭的悲傷與憤怒都成了遙遠回憶的三十年後，我發現了傑弗斯。很幸運地，今日他的作品已經出版，你可以自己閱讀。

科學具有顛覆力已有長久歷史。被捕入獄的科學家可以列出一長串，協助他們脫困，並在不經意間挽救了他們的科學家也可以列出一長串。在我們這個年代，可以看到物理學家列夫·朗道（Lev Landau）在蘇聯被捕入獄時，是彼得·卡比查（Pyotr Kapitsa）冒著生命危險懇求史達林釋放朗道。我們看到數學家安德烈·韋伊（André Weil）在一九三九年至一九四〇年的冬季戰爭中，在芬蘭入獄，是拉斯·阿爾福斯（Lars Ahlfors）將他營救出來。

在我從事研究的普林斯頓高等研究院（Institute for Advanced Study）中，最美好的時刻莫過於一九五七年，我們經由國家科學基金會（The National Science Foundation）獲得美國政府的財務補助，聘任數學家錢德勒·戴維斯（Chandler Davis）為我們其中一員。戴維斯那時被判了重罪，因為他在眾議院非美活動調查委員會（The House Un-American Activities Committee）質詢時，拒絕出賣自己的朋友。他因為不肯回答問題而被定了藐視國會的罪名，那時他已向最高法院提出上訴。在案件上訴期間，戴維斯來到普林斯頓，繼續從事數學研究。這是科學展現顛覆力的好例子。在他的研究補助終止後，他的上訴也失敗了，因而入獄服刑六個月。戴維斯現在任職多倫多大學，是一位出色的教授，並積極協助入獄人士擺脫牢獄之災。

　　展現科學顛覆力的另一個好例子是安德烈・沙卡洛夫（Andrei Sakharov）。戴維斯與沙卡洛夫承接了一項科學傳統，這項傳統可以回溯到十八世紀的富蘭克林與約瑟夫・普利斯特里（Joseph Priestley），以及十六、十七世紀時的伽利略與吉爾達諾・布魯諾（Giordano Bruno）。若是科學不再反抗權威，那科學就配不上最聰明孩子的才智。我在學校時很幸運，是在男孩們的叛逆活動中首次接觸到科學。那時我們組了一個反對拉丁文與足球等必修課程的科學社團。今日，我們應該試著以對抗貧窮、醜惡、軍國主義與貧富差距的方式，讓孩子們認識科學。

　　生物學家霍爾丹（J. B. S. Haldane）在一九二三年二月四日於劍橋邪學會（Society of Heretics）的演說中，清楚表述了科學是種反叛的觀點。這個演講的內容發表在一本《代達洛斯》（*Daedalus*）的小書中。霍爾丹對於科學家扮演角色的觀點如下所述。我自己刪減了原文中的一些內容，並略去他引用的希臘語與拉丁語文句，因為很遺憾地，我不再確定現在的劍橋邪學會是否精熟這些語言。

　　保守人士幾乎無須恐懼自身理性臣服於激情的那類人，但他要當心自身理性變成極度強大激情的那類人。那些人就是舊時帝國與文明的破壞者、懷疑者、瓦解者與弒神者。在過去，伏爾泰（Voltaire）、邊沁（Bentham）、達利斯（Thales）、馬克思（Marx）就是這類人，但我認為達爾文也為科學領域中同樣堅韌的理性提供了範例。今日，理性不只在科學之中最能發揮，還能像透過科學那般，經由政治、哲學或文學對世界產生重大影響。當前述情況變得越來越明顯時，我猜想這世上將出現更多的達爾文。

　　我們要從三個角度來思考科學。首先，科學是人類神聖的理性與想像特質的自由發揮。再來，科學是少數人為了多數人對於財富、舒適與勝利的需求所做出的回應，只是為了換取和平、安全與維持現狀而給出的禮物。最後，科學是人類對事物的逐步征服，先是時間與空間，再來是物質那類，然後是自己的身體與其他生物體，最後征服的是自身靈魂中的黑暗與邪惡。[2]

　　我之前就明白說過，自己對於簡化論的評價不高，我對它的最佳評價就是個無關緊要的理論，最壞的評價則是它誤導了對科學的描繪。我們從純數學講起，嚴謹的證據已經證實簡化論的失敗。對於許多讀者來說，這是個熟悉的故事。偉大的數學家大衛・希爾伯特（David Hilbert）在數學領域取得三十年的高度創新成就後，就陷入了簡化論的死胡同中。在他晚年，他支持一項數學公理化的計畫，目的在於運用有限符號與公理規則，推論的數學陳述集合來簡化整個數學。這的確就是簡化論，想以紙上的一組符號來簡化數學，並刻意忽略了賦予符號意義想法與應用的前後脈絡。希爾伯特之後提出了解決這些數學問題的方法，那就是對於由任何數學符號所組成的陳述，找出一個可以判定陳述是否為真的通用過程。他稱尋找判定過程的這個問題為「判定性問題」（*Entscheidungsproblem*）。他夢想著，解決判定性問題就必能解決數學上所有知名的未解問題。這將是他人生中的最高成就，超越早期數學家一次只能解決一個問題的所有成就。

　　希爾伯特計畫的本質在於發現一個判定過程，這個過程使用

---

2. J. B. S. Haldane, *Daedalus, or Science and the Future*（London: Kegan Paul, 1924）.

純直覺符號且無須對符號意義有任何理解。既然數學可以簡化成寫在紙上的符號集合，那麼判定過程本身就只要關注在符號上，無須執著在不可靠的人類直覺上，然而符號就是靠著人類直覺來簡化的。雖然希爾伯特與他的信徒們長期致力於此，但還是沒能解決判定性問題。這僅在極度受限的數學範疇中可行，在更深且更有趣的概念中皆不可行。希爾伯特從未放棄希望，但隨著時間過去，他的計畫成了形式邏輯上的練習，與真正的數學幾乎沒有關聯。最終在希爾伯特七十歲時，庫爾特‧哥德爾（Kurt Gödel）對希爾伯特導出的判定性問題進行絕佳分析，證實了這個問題無法解決。

　　哥德爾證明了包括普通算術規則在內的任何數學方程式，不存在可以判定數學陳述是否為真的形式過程。他證明了更為強大的結果，也就是今日所知的「哥德爾定理」。哥德爾定理即是：包括普通算術規則在內的任何數學形式化，都存在有具有意義但無法證明是否為真的算術陳述。哥德爾定理確切地表示，簡化論在純數學中不可行。要判定一則數學陳述是否為真，只將陳述簡化成紙上的符號，且只研究符號的作用是不夠的。除了零星案例外，我們只能在更大的數學理念世界中研究一則陳述的意義與脈絡，才能判定這則陳述是否為真。

　　有個古怪的矛盾現象是，幾位在科學中最偉大且最富創造力的精神領袖，在取得重大發現後，依循著不受拘束的想像力，在後續幾年沉迷於簡化論中，卻只是白忙一場。希爾伯特就是這種矛盾現象的最好例子。愛因斯坦則是另一個例子。跟希爾伯特一樣，愛因斯坦在四十歲之前做了極為出色的科學研究，那時他對簡化論沒有任何偏好。他的最高成就也就是重力的廣義相對論，來自於對自然過程的深層物理有所理解。他花了十年的時間努力

理解重力，到最後他將自己理解的結果簡化成一組有限的重力場方程式（field equations）。但就像希爾伯特那般，隨著年紀增長，愛因斯坦越來越將注意力放在方程式的形式特性上，卻不再關注方程式源起的廣大宇宙概念。

愛因斯坦在最後的二十年間，徒勞無功地在尋找一組可以通用整個物理世界的方程式，卻沒有注意到任何統一場論最終都得要解釋激增的實驗發現。愛因斯坦孤獨地試著將物理簡化成紙上一組有限符號，對於這個著名悲慘故事，我就不多說了。跟希爾伯特在數學上所做的嘗試一樣，愛因斯坦的企圖也令人沮喪地失敗了。不過我倒是該來談談愛因斯坦晚年生活的另一面，跟追求統一場論比較起來，愛因斯場較不受人關注的另一面就是：他極不認同黑洞概念。

羅伯特·奧本海默（J. Robert Oppenheimer）與哈特蘭·史奈德（Hartland Snyder）在一九三九年提出黑洞理論。奧本海默與史奈德以愛因斯坦的廣義相對論為起點，運用愛因斯坦方程式來描述大質量恆星在耗盡其核能供給時所發生情況，並得出解答。恆星因重力而崩壞，從可見宇宙中消失，只留下一個強大重力場來標記自己的存在。恆星永遠保持著自由落體的狀態，無止盡向內部重力坑塌陷，卻也永遠到不了底部。愛因斯坦方程式的這個解極為新奇，對後續天文物理學的發展產生了巨大衝擊。

我們現在知道，從數個太陽質量到數十億個太陽質量的黑洞都確實存在，它們在宇宙的經濟體系中佔有主導地位。就我的觀點而言，黑洞無疑是廣義相對論最令人振奮且最重大的結果。黑洞是宇宙中確定廣義相對論具有決定性作用的地方。但愛因斯坦從未接受這個自己理論的產物。他不僅對此保持懷疑的態度，

還積極反對黑洞概念。他認為黑洞的解答是自己理論中的一個瑕疵，需要應用更好的數學方程式來移除，而不是當作經由觀察得到驗證的結果。無論是在概念上或是實際存在的可能性上，他對黑洞從未展現出絲毫的熱情。奇怪的是，奧本海默晚年時也對黑洞失去興趣，不過回顧他的一生，我們可以說黑洞是他對科學的最重要貢獻。年邁的愛因斯坦與年邁的奧本海默，對於黑洞的數學之美視而不見，也對黑洞是否確實存在的問題漠不關心。

這種視而不見及漠不關心的態度是怎麼產生的？雖然我從未直接與愛因斯坦討論過這個問題，但我與奧本海默則曾討論過幾次。我相信奧本海默的答案也同樣適用在愛因斯坦身上。晚年的奧本海默相信，值得嚴謹理論物理學家關注的問題，只有發現物理基本方程式。愛因斯坦必定也有同樣的感覺。對他而言，最重要的就是要找出正確的方程式。一旦找到正確的方程式，那麼研究方程式的特殊解就會是二流物理學家或研究生的日常練習了。就奧本海默的觀點而言，將自己投入到特殊解的細項中，是浪費你我的寶貴時間。這就是為什麼簡化論讓奧本海默與愛因斯坦誤入歧途。既然物理學的唯一目的，是要將物理現象的世界簡化成一組有限的基本方程式，那麼研究像黑洞這類的特殊解，就是不討喜地偏離了整體目標。就像希爾伯特那般，他們對於一次只能解決一種特定問題也感到不滿，他們懷抱的夢想是一次就能解決所有基本問題，結果就是他們在晚年時完全沒有解決任何問題。

在科學歷史上，應用簡化論取得巨大成功也不是少見的事情。要了解一個複雜系統的全貌，通常不可能不去了解它的各個組成。而有時，整個科學領域的理解會因為單一基本方程式的發現而突飛猛進。

一九二六年的薛丁格方程式（Schrödinger equation）及一九二七年的狄克拉方程式（Dirac equation）正是如此，它們為原先神祕的原子物理學過程帶來了奇蹟般的規則。薛丁格與狄克拉的方程式是簡化論的勝利。化學與物理上令人混亂的複雜性，被簡化成兩行代數符號。奧本海默看輕自己對黑洞的發現，因為別人的勝利烙印在他心中。與狄克拉方程式的簡單精巧相比，黑洞解對他來說似乎就是個醜陋、複雜且缺乏基本意義的東西。

但在科學歷史上也常發生的情況是，若對系統整體作用不了解，就根本無法理解一個複合系統中的各個部分。還有其他經常出現的情況是，若對方程式解答沒有詳細了解，就不可能理解方程式的數學本質。黑洞就是一個好例子。若說在黑洞發現前，我們對於愛因斯坦廣義相對論方程式的理解非常膚淺，可是一點也不誇張。從提出黑洞的五十年來，對時空幾何結構的深層數學理解慢慢成形，黑洞解在其中扮演著重要角色。科學的進步需要從整體到局部，以及從局部到整體，雙向理解發展。簡化論獨斷宣稱理解發展只有一個方向，這是不合科學邏輯的。任何教條式的理論信仰在科學中當然沒有容身之處。

在日常實踐中的科學，比起理論更為接近藝術。當我看到哥德爾證明了他的不完備定理（undecidability theorem）時，我看不到任何理論爭議。他的證明是棟高聳的建築，就像沙特爾大教堂（Chartres Cathedral）那般獨特美好。哥德爾以希爾伯特的數學形式公理為積木，從中建造出崇高的概念結構，最終讓他得以將不完備定理的數學陳述當做基石嵌入其中。這個證明是偉大的藝術作品。那是一種建構，不是一種簡化。它摧毀了希爾伯特想要將所有數學簡化成少數方程式的夢想，而以更大的數學夢想取

而代之，那是種無止盡發展的概念領域。哥德爾證明了在數學之中，整體總是大於各部分的總和。數學每次進行形式化時都會產生問題，這些問題超越了形式所架構的限制，進入未知的領域中。

愛因斯坦方程式的黑洞解也是一項藝術作品。黑洞不若哥德爾定理那般崇高，但黑洞具有藝術品的重要特質：獨特、美好且出乎意料。奧本海默與史奈德從愛因斯坦的方程式中，建造出愛因斯坦從未想像到的結構。物質成為永久自由落體的概念就隱藏在方程式中，但直到奧本海默與史奈德求出解之前，沒有人看得出來。從更卑微的層級來看，身為理論物理學家的我，從事的研究具有類似特質。

當我從事研究時，我感到自己正在創作手工藝品而非循規蹈矩地進行。我年輕時做過的最重要工作，就是將朝永振一郎（Sin-Itiro Tomonaga）、朱利安・施溫格（Julian Schwinger）與費曼的想法滙集起來，以獲得量子電動力學的簡化版本。對於我那時正在進行的工作，當時的我自認有個比喻可以來描述，那就是建造橋樑。朝永振一郎與施溫格已經在無知之河的岸邊建立了堅固的基礎，而我的工作就是設計建造跨越水面的懸臂，直到兩邊懸臂在中間會合為止。這是個好比喻。我建造的那座橋，在四十年後依然有用，仍然擔負著交通運輸的工作。

史帝芬・溫伯格（Stephen Weinberg）與阿卜杜勒・薩拉姆（Abdus Salam）則是跨越了電動力學與微弱相互作用間的鴻溝，完成偉大的整合理論，他們的成就也可以用橋樑來比喻。

在上述例子中，當整合工作完成後，整體的價值都高過各個部分。

近幾年來，科學史學家之間產生了極大爭議，有些科學史

學家相信科學是由社會力量所驅動,有些則認為科學超越了社會力量,是由自身內部的邏輯與大自然的客觀事實所驅動。第一類科學史學家寫下社會史,第二類科學史學家則寫下思想史。既然我認為科學家應該是藝術家及反叛者,得要依循自己的直覺而非社會需求或理論原則前進,所以我對兩種歷史觀點都無法完全認同。儘管如此,科學家還是要關注歷史學家。我們有太多要學習,特別是向歷史學家學習。

多年前我在蘇黎世看了一場由瑞士劇作家弗里德希・迪倫馬特(Friedrich Dürrenmatt)創作的戲劇「物理學家」(The Physicists)。劇中人物穿著實驗服以古怪誇張的模樣來表現,並用了牛頓、愛因斯坦與莫比烏斯(Möbius)這些名字。故事發生在一家精神病院,那些物理學家都是那裡的病人。在第一幕中他們以謀殺護士為樂,第二幕則揭露了他們是敵方情報單位的祕密特工。我覺得這齣戲很有趣,但同時也覺得不舒服。舞台上這些荒謬的角色與真正的物理學家一點也不像。我向一同前去看戲的朋友馬庫斯・菲茲(Markus Fierz)抱怨角色不寫實。菲茲說:「難道你沒發現嗎?整齣戲的重點就是要表現出其他人眼中的我們是什麼樣子。」菲茲是瑞士著名的物理學家。

菲茲是對的。過往科學家呈現在大眾面前的形象,是崇高正直且會為真理奉獻,但這已經不被大眾所接受。大眾發現,科學家在凡夫俗子中所有擁有的聖人形象是假的,大眾跳到另一個極端,想像科學家是玩弄人類生命的不負責任魔鬼。迪倫馬特拿了面鏡子給我們,讓我們看到大眾眼中的我們是什麼樣子。我們現在的任務就是用事實來消弭這些想像,向大眾表明科學家既不是聖人也不是魔鬼,而是跟所有人一樣有著相同弱點的人們。

相信科學具有卓越性的歷史學家，將科學家描繪成居住在卓越的知識世界中，那裡超越了短暫且腐敗平凡的現實社會世界。任何宣稱自己追隨這種崇高理想的科學家很容易就會被嘲笑是假道學。我們都知道科學家跟電視上的傳道者與政客一樣，都無法倖免於權力與金錢的墮落影響。大部分的科學史就跟宗教史一樣，是由權力與金錢所驅動的鬥爭史。但這並非全貌。無論在宗教或是科學中，有時會有真正的聖人扮演重要角色。愛因斯坦就是科學史上的重要角色，他堅信科學具有卓越性。對愛因斯坦而言，科學是逃離平凡現實的方法。這可不是自吹自擂，對於許多不若愛因斯坦那麼有天賦的科學家來說，成為科學家的主要回報並非權力與金錢，而是抓住瞥見大自然卓越之美的機會。

在科學與歷史之中，都有著能讓各種風格與目標並存的空間。科學的卓越性與社會歷史的現實之間不一定要有牴觸。有人可能認為，在科學之中，大自然終將會有定論，但在定論出現之前，人類在科學實踐中還是會產生自負且惡意的強大影響。也有人可能會認為，歷史學家的工作是揭露權力與金錢的隱藏影響力，同時也認為大自然的定律不會因權力及金錢而屈服，也不會因此就崩壞。在我看來，當人類的脆弱與自然定律的卓越性同時上場時，就是科學史最具啟發性的時候了。

弗朗西斯・克里克（Francis Crick）是二十世紀最偉大的科學家之一。他曾發表一本借用濟慈詩句《瘋狂的追求》（*What Mad Pursuit*）的著作，他在這本書中自述了由他自己協助引發的微生物革命。他在書中最具啟發性的一篇文章中，比較了他參與其中的兩項發現；一項是DNA雙股螺旋結構的發現，另一項是膠原分子三股螺旋結構的發現。這兩種分子都是生物學上的重大

發現，DNA是遺傳訊息的載體，而膠原分子則是將人體結合在一起的蛋白質。這兩個發現都涉及類似的科學技術，引發相似的熱血競爭，讓科學家們爭相想要成為發現結構的第一人。

克里克表示，在他從事研究的當下，兩個發現都帶給他同樣的激動及喜悅。從相信科學是純粹社會結構的歷史學家觀點來看，這兩個發現的重要性應該是一樣的。但在克里克體驗到的歷史當中，這兩種螺旋結構的重要性截然不同。雙股螺旋成為新興科學的動力，而三股螺旋依然只是專家學者才會感興趣的小議題。克里克提出了一個問題：如何能解釋這兩種螺旋結構的不同命運？他的回答是：人類與社會影響無法解釋這個差異，只有雙股螺旋結構的卓越之美與其遺傳作用可以解釋差異。到底什麼東西才是重要的，是由大自然本身而非科學家來決定。在雙股螺旋的歷史中，卓越之美確實存在。克里克認為自己在選擇重要問題進行研究上是有貢獻，但他也說了，只有自然本身可以告訴我們這個問題的卓越重要程度。

我在這裡要傳達的訊息是，科學是一種人類的活動，要理解科學的最佳方式就是去了解實踐科學的各個人士。科學是一種藝術形式，而非理論方法。科學的大躍進常是新興工具，而非新式學說所帶來的結果。如果我們試圖將科學塞入像簡化論之類的單一理論觀點中，我們就會像希臘神話中的普羅克拉斯提斯（Procrustes）那樣，只因為客人身材比床要長就砍掉他的腳。當科學可以自由運用手邊所有工具，且不受科學得要有什麼樣子的先入為主觀念束縛時，科學就會蓬勃發展。每當我們採用一項新興工具，這個工具總是會引領出全新的意外發現，因為大自然比我們人類更具有想像力。

後記（2006 年）

這篇文章原先是為了一九九二年的一場會議演說而寫，內容是要探討「在我們接近二十一世紀之際，簡化論依然是理解大自然的首要關鍵」一說。文章解釋了我為何花費諸多時間抨擊簡化論。演講的結果顯示，有許多與會者跟我有同樣的觀點。

當這篇文章刊登在《紐約書評》後，我收到許多很棒的信件迴響。有人同意我的觀點，也有人不同意。最棒的一封信來自數學界的傳奇人物桑德斯・麥克蘭恩（Saunders Mac Lane）。他的信件及我的回覆刊載在一九九五年十月五日發行的《紐約書評》期刊中。對於我表示偉大數學家希爾伯特晚年的研究工作一無所獲的這一番言論，麥克蘭恩絕不同意。他與希爾伯特在研究上有交流，私底下也有交情。他在信中總結說：「戴森，你就是不了解簡化論與簡化論的深層目標。希爾伯特並非一無所獲。」

我在回信中表示：「在一九三〇年代，從希爾伯特形式化計畫崩壞的廢墟中，成長出對於數學的極深層理解，這也讓我感到歡欣鼓舞。不過在我寫『崩壞的廢墟』之處，麥克蘭恩應該會改用『基礎』一詞。堅實的基礎與崩壞的希望並非不相容。兩者都是希爾伯特留給後繼者的部分重要資產……我不否認簡化科學具有的力量與美好，正如抽象代數（abstract algebra）的公理與定理所證明的那樣……但我認為建構科學擁有同等的力量與美好，就像哥德爾所建構的不完備定理……希爾伯特本身當然是兩種數學的大師。」

第2章

科學能夠合乎道德標準嗎？

　　我最喜歡的紀念雕像之一，是距離德州聖安東尼奧市阿拉莫（Alamo）不遠的塞繆爾・岡珀斯（Samuel Gompers）雕像。雕像底下節錄了一段岡珀斯的演說詞：

勞工要什麼？
我們要更多學校與更少監獄，
更多書籍與更少槍枝，
更多學習與更少罪惡，
更多悠閒與更少貪婪，
更多公義與更少報復，
我們要更多的機會來培育我們更好的天性。

　　岡珀斯是美國勞工聯盟（The American Federation of Labor）的創辦人暨第一任主席。他在美國建立了勞資協商的傳統，這開創了工會繁榮發展的時代。岡珀斯逝世七十年後的現在，工會逐漸式微，而他的夢想——更多書籍與更少槍枝，更多悠閒與更少貪婪，更多學校與更少監獄——被默默遺棄了。在一個缺乏社會

公義只有自由市場空談的社會中，槍枝、貪婪與監獄必會勝利。

　　五十年前，當我還是個在英國的學生時，我的其中一位老師是偉大的數學家哈代（G. H. Hardy），他寫了一本《一個數學家的辯白》（*A Mathematician's Apology*）來向大眾解釋數學的用處。哈代驕傲的聲明，他畢生都貢獻在創造毫無用處的抽象藝術，沒有任何可能的實際用途。對科技有強大見解的他，在聲明中這樣總結：「若科學發展傾向於加劇現實中的貧富不均，或是更直接地促進人類生活的毀壞，就會被認定是有用的。」他寫下這段話時，正處戰爭肆虐之際。

　　不過，即使在和平時期，哈代對於科技的見解還是有其價值。許多現今快速領先發展的科技，以機器取代工廠與辦公室中的勞工，讓資方更富有，而勞工卻更貧窮，確實加劇了現實中的貧富不均。今日，致命武力科技仍像哈代那時一樣有利可圖。市場根據實際效用以及是否能成功完成目標工作來衡量科技。但即使是最為成功傑出的科技，背後總有一個潛藏的道德問題：該項技術所達成的目標是否真的值得去做。

　　引發最少道德問題的科技，是那些以全體人類為範疇且讓個人生活更美好的科技。每個世代的幸運人們都可以發現合乎自己需求的科技。對於生處九十年前的我父親來說，科技是輛摩托車。他是一名貧窮的年輕音樂家，生長在一次大戰發生前的英國，摩托車的出現解放了他。在由階級與口音所支配的國家中，他只是個工人階級的男孩。他學習士紳階級說話的口吻，但那不是他歸屬的世界。而摩托車是個促進平等的極佳工具，當他騎著摩托車時，他跟那些士紳就平等了。他無須繼承上流階級的財富，就能進行歐洲壯遊。他與三位朋友買了摩托車，騎著它們遊

遍整個歐洲。

　　我父親愛上了摩托車及它所需的相關技術，他在羅伯特・波西格（Robert Pirsig）寫下《禪與摩托車維修的藝術》（*Zen and the Art of Motorcycle Maintenance*）這本書的六十年前，就已經了解摩托車的精神本質。在我父親的年代，馬路狀態不佳，機車行既少又相距甚遠。若你想要騎乘長距離，就需要帶上自己的工具組與備用零件，做好將摩托車拆開並組裝回去的準備。摩托車壞在偏鄉僻壤常常需要大修特修。對一位摩托車騎士而言，了解摩托車的構造與運作機制，就跟外科醫生需要了解病人的解剖學及生理學一樣重要。有時候，我父親與朋友會去到摩托車從未出現過的村莊中。若是出現這種情況，他們會讓村裡的孩子試坐看看，希望可以獲得在鄉村旅館吃頓免費晚餐的回報。摩托車形式的科技是友誼與自由。

　　在我父親年代的五十年後，我在核分裂反應爐形式的科技上找到了快樂。那是一九五六年，剛開始能夠和平看待核能的美好日子，當時核子反應爐的科技突然從戰時保密項目中解密，並讓大眾參觀與試用。這是我無法拒絕的邀請。當時看來，核能就好像是促進平等的巨大工具，可以提供富人與窮人同樣便宜且大量的能源，就像五十年前在階級分明的英國，摩托車為富人與窮人帶來同樣的機動性那般。

　　我加入位於美國聖地牙哥的通用原子公司（The General Atomic Company），我朋友在那裡把玩新科技。我們發明建造了一座命名為TRIGA小反應爐，這個反應爐具有固有安全（inherent safety）的設計。固有安全代表它不會出錯，即便使用者完全不會操作，也不會出錯。這間公司製造販售TRIGA四十年，至今

也仍在販售TRIGA。買主大多是醫院及醫療中心，因為TRIGA
可產生用於診斷的短半衰期同位素。這些反應爐從未出錯或對
使用者造成傷害。只有在少數地方，鄰居不管TRIGA多麼安全，
出於意識形態地反對它們存在，才會造成一些麻煩。我們的
TRIGA之所以會成功，因為它是以大型醫院負擔得起的價格，
專門設計來做有用的事情。TRIGA在一九五六年的價格為二十
五萬美金。研發製造TRIGA讓我們充滿樂趣，因為我們早在科
技陷入政治與官僚的糾葛之前，也早在知道核能顯然無法也永遠
不可能促進平等之前，就已將TRIGA快速製造完成。

　　發明TRIGA的四十年後，我兒子喬治（George）發現另一
種令人愉快的實用科技CAD-CAM技術，也就是電腦輔助設計／
電腦輔助製造系統。CAD-CAM是後核子世代的科技，在核能失
敗後成功發展的科技。喬治是個造船家，他設計在海上航行的獨
木舟。他以現代材料重現了阿留申人（the Aleuts）的古老工藝。
阿留申人經過數千年的試誤後，完美製造出他們的獨木舟，並駕
著獨木舟跨越北太平洋的驚人距離。喬治的獨木舟快速且耐用，
適合在海中航行。當他二十五年前開始建造獨木舟時，他像是個
遊牧民族，穿梭在北太平洋沿岸，嘗試過著阿留申人的生活，並
像阿留申人那樣建造獨木舟，他用自己的雙手打造每艘船上的每
個零件，並將它們組合成船。當時他就像個大自然的孩子，愛上
了野外，抗拒他成長的都市社會。他為自己及朋友建造獨木舟，
不做買賣交易。

　　隨著時間的過去，喬治的角色從叛逆的少年轉變成為穩重可
靠的公民。他結婚生了個女孩，在貝林漢姆市（Bellingham）買
了房子，並將一處濱水廢棄酒館改建成裝備齊全的工作室。他的

獨木舟現在成了一門生意。而且他還發現了CAD-CAM的樂趣。

現在他工作室裡的電腦及軟體,比縫線針及手作工具還要多。他已有很長時間沒有徒手打造船隻零件了。現在他將自己的設計直接轉移到CAD-CAM軟體中,經由電子傳輸將資料傳給零件製造商。喬治整合零件,經由郵運將獨木舟的所有零件及組裝說明書寄送給下單的常客。只有在極少數的情況下,比如有富豪付錢客製獨木舟,喬治才會在工作室組好獨木舟再運送。獨木舟的生意只佔據他的部分時間。他還運作一個有關北太平洋歷史與民族誌的歷史學會。CAD-CAM的科技帶給喬治資源與休閒時間,讓他可以到阿留申人的島嶼上拜訪他們,向年輕的島民重新介紹他們祖先被遺忘的技術。

在四十年後的未來,哪一種具有樂趣的新興科技會豐富我們子孫的生活呢?也許他們將可以設計自己的貓和狗。就像CAD-CAM的科技起初是用在大型公司的生產線上,後來才變成能讓喬治這樣的個別市民使用的工具。遺傳工程的科技也許會從生物科技與農產企業中快速擴展開來,成為我們子孫可以使用的東西。屆時在自家中設計貓狗,可能會變得像在濱水工作室設計船隻一樣簡單。

接下來取代CAD-CAM可能是CAS-CAR,也就是電腦輔助選取/電腦輔助重製。經由CAS-CAR軟體,你可以先用程式設計出寵物的毛色與行為模式,然後將程式經電子傳輸到人工生殖實驗室進行植入。經過十二個星期,你的寵物就誕生了!軟體公司保證你會滿意。當我最近在佛蒙特州一間兒童博物館的公開演說中提到這類可能性時,聽眾中有位年輕女士在口頭上冒犯了我。她指控我侵犯了動物的權利。她說我就是個典型的科學家,

是個人生以折磨動物為樂的殘酷人士。我試著安撫她說，我只是說有這種可能性，我本身並沒有實際參與設計貓狗，但卻徒勞無功。我也得承認，她的投訴合情合理。設計貓狗是門具有道德疑慮的生意，不像設計船隻那樣單純。

　　當CAS-CAR軟體可以使用的時代來臨，當任何使用這個軟體的人都可以下單訂做一隻能像公雞那樣啼叫的粉紅紫斑狗時，我們不得不做出一些艱難的決定。我們該讓市民創造那種在狗群中會被輕視嘲笑且沒有地位的狗兒嗎？若是不該，在合法繁殖動物與非法創造怪物之間，我們該在哪裡劃下界線？這是我們的子孫將來必須回答的艱難問題。也許我對佛蒙特州那位聽眾應該不要談論設計貓狗，改談設計玫瑰及蘭花或許較為適當。似乎沒有人會深切關心玫瑰及蘭花的尊嚴。植物似乎沒有自己的權利。貓狗跟人類太相似，牠們像人一樣擁有感覺。若是可以讓我們的子孫設計自己的貓狗，那麼下一步可能就會是用CAS-CAR軟體設計出嬰兒了。在那之前，他們應該要仔細考量後果。

　　在二十世紀末的時間點，我們能做些什麼，好將科技的惡果轉變成善果？科學在人類社會中有各式各樣的方式可以為善和為惡。雖然還有許多例外，不過以下所言可以做為一般準則：當科學的作用是為有錢人提供玩具時，那麼這種科學就是為惡。若是科學的作用是提供窮人所需，那麼這種科學就是為善。便宜是重要的優點。摩托車是為善的科技，因為它便宜到讓窮教師都能擁有一台自己的摩托車。核能大多算是為惡的科技，因為它仍然是富有政府與公司把玩的玩具。「有錢人的玩具」代表的不僅僅是字面上的意思，還代表著少數人才能獲得的科技便利性，這對被排除在外者而言，會讓他們更難進入社群的經濟文化生活。「窮

人所需」不只包括食物與住所，還包括適當的公共衛生服務、適當的大眾運輸與取得完善的教育及工作。

十九世紀與二十世紀初期的科學發展是對整體社會普遍有益，以某種程度的公平性將財富分配給富人及窮人。電燈、電話、冰箱、收音機、電視、合成纖維、抗生素、維他命與疫苗都促進了社會平等，幾乎讓每個人的生活都變得更為便利，這有縮小而非擴大貧富差距的趨勢。只有在二十世紀後半，優勢平衡才偏移。在過去四十年間，純科學的最大貢獻都集中在距離日常生活問題遙遠的深奧領域。粒子物理學、低溫物理學與銀河系外的天文學，都是純科學離自身起源越來越遠的例子。無論是對富人或窮人而言，努力追求這類科學不會有什麼傷害也不會有什麼益處。研究深奧領域的純科學所提供的主要社會利益，就是為科學家與工程師取得研究計畫補助。

同一時間，應用科學最強大的貢獻集中在可以銷售獲利的產品上。可以預期的是，因為有錢人比窮人更能花錢在新產品上，所以應用科學在市場導向下，經常是為有錢人發明玩具。筆記型電腦與行動電話是最新穎的玩具。現在有很大一部分的高薪工作都在網路上招聘人員，無法使用網路的人們也被排除在這些工作之外。近幾十年來，科學無法為窮人提供利益，這是兩個因素的結合所導致：純科學與人類平凡需求越來越脫軌，以及應用科學越來越短視近利。

雖然純科學與應用科學似乎正往相反方向發展，但影響這兩種科學的只有一個根本原因，這原因就是掌管科學並提供補助的委員會所擁有的權力。在純科學方面，組成委員會的科學專家們會執行同儕審查。當科學專家委員會採用投票方式選出研究主題

時，流行領域中的主題就會受到青睞，而非流行領域中的主題就不會受到支持。近幾十年來，流行領域越來越走向專門領域，那是離我們看得到也摸得到的實物越來越遠的領域。在應用科學方面，委員會是由企業主管與經理所組成。這類人會支持的，通常都是像他們自己那類有錢顧客會購買的產品。

只有像亨利・福特（Henry Ford）這種在企業中專權又愛找碴的人士，才會勇於獨斷地將定價壓低並提高工資，讓他的勞工有能力購買自家產品，進而開創出大眾市場。無論是在純科學與應用科學中，委員會所定出的規則都不利於非流行的大膽冒險。想要真正改變優先順位，科學家與企業家就得堅持發展新興科技的自由，而這些新科技得要比舊科技更能為貧窮人民與國家謀福利。隨著科學引發的善惡範疇發生改變，科學家的道德標準也必須改變。長遠來看，正如同霍爾丹與愛因斯坦所言，道德提升是唯一能治療科學進步所造成損害的方法。

核武競賽已經結束，但在非軍事的科技領域仍引發出道德問題。來自三個「新時代」的道德問題像海嘯那般席捲了人類社會。首先是資訊時代，由電腦與數位記憶體所驅動的資訊時代已經到來，也在此駐留。其次是生物科技時代，由DNA序列與遺傳工程所驅動的生物科技時代，會在二十一世紀初期全力發展。第三是神經科技時代，由神經感應器與揭露人類情緒性格的內部運作所驅動的神經科技時代，可能會在二十一世紀晚些時候出現。這三種新興科技都具有極大顛覆力。這些科技將我們從工廠、農地與辦公室的舊時繁瑣事物中解放出來。科技為對抗古老疾病的人體與心靈提供治療。科技為擁有且了解技術並掌控它們的人士提供財富與力量。新科技摧毀立基在舊科技上的工業，並

讓受過舊技術訓練的人們變得無用武之地。科技似乎會略過窮人，只給富人報價。如同哈代在八十年前所言，科技傾向於加劇現實中的貧富不均，就算不是，也是更直接地促進人類生活的毀壞，例如核能科技。

人類之中較為貧窮的那一半人，需要便宜的房子、便宜的醫療照顧與便宜的教育，每個人都需要高品質且高審美標準的這些東西。二十一世紀人類社會的根本問題在於，這三種新興科技潮流與窮人的三種需求並不協調。科技與需求之間的鴻溝很大，而且越來越大。如果科技持續像現在這樣忽略窮人需求，只為富人提供福利，窮人遲早會反抗科技暴政，改用非理性的暴力方式來自救。窮人在未來的反撲可能會跟過去一樣，讓富人與窮人都陷入貧困之中。

科技與人類需求間的巨大鴻溝只能靠道德來填補。我們在過去三十年間看到許多道德產生力量的例子。基於道德勸說力量的全球環保運動，在對抗企業財團與科技傲慢上取得許多勝利。環保人士的最強大勝利，是讓美國與其他眾多國家的核能工業垮台，最初是在核電的領域，近來則是在核武的領域。正是環保運動迫使了美國生產核武的工廠關閉，從生產鈽的漢福德（Hanford）到生產彈頭的洛基弗拉茨（Rocky Flats）。道德的力量可以比政治與經濟更具有威力。

不幸的是，環保運動截自目前為止都聚焦在科技為惡的那一面上，而不在科技沒有達到為善的這一面上。我的希望是，綠色組織（the Greens）在二十一世紀能將注意力從負面轉移到正面上。只有終結科技蠢事的道德勝利還不夠，我們需要另一種道德勝利，以正面的科技力量追求社會公義。

如果我們認同湯馬斯・傑弗遜（Thomas Jefferson）說的真理不言而喻，人人生而平等，造物者賦予人們包括生命權、自由權和追求幸福權在內的若干不可剝奪權利。那麼，讓現代社會中數百萬人陷入失業及貧困狀態，比核能發電廠對地球的污染更嚴重，也是不言而喻的。如果環保運動的道德力量可以戰勝核電廠業主，同一股力量應該也能促進科技發展，以窮人能夠負擔得起的價格提供他們所需。這即是二十一世紀科技的重大任務。

自由市場本身不會產生對窮人友善的科技，只有由道德引導的正向科技才會。道德的力量必須由環保運動以及深思熟慮的科學家、教育家與企業家共同滙集運用。若我們具有智慧，還應該要在社會公義的共業中爭取宗教的長久力量。宗教在過去大力貢獻了許多美好成果，從大教堂的建設與兒童教育到廢除奴隸制度等等。宗教在未來仍保有與科學相當的力量，並同樣致力於長期改善人類處境。

幾個世紀以來，在宗教的世界中有著末日預言，也有著希望預言，最後是希望佔了上風。科學也給過末日警告與希望承諾，但科學的警告與承諾是無法分開的。每位誠實的科學預言者帶來的消息必是好壞摻半。霍爾丹是位誠實的預言者，他向我們表示科學為惡並非不可避免的命運，但卻是需要克服的挑戰。霍爾丹在一九二三年的著作《代達洛斯》中寫道：「我們當前對生物學幾乎一無所知，生物學家卻常常忽略這個事實，這讓他們對於科學的現況估量過於放肆，對於未來的主張卻又太過保守。」自一九二三年以來，生物學已取得了驚人的進步，但霍爾丹的說法仍然正確。

我們對影響人類最多的生物過程仍然知之甚少，包括：嬰兒

的語言與社交技巧發展、兒童及成人在心境情緒與學習理解上的相互作用、生命末期的老化與心智衰退運作。這些過程無一能在接下來十年間完全解答，但所有過程也許可以在二十一世紀內獲得了解。了解之後將會產生新的科技，這為避免悲劇與改善人類處境提供了希望。很少有人會懷抱著人類可以變得完美的這種浪漫想法，但多數人仍相信人類有能力進行改善。

在今日有關生物科技的公開討論中，以人工方式來改善人類的想法受到廣泛譴責。這個想法令人反感，因為它讓人聯想到納粹醫生閹割猶太人與殺死身障兒童的景像。有很多好理由可以去譴責強制結紮及安樂死。然而一旦對生物學的理解進步到能以人造事物改善人類時，無論我們喜歡與否，這些人造事物終將出現。當人們有了科技工具可以改善自己或孩子的情況時，無論他們所認為的改善是什麼，他們都會接受。改善可能代表著更健康、更長壽、更開朗的性格、更強壯的心臟、更聰明的大腦、更強的賺錢能力，就像搖滾明星或棒球選手或業務主管那般。法規可以阻礙或延緩用於改善的科技，但不可能永遠壓制。就像今日的墮胎手段一樣，人類的科技改善方式將受到官方反對，法律上也不鼓勵甚至是反對，但實際上這些科技卻被廣泛採用。百萬人民會將其看作是從過去束縛與不公義中獲得解放。他們的選擇自由不能永遠被否定。

兩百年前，威廉・布萊克（William Blake）刻了一本圖畫詩文書《天堂之門》（*The Gates of Paradise*）。在其中一幅名為「年老無知」（Aged Ignorance）的畫作中，畫著一個戴著學究眼鏡並拿著一把大剪刀的老人。在老人面前，有個長著翅膀的孩子在初升的太陽照耀下光著身子跑著。老人背對太陽坐著，他自得意滿

地笑著張開剪刀，剪下孩子的翅膀。圖上附了一首小詩：

> 在時代的海洋中漸漸淹沒，
> 深陷在年老無知中，
> 神聖又冷酷的我，
> 剪下世間所有一切的翅膀。[1]

　　這幅畫就是當今人類正開始經歷的處境寫照。初升的太陽是生物科學，它將越來越強的陽光照射到我們生活、感覺與思考過程中。有翅膀的孩子就是人類的生命，在科學的光輝下首次認知到自己本身與自己擁有的潛力。老人代表現存的人類社會，那是由過去無知的歲月所形塑的。我們的法律、我們的忠誠、我們的恐懼與仇恨、我們的社會經濟不公義，全都深植於過去並緩緩長成中。生物知識的進步，無可避免地會在舊制度與人類自我改善的新希望之間產生衝突。舊制度將會剪下新希望的翅膀。在某種程度上，謹慎小心是情有可原的，社會約束也是必要的。新興科技帶來解放的同時，也具有危險性。但長遠來看，社會約束必須屈服在新的現實下。人類不可能永遠剪斷翅膀過活。布萊克與岡珀斯以各自不同的方式宣告自我改善願景，將不會從地球上消失。

---

1. *The Portable Blake*, edited by Alfred Kazin（Viking, 1946）.

後記（2006 年）

　　九年後，貧富差距更加擴大。新科技持續讓資方更富有，而勞工更貧窮。這篇文章的重點在於，科技發展除非伴隨著道德進步，否則是弊大於利，比起一九九七年，今日的情況更是這樣。

　　原文的陳述只有一些需要修正。行動電話不再是富人的玩具，而是變得無所不在。我最近坐在特倫頓市（Trenton）社會安全局的等候室中時，周遭都是紐澤西州較為貧困的居民，很高興見到他們之中有許多人現在都有行動電話。我兒子喬治持續在貝林漢姆市經營他的造船事業，不過他現在較為人知的身分反而是作家與歷史學家。

第 3 章

現代異類

　　一九四六年，我首次遇見湯馬斯・戈爾德（Thomas Gold），那時他正在從事有關人耳聽力的實驗，我是他的白老鼠。人類具有卓越的能力可以分辨音高，即使一個純音（pure tone）的頻率只些微振盪了百分之一的幅度，我們還是可以輕易分辨出來。我們是怎麼辦到的？這就是戈爾德想要解答的問題。

　　這有兩種可能答案，一是內耳有組微調共振器，接收聲音後會產生振動。或是耳朵不會產生共振，只是能將接收的聲音直接轉換成神經訊號，然後經由大腦內未知的神經程序分析成純音。一九四六年時，那些精熟耳朵解剖構造與生理學的專業生理學家認為，第二種答案必定是正確的，分辨音高的位置是在大腦，而非耳內。因為他們已經知道內耳是個充滿鬆軟肉狀物與水狀物的小小腔室，所以就否決了第一個答案。他們無法想像耳內鬆軟的小薄膜像豎琴或鋼琴琴弦一樣共振。

　　戈爾德設計的實驗證明這些專家都錯了，他的實驗簡單優雅且具獨創性。在二次大戰期間，戈爾德都在英國皇家海軍（Royal Navy）擔任無線電通訊與雷達的職務。他利用海軍戰後剩下的電子設備與耳機，建造了自己的儀器。他用耳機輸入一

組由幾個短脈衝純音組成的訊號，並以靜音間隔開來。靜音間隔的長度至少是純音放送時間的十倍長。脈衝的波形都一樣，但相位可以單獨反轉。將脈衝的相位反轉，就意味著耳機擴音器的運作也會相反。擴音器放出反轉脈衝時會將空氣向外推，而放出沒有反轉的脈衝時則會將空氣往內拉。戈爾德有時送出相位全部相同的脈衝，有時送出相位交錯的脈衝，也就是偶數脈衝會有一種相位，而奇數脈衝則具有相反的相位。我要做的事就是戴上耳機，坐著聆聽戈爾德以恆定或交錯相位傳送過來的訊號。我必須告訴他，聲音中的相位是恆定或是交錯的。

當每段純音之間的靜音間隔有純音長度的十倍時，很容易就可以分辨出來。我聽到像蚊子那般的混合嗡嗡聲，當相位從恆定轉變成交替時，我可以聽出嗡嗡聲的音質有所變化。我們在後續實驗中增加靜音間隔的長度，當靜音間隔長到純音的三十倍時，我仍然可以分辨出差異。我不是唯一的受測者。戈爾德的其他朋友也參與了聆聽訊號的實驗，並得出類似結果。這個實驗顯示人耳在訊號停止後（訊號接收時間的三十倍後），仍可記得訊號的相位。實驗結果證明了分辨音高的區域主要是耳朵，而非大腦。

戈爾德除了以實驗證明耳朵可以共振外，他還有個理論可以解釋鬆軟分散的物質如何建構出可微調的共振器。他的理論是內耳裡有個電迴饋系統。機械共振器連接到電動感應器與驅動器，使得結合了電子與機械的系統可以像微調放大器那般運作。電子部分提供的正向迴饋，抵消了鬆軟機械部位產生的阻尼（damping）。由於戈爾德曾經擔任電子工程師，所以他自己覺得這是相當合理的推論，不過他無法確定耳內擔任感應器與驅動器的解剖構造是什麼。他在一九四八年發表兩篇論文，一篇內

容就是實驗結果，另一篇則描述了他的理論。

　　因為我親身參與戈爾德的實驗，又聽他解釋過理論，我完全相信他是對的。不過專業的聽覺生理學家仍認定他是錯的。他們認為這個理論不可信，實驗也缺乏說服力。他們認為戈爾德是無知的門外漢，闖入了一個他沒受過訓練也沒資格說話的領域。因此戈爾德在聽力上的研究被忽略了三十年，而他也轉往研究其他主題。

　　三十年後，新世代的聽覺生理學家開始以更精密的工具探索耳朵。他們發現戈爾德在一九四八年所說的都是正確的。目前已經找到內耳中的電子感應器與電子驅動器，它們是兩種不同的毛細胞，作用的方式就如同戈爾德說的那樣。生理學界在戈爾德研究發表的四十年後，終於理解到這個研究的重要性。

　　戈爾德一生中的研究模式，都像他的聽覺機制研究那樣，約每隔五年，他就會闖入一個新的研究領域，提出讓該領域專家強烈反對的驚人理論。然後他就會努力進行研究，來證明那些專家是錯的。不過他也絕非一直都是正確，但他無懼於出錯。他出過兩次著名的錯誤，一個錯誤理論是他提倡靜態宇宙中的物質會持續被創造出來，以維持宇宙膨脹時的密度恆定。另一個是他預測月球表面布滿由靜電支撐的塵埃，太空人一踏上月球表面馬上會下沉。當他被證實是錯誤時，他會以極佳的幽默感來承認錯誤。他說，「如果你都不出錯，科學就不好玩了。」比起他極為重要的正確理論，他的錯誤理論其實微不足道。他的其中一個重要正確理論就是：脈衝星是一種旋轉的中子星。脈衝星是會規律放出無線電波脈衝的天體，在一九六七年被無線電天文學家發現。不像戈爾德的多數正確理論那般，脈衝星的理論幾乎立即被專家們所接受。

戈爾德有另一個正確理論，被專家否定的時間比聽覺理論還要長。這個理論就是，地理自轉軸會翻轉九十度。他在一九五五年發表一篇名為「地理自轉軸的不穩定性」的革命性論文，他提出地球自轉軸可能偶爾會翻轉九十度，約是一百萬年會發生一次，因此舊的南北極會移動到赤道，而舊赤道上的兩處則會移到南北極。這個翻轉是由質量運動所引發，造成舊自轉軸變得不穩定，並讓新自轉軸變得穩定。舉例來說，在南北極聚集的大量冰層可能會造成這樣的不穩定變化。戈爾德的論文被專家們忽略了四十年。當時的專家都狹隘地只將焦點放在大陸漂移現象與板塊構造理論上。戈爾德的理論與大陸漂移現象或板塊構造理論都沒有關係，所以他們不感興趣。戈爾德預測的翻轉發生的比大陸漂移還要快，而且不會改變大陸之間的相對位置。翻轉唯一會改變的是大陸與地球自轉軸的相對位置。

美國加州理工學院的岩石磁學專家約瑟夫・科胥文（Joseph Kirschvink），在一九九七年發表一篇論文，提出在寒武紀早期的一段地質上短暫時間當中，地球自轉軸確實曾經翻轉九十度的證據。這個發現對於生命的歷史極具重要性，因為翻轉的時間點顯然吻合「寒武紀爆發」的時間，這是主要高等生物物種突然出現在化石紀錄中的短暫時期，很有可能是自轉軸的翻轉造成海洋環境的強烈變化，觸動了新生命形式的快速演化。科胥文認同戈爾德，因為戈爾德的理論符合他的觀察發現。若是這個理論未被忽略四十年，也許印證它的證據會早一點被找到。

戈爾德最有爭議的理論，就是天然氣與石油是無機生成。他的理論認為天然氣與石油貯藏在地球深處，是地球壓縮物質的殘骸。在石油中發現的生物分子，只是代表著有生物混入石油

中，並非生物生成石油。這個理論與戈爾德的聽覺以及極地翻轉理論一樣，都與專家學者根深蒂固的觀念有所牴觸。戈爾德再次被認定為該領域的無知闖入者。戈爾德的確是闖入者，但他絕不無知。他對天然氣與石油的地質學與化學知之甚詳。他理論的論點都是建立在豐富的實際資訊上。也許又要花掉我們四十年的時間，才能知道哪個理論是正確的。無論石油無機生成的理論，最終被證明是對還是錯，為此所蒐集的證據將會大幅增加我們對地球與其歷史的知識。

　　最後要提到的是，戈爾德最近提出的革命性理論「深層炎熱的生物圈」（The Deep Hot Biosphere），這也是他著作的書名 [1]。他的理論表示，在整個地球數公里深的地殼當中，都有生物存在。居住在地球表面的生物只是生物圈中的一小部分。更大更古老的生物圈位於深層炎熱的地方。有相當大量的證據支持這個理論。我無需在這裡概述這些證據，因為書中都有清楚描述。我偏好讓戈爾德自己說明。我這段前言的目的只在於，解釋深層炎熱生物圈的理論是如何符合戈爾德一般在生活上及研究上的模式。戈爾德的理論總是具有獨創性及重要性，時常引發爭議也常常是正確的。根據我對戈爾德這位朋友兼同事五十年來的觀察，我相信《深層炎熱的生物圈》這本書，具有上述所有特質：具獨創性、重要性、爭議性與正確性。

---

1. Springer-Verlag, 1999.

後記（2006 年）

戈爾德於二〇〇四年過世。在他過世的前些日子，華盛頓卡內基研究所地球物理實驗室（Carnegie Institution of Washington Geophysical Laboratory）完成了驗證天然氣是從深層地函產生的實驗[2]。這個實驗將少量的地函物質暴露在鑽石加壓砧（diamond anvil cell）裡的高溫高壓中，發現有大量甲烷產生。作者發了一則訊息給戈爾德，想要告訴他，他的理論已被證實，但後來才知道他已在三天前過世。

---

2. H. P. Scott et al., "Generation of Methane in the Earth's Mantle: In Situ High Pressure–Temperature Measurements of Carbonate Reduction," *Proceedings of the National Academy of Sciences*, Vol. 101, No. 39（September 28, 2004）, pp. 14023–14026.

第4章

未來需要我們

　　如同麥克・克萊頓（Michael Crichton）的其他著作一樣，《奈米獵殺》（*PREY*）[1] 是一本結構完整且閱讀起來趣味盎然的驚悚小說。主角是傑克（小說的敘述視角）與妻子茱莉亞育有三個活潑的孩子。傑克與茱莉亞成功將親子之樂與追求卓越的矽谷高科技事業相結合。茱莉亞在一家名為西莫斯的公司任職，這家公司開發奈米機器人，一種可以四處移動並自主運作的微型機器人，但在程式指令的控制下也可以像螞蟻那樣協力運作。傑克則在一家名為密地亞的公司工作，這家公司製作可以整合大批自主機器運作的軟體。他的程式為她的機器人提供了智能與靈活度。

　　在傑克失業回家照顧孩子後，茱莉亞在實驗室工作的時間越來越長，而且越來越不在意家人，事情開始不對勁。茱莉亞參與一項耗費心力的祕密計畫，要將奈米機器人發展成可以販售給美軍的偵察攝影系統。為了增加系統的威力與性能，她將活菌注入奈米機器人中，好讓機器人可以快速繁殖與演化。她以傑克最新的自主軟體程式改寫機器人，讓機器人可以從經驗中學習。

---

1. Harper Collins, 2002.

　　即使進行了這些改良，奈米機器人仍然無法符合軍方的需求，西莫斯公司失去軍方的資金。之後，茱莉亞試圖將偵察攝影系統轉換成可以在民間市場出售的醫療診斷系統。她的想法是訓練奈米機器人進入人體中探索，比起從體外偵測的 X 光及超音波，這樣更能定位出腫瘤及其他病灶。

　　為了進行奈米機器人的醫療應用實驗，茱莉亞自願擔任白老鼠，結果卻受到慢性感染。奈米機器人學到如何在她體內建立共生關係，然後逐漸控制她的思想。她在精神錯亂下，蓄意以奈米機器人感染自己的三位同事。她還將大批奈米機器人釋放到環境中，讓它們感染野生動物並快速繁殖。

　　故事的主軸在於傑克慢慢意識到，自己的妻子與她參與的計畫出了嚴重問題，直到最後他才了解她的可怕轉變。在一位忠實年輕女性友人的協助下，他正面對抗茱莉亞，向她噴灑可以消滅她體內細菌的噬菌體。但體內沒有控制心智的共生奈米機器人，茱莉亞與受感染的同事們就無法生存。被噴灑了噬菌體後，他們就像《綠野仙蹤》裡被桃樂絲潑了一桶水的壞女巫那般倒下死去。茱莉亞死後，傑克與女性友人用火及高強度炸藥將實驗室內外的奈米機器人摧毀，結束了一切。在最後一幕裡，傑克回到孩子身邊，內心還懷疑著奈米機器人真的永遠消失了嗎？還是西莫斯公司仍有可能開發出其他會造成惡夢的奈米計畫呢？

　　這個虛構故事讓我們了解到什麼？這可從兩方面來看，一方面我們也許只需把它當成故事欣賞，不用擔心其中某些情節會成真。另一方面，我們亦可將其視為一種急迫的警告，若是今日科技持續發展下去，我們可能就會迎面碰上這樣的危機。這本小說的序文標題為「二十一世紀的人工演化」，作者在這篇序文中明

確表示，他確實希望自己的故事能被嚴肅看待。

　　要找這個故事的科技細節瑕疵，其實很容易，舉例來說，奈米機器人的大小就是個問題。茉莉亞在一次推銷展示西莫斯的醫療診斷系統時說：「我們可以達到這樣的成效，是因為這種攝影機比紅血球還要小。」這種攝影機是她的奈米機器人之一。因為茉莉亞說它可在肺微血管的血流中游動，所以它一定得那麼小。微血管就只有剛好能讓紅血球通過的寬度而已。但在這本書後續的內容中，傑克在戶外遇上大批像螞蟻或蜜蜂般的奈米機器人追趕他。這些奈米機器人在空中飛行的速度跟傑克跑起來一樣快。物理定律不容許極小型生物快速飛行，這對傑克來說是件幸運之事，但對於故事本身就可惜了。隨著生物變得更小，空氣或水的黏性阻力就會變得更強。像紅血球大小的奈米機器人在空氣中飛行時，就會像人類在黏稠的糖漿中游泳那樣。大略來說，游泳者或飛行者的最高速度與其身長成正比。對於奈米機器人在空氣中飛行或在水中游動的最高速度，最寬鬆的估算大約是每秒四分之一公分，這只能追上蝸牛而已。奈米機器人若要像昆蟲那樣整群行動，就必須要有昆蟲的大小才行。

　　故事中還有其他很容易就可發現的科技問題，故事中說，大批奈米機器人之所以可以在戶外飛行是因為太陽能的驅動。但它們極小身軀所吸收的太陽能並不足以驅動它們的運作，即使讓它們擁有可以百分之百有效運用太陽能的神奇魔力也不行。我還可以列出一長串在科學上無法成立的其他科技細節瑕疵，但這會讓故事的重點失焦。故事的重點在於人類，而非奈米機器人，主要談的就是茉莉亞是個可靠的人，身居要職的她是個有能力的善良女性，一肩扛起公司的命運。她認為讓公司免於破產的唯一方

法，就是推動一項具有風險的科技。由於她不想面對公司與職涯
的失敗，所以她無視風險繼續進行實驗。她是個賭徒，投入了她
輸不起的高額賭注。最後她不只失去公司與職涯，還失去了她的
家庭與生命。這是個可靠之人的故事，科技細節最終並不重要。

　　這個故事讓我想起內佛·舒特（Nevil Shute）在一九五七年
出版的《世界就是這樣結束的》（*On the Beach*），這是一本描述
放射性戰爭造成人類滅絕的小說。舒特以寫實人物的日常話語，
淒涼地帶出末日災變景象，讓全球讀者都陷入這種想像中。他的
著作成為全球最暢銷書籍，並拍成一部成功的電影。這本書與電
影創造了影響深遠的末日故事，人類後續有關核戰的所有思維，
無論有意識或下意識，全都受到這個故事的影響。故事隨著放射
性鈷從北半球的天空緩緩擴散至南半球，將核戰描述為無可改變
也無法逃脫的默默死去。在北半球的生命滅絕後，位於澳洲的人
民沉著勇敢地過著自己的生活直到最後。澳洲政府提供安樂死藥
物給人民在出現輻射症狀難受時使用，並建議父母在孩子出現症
狀之前就先給他們服用。沒有生存的希望，沒有談到要建造一個
地下諾亞方舟，在鈷衰變前延續地球生物的生命。舒特想像人類
平靜地接受自己的滅絕。

　　《世界就是這樣結束的》在許多方面都有科技上的瑕疵，幾
乎所有科技細節都有問題：放射性鈷基本上不會增加大型氫彈的
殺傷力；輻射落塵不會均勻落在廣大區域中，而是在時間與空間
中斷斷續續地落下；人類躲在幾公尺深的地底下，就可以保護自
己免受輻射之害；書中的戰爭推測是在一九六一年發生，即使是
當時最邪惡的國家也還無法取得百萬噸的放射性物質，產生毀滅
整個地球的輻射劑量。不過，這個末日故事說出了舒特想要表達

的事情，雖然有科技上的瑕疵，但在人類基本層次上，這個故事說出了真理。它以人人都能理解的語言告訴全世界，核戰代表的就是死亡。而世界也聽進去了。

《奈米獵殺》不若《世界就是這樣結束的》那樣出色，但它傳達給我們同等重要的訊息。這個訊息就是，二十一世紀的生物科技就跟二十世紀的核子科技一樣危險，這危險不在於任何奈米機器人或任何具有自主性的特定小機械上，危險來自於知識、來自於對生命基本過程必然會增加的了解。這裡要傳達的訊息是，不負責任地應用生物知識，即意味著死亡。我們也希望世界會傾聽。

從這一刻起，我會假定《奈米獵殺》要傳達的基本訊息是正確的。我會假定本世紀增長的生物知識，現在開始會為人類社會與地球生態帶來重大危機。本篇評論的後續，是關於我們應該採取什麼措施，來減緩危機的這個問題。對於知之甚少的假設性危險，什麼才是適當的應因措施？就跟必須評估與規範公共健康危害與環境風險的其他狀況一樣，這個問題也存在有兩種完全相反的觀點，其中一個觀點立基在「預防原則」上。預防原則的作法是，當有重大災害的風險出現時，就不允許採取任何會增加風險的行動。若某項帶來實際利益的行動會伴隨著重大災害風險出現（這也是經常會發生的情況），就絕對禁止利益與風險間的妥協。無論禁止的代價為何，任何具有重大災害風險的行動都必須被禁止。

另一種相反觀點則認為風險是無可避免的，不管要不要採取某項行動都無法排除風險，所以要基於風險與利益及代價之間的平衡，來謹慎制定行動方針。在審慎思考去禁止有危險的科學與科技時，必須要考慮到的其中一個代價，就是人類自由。我稱

第一個觀點為預防性觀點，而第二個則為自由性觀點。昇陽電腦（Sun Microsystems）是一間成功的大型電腦公司，它的共同創辦人與首席科學家比爾·喬伊（Bill Joy）於二〇〇〇年四月在《連線》雜誌（Wired magazine）發表了一篇文章，標題是「為何未來不需要我們」，副標題是「機器人、遺傳工程與奈米科技這些二十一世紀人類最強大的科技，讓人類遭受種族滅絕的威脅」。看見一位高科技產業的領導者激昂地表示要減緩可能造成危險的科技發展，真是讓人感到非常驚訝。喬伊成了預防性觀點的代言人。

九個月後，二〇〇一年一月，年度世界經濟論壇（The World Economic Forum）在瑞士達沃斯（Davos）舉行。經濟論壇的與會人士多半是企業領袖、基金會主席或政府官員。但在二〇〇一年，他們決定邀請一些科學家、作家與藝術家來參與，為會議增點知識火花。

喬伊與我都受到邀請，並被要求對「我們的科技失控了嗎？」這個主題進行辯論。

比爾代表極端預防性觀點的立場，而我則被要求要採取自由性觀點的立場，好讓辯論變得有趣。接下來我將概述我們的辯論內容[2]。為了避免我對比爾的想法陳述有誤，我只引用他發表過的文字內容。

第一部分引用自喬伊在《連線》雜誌所發表的文章：

---

2. 關於我與喬伊辯論的內容描述，摘自 2004 年我在維吉尼亞大學（University of Virginia）的一場演講中。這場演講的講稿發表在維吉尼亞大學出版的《Many-Colored Glass: Reflections on the Place of Life in the Universe》一書中。

　　基因、奈米科技與機器人（GNR）等二十一世紀的科技，強大到可以造成新型的事故與濫用。這件事最危險的地方在於，這是史上第一次，這些事故與濫用廣泛分布在個人或小群體可以觸及的範圍內。他們不需要大型設施或稀有原料。單憑知識就可以運用這些科技。

　　因此我們不僅可能擁有大規模破壞性武器，還可能會製造出經由知識強化的大規模破壞性武器（KMD），這種武器的破壞力在自我複製能力的加持下會大大增強。

　　若說我們正處於極端邪惡進一步成形的關口上，我想是一點也不誇張。這種邪惡所能擴及的範圍，遠超出國家才能掌握的大規模破壞性武器，到了能讓極端分子擁有驚人恐怖力量的程度。

　　這些內容是在二〇〇一年911事件發生的一年半前所寫。我無從得知喬伊當時心裡是否曾想過奧薩瑪‧賓拉登（Osama bin Laden）。不過他必定有想到大學飛機炸彈客（Unabomber），可能會改用基因工程微生物而非化學炸彈來報復社會。

　　接下來是第二則引述內容，喬伊在這裡引用了奈米科技主要提倡者艾瑞克‧德雷克斯（Eric Drexler）的話。德雷克斯成立前瞻研究所（The Foresight Institute）推廣奈米科技的正向用途，並警告不要進行危險運用。以下為德雷克斯的原話：

　　頑強的雜食〔合成〕「細菌」可能會打敗真正的細菌：它們可以像花粉一樣隨風傳播、快速繁殖，並在幾天內將生物圈化為烏有。危險的自我複製裝置很容易就能設計成微小頑強的東西，且能迅速傳播，讓我們無法阻止，至少在我們沒有任何準備的情況下是這

樣。我們在控制病毒與果蠅上已經受夠了這種麻煩……

我們無法承受自我複製裝置所產生的這種災難。

奈米科技的想法是想要在微觀尺度中建立具有活體細胞能力的奈米機器，不過這種機器的製成材質不同，這讓它們更為堅固且功能更多。有種奈米機器是種裝配器，就像個小型工廠那般可以製造其他機器，也包括可以自我複製。德雷克斯打從一開始就了解到複製裝配器是個威力強大工具，可以為善，也可以為惡。幸運的是，也可以說可惜的是，奈米科技的進展要比德雷克斯預期的緩慢許多。當前還沒有任何類似裝配器的東西出現。奈米科技到目前為止最有用的產品是電腦晶片。它們沒有能力自我複製，也無法複製其他任何東西。

我引用的最後一段話來自喬伊發表在《華盛頓郵報》（*The Washington Post*）的一篇文章中，這裡總結了他所預見的危險，並提供避免這類危險的建議行動方案：

參與開發新科技的我們，必須要用盡全力阻止災難發生，因此我依據大規模破壞性武器的歷史經驗，在這裡提供一系列的先行步驟：

（1）讓科學家與技術人員（以及公司領導者）按照希波克拉底誓言（The Hippocratic Oath），宣誓會避免從事任何可能或實際做出大規模破壞性武器的研究……

（2）建立國際性機構，以公開審查新興科技的風險與道德議題……

（3）採用更為嚴謹的責任概念，促使公司透過私營機制（也就

是保險）來承擔後果。

（4）對於具有高度潛力但被認為太過危險不能交易的知識與科技，進行國際控管……

（5）放棄追求那些危險到我們認為不用比較好的科技知識與發展。我也認同要追求科技的知識與發展，但我們已經看到放棄顯然是明智選擇的一些例子，像生物武器就是。

　　接下來是我對喬伊的回應。我同意他描繪的危險確實存在，但我不同意他論點的一些細節，我也強烈反對他的補救方式。我從生物武器與基因重組實驗的歷史談起，並談及為此定下規範的好壞成效。喬伊忽略了國際生物組織對規範與禁止危險科技有效作為的悠久歷史。當一九七五年發現DNA重組技術後，許多國家就開始進行基因重組實驗。馬斯尼・辛格（Maxine Singer）與保羅・伯格（Paul Berg）這兩位頂尖生物學家呼籲在可以謹慎評估風險之前，先暫停所有這類實驗。舉例來說，若是具有致命毒素的基因被植入人類普遍會被感染的細菌中，就會對大眾健康造成明顯危害。全世界的生物學家迅速同意暫停，各地的實驗停止了十個月之久。在這十個月的期間，召開了兩次國際會議來制定容許與禁止實驗的準則。這些準則建立出物理與生物上的限制規範，以控管不同風險等級的實驗。最危險的實驗被完全禁止。生物學家們自願遵守這些準則，而這些準則也從那時起就被大家檢視，並因應新發現不時進行修正。因此，在這二十五年間，相關實驗都沒有出現任何重大健康危害。這是負責任市民的光榮榜樣，顯示科學家在保有科學自由的同時，也可以保護大眾免於受到傷害。

生物武器的歷史是個更為複雜的故事。美國、英國與蘇聯在二次大戰期間與戰後,都進行了開發與儲備生物武器的大型計畫。但相較於發展核武,這些就算不上什麼了。不像有些知名物理學家曾盡心盡力地推行核彈計畫,生物學家從未努力推動過生物武器。大多數的生物學家,跟生物武器一點關係也沒有。少數參與武器計畫的生物學家,大多也抱持強烈的反對態度。

在美國,最強烈反對的人士是馬修・梅塞爾森(Matthew Meselson),他在一九六八年尼克森擔任總統時,剛好有幸成為亨利・季辛吉(Henry Kissinger)的鄰居與朋友。季辛吉是尼克森總統的國家安全顧問。梅塞爾森抓住機會說服季辛吉,而季辛吉又說服了尼克森,美國生物武器計畫對美國的危害比任何潛在敵人都還要嚴重。一方面,難以想像美國在什麼情況下會想使用這些武器,另一方面,若是部分武器落入恐怖分子之手,不難想像會發生什麼後果。

所以尼克森在一九六九年大膽宣布美國廢除整個計畫,並銷毀庫存武器。這是單方面的行動,無需任何國際協定或美國參議院的批准。生物武器的開發被及時終止,而生物武器也被銷毀了。隨後英國也迅速跟進。一九七二年,尼克森發起的行動有了結果,美國、英國與蘇聯簽署了三國永久禁用生物武器的國際公約。後續還有許多其他國家也簽署了這份公約。

我們現在知道,蘇聯大規模違反了一九七二年的生物武器公約,持續開發新武器並儲備武器,直到一九九一年蘇聯垮台為止。蘇聯垮台後,俄國宣布會遵守公約,並宣布舊蘇聯的計畫現在終止。但許多舊蘇聯的研究與生產中心仍然隱藏在祕密高牆後,俄國也從未向全世界提供這些計畫已終止的有力證據。俄國

與其他國家很有可能仍然持有生物武器。不過，一九七二年的公約依然具有效力，而且大多數的國家都已簽署。即使公約是否有被遵守無從檢驗查核起，即使公約還是會被違反，但是有總比沒有好。若是沒有公約，當世界任何地方出現生物武器時，我們就沒有任何法律依據可以控告與採取預防措施。生物武器的風險不會因為有了公約就消失，但會大大地降低。再強調一次，整體上來說，生物學家們（特別是梅塞爾森）都是功臣，讓這一切得以在現實世界的國際政策與國際競賽上成真。

我回覆喬伊的最後一部分，著重在對於我們都同意存在的危險要如何補救。喬伊說：「對知識進行國際控管」與「放棄對這類知識的追求……因為它很危險，所以我們決定不要用到比較好。」喬伊提倡由國際或國家政權對科學研究進行審查。我反對這種審查。人們常說，現代生物科技的風險在歷史上前所未有，因為讓一種新生物進入世界中的後果是無法逆轉的。但我想我們可以在歷史上找到極為類似的情況，曾經也有個政府試著防範同樣無法逆轉的危險。

三百五十九年前，詩人約翰·彌爾頓（John Milton）以「論出版自由」（Areopagitica）為題，寫了一段演說詞給英國國會。他為不受審查的印刷自由發聲。我這裡所要說的是，十七世紀讓人心墮落的書籍所造成的道德恐慌，可以類比至二十世紀致病微生物所造成的身體感染恐慌。兩個案例中的恐慌，都不是沒來由的，也不會不合理。彌爾頓寫下「論出版自由」的一六四四年那時，英國正陷入漫長的流血內戰及三十年戰爭（Thirty Years' War）中，那場擊垮德國的三十年戰爭，還有四年才會結束。十七世紀的戰爭是宗教戰爭，宗教教條的差異在其中扮演重要角

色。當時的書籍不只讓人心墮落，也毀壞了身體。英國議會嚴正地認為，讓書籍在全球自由印刷的風險，可能會造成無法挽回的致命後果。

彌爾頓則認為，儘管如此，還是要接受這樣的風險。

我相信在我們的時代，他的話依然具有價值，只需把原文中的「書籍」以「實驗」一詞來取代即可。

以下即為彌爾頓的演說詞：

基於此事在教會與國家中事關重大，我不否認對於讓他們蒙羞的書籍與人士要警戒，但之後卻被視為惡意進行扣押、監禁與嚴屬審判……我知道它們充滿活力，就像傳說中的龍牙那般生產力旺盛，在來回傳播之下，可能會孕育出危險人物。

彌爾頓這段演說詞中的最重要字眼是「之後」。書籍在還未造成某些傷害之前，不該被定罪與扣押。彌爾頓認為不可接受的是，讓書籍不見天日的先行審查制度。他接下來點出問題核心，就是對於「同時具有為善與為惡可能性的不確定事物」進行規範的困難度：

假設我們可以運用這種工具驅逐罪惡，看看我們驅逐了多少罪惡，也就代表著我們驅逐了多少良善；因為兩者是一樣的，驅逐其中之一，就等同驅逐了兩者。

這驗證了上帝的崇高旨意。雖然祂指示我們要節制、要有公義、要自律，但卻在我們面前大方傾倒所有欲望之物，並賜與我們可以跨越所有限制與滿足的心智。容許書本能夠自由出版，是對美

德的試煉與真理的實踐，為什麼我們要廢除與限制那些事物，嚴重違反上帝與大自然的作法。我們最好學會一件事，以法律來限制具有為善與為惡可能性的不確定事物，根本沒有意義。

　　我引用的最後一段話，表達了彌爾頓對十七世紀英國知識分子的愛國情操感到自豪，這也是二十一世紀美國人有充分理由可以共享的優越感：

　　英國上議院與下議院，請思考你們是什麼樣的國家，你們又是什麼樣的管理者：一個國家不該緩慢又愚蠢，而要迅速、靈巧、心思敏銳、急於創新、出言微妙有力，達到不下於人類能力所能達到的最高點……莊重且節儉的外西凡尼亞族，每年都會遠從海西尼亞荒原（Hercynian wilderness）之外的俄國邊境山區，派遣莊重之人，而非年輕人，來學習我國的語言與神學，這絕非沒有原因的。

　　畢竟，在我們致力於調解個人自由與大眾安全之間的長久問題時，三百多年前過世的偉大詩人所擁有的智慧也許仍有幫助。
　　這場辯論到此結束。沒有投票表決勝負。辯論的目的不在取勝，而是要教育。喬伊與我依然是朋友。

第 5 章

這是什麼樣的世界啊！

　　這是一本閱讀起來令人感到耳目一新的書籍，書中充滿事實真相，真實呈現了我們的地球以及改變地球的生命，作者不讓真相被政治所隱藏或掩蓋。瓦克拉夫·史密爾（Vaclav Smil）非常清楚，政治爭議目前正環繞在人類活動影響氣候與生物多樣性的議題上，但在《地球生物圈：演化、動力與改變》（*The Earth's Biosphere: Evolution, Dynamics, and Change*）[1] 這本著作中，他並沒有給予這些議題過多關注。他著重在我們知識上的巨大空白、我們觀察的匱乏程度及我們理論的膚淺程度。他呼籲人們要關注缺乏了解的許多地球演化面向，在我們要為地球現狀做出正確診斷之前，必須先對此有更佳了解才行。當我們試著要照顧地球時，就得像照顧病人一樣，先診斷出疾病才能進行治療。

　　這本書中有兩個議題，一個主要的，一個次要的。主要議題在於描述地球生物圈。生物圈是個由植物與岩石、真菌與土壤、動物與海洋、微生物與空氣，相互作用的網絡，前述這些構成了生物在地球上的棲息地。要了解生物圈，就必須從兩方面來

----

1. MIT Press, 2002.

探討，一是從下方觀察許多細節，另一是從上方以單一整體為視角。這本書全面詳述了地球生物，也對與系統緊密相連的全球物質及能量循環做了概述。書中的每個細節與每個循環，都有科技方面的參考文獻佐證。其參考書目就有四十頁，包括一千多篇的參考文獻，範圍涵蓋約翰・雷（John Ray）一六八六年出版的《植物歷史》（*History of Plants*）到二〇〇一年政府間的氣候變遷計畫。參考書目讓這本書成為學生與老師的實用參考書。此外，這本書也適合不具學生或老師身分，但對環境問題甚感興趣的一般人來閱讀。

　　本書的次要議題是在探討弗拉基米爾・維爾納茨基（Vladimir Vernadsky）的生平與研究。維爾納茨基不是創出「生物圈」（biosphere）一詞的人，不過他是第一位將生物圈視為單一核心理念，以統整地球研究及生命研究的人。他在俄國被譽為二十世紀科學的領導人物，然而在西方他卻名不見經傳。

　　史密爾過去在布拉格接受教育，現在定居在加拿大，他身為東西兩方橋樑，想要藉著出版這本書的機會，復興維爾納茨基的思想，讓西方世界了解他的理念。《地球生物圈：演化、動力與改變》中的每一章，都引用了維爾納茨基的《生物圈》（*The Biosphere*）裡的文句做為開場，那不只總結他自己想法，也適合廣大讀者們閱讀。第一章「理念演化」開場的維爾納茨基文句如下：

　　「強大的宇宙力量，賦予了地球新的特質。灌入地球的幅射，造成生物圈出現某些特質，這是原來無生命的地球表面所未知的特質，從此改變了地球的樣貌。」

　　而標題名為「文明與生物圈」的最後一章，則以這樣的引述

開場:「只有人類才會違反已建立的秩序。」

連著上下文一起觀看,最後一則引述的意思就會更加清楚。不只是燃煤與石油,耕種與除草也讓人類違反已經建立的秩序。維爾納茨基寫道:

在耕種過的區域中,文明的人類只有付出極大的努力才能在雜草叢生的每塊土地上收割作物。在地球出現人類以前,每個地方的植被必須經過數個世紀的生長,才可能達到最為茂密發展的平衡狀態。在俄國部分地區的原始大草原中,仍然可以看到這樣的狀態……視野所及,只有高及腰部的羽毛草,像是件一望無際的衣裳,為地球隔絕太陽的酷熱。土壤中保留的水分讓苔蘚與地衣受益,在樹葉的陰影下,它們歷經整個炎熱夏季依然綠意盎然。

只有人類才會違反已建立的秩序,經由耕作破壞了平衡……當他為生活壓力不得不防止異物入侵他要耕種的區域時,他看見了。若他用眼睛仔細觀察四周的大自然世界,他也會看見。在他四周的綠色植被為了生存,正展開神祕、沉默且無可阻擋的抗爭。感受到這樣的運作,他或許可以體驗到森林入侵草原的事實、或是苔原茁壯生長的地衣造成森林逐漸式微的實際景象。

我們在上述文字中,聽到了維爾納茨基真正的心聲,他說話的口吻就像契訶夫(Chekhov)劇作《凡尼西舅舅》(Uncle Vanya)中的醫生米蓋爾・阿斯特洛夫(Mikhail Astrov)那樣。他對事實的陳述具有科學準確性,不過卻是以戲劇與詩詞的語言來表現。維爾納茨基與契訶夫是同時代的人。兩人都身處探討哲學的知識分子圈中,而契訶夫也會在他的戲劇中強烈刻畫這些知

識分子。維爾納茨基像是契訶夫筆下的人物，只恰巧也是位世界級的科學家而已。

　　維爾納茨基是地球化學家，一八六三年出生在基輔，父親是政治經濟學家。他在一八八九年成為居里先生的學生，並於一九〇二年成為莫斯科大學的正式教授。一九〇五年的第一次俄國革命，迫使沙皇將部分政府事務移交給稱為杜馬（Duma）的俄國議會機構，維爾納茨基是其中的重要政治人物。他是立憲民主黨（Constitutional Democratic Party；通常簡稱為Kadet）的創辦人之一。立憲民主黨嘗試要擔任忠實反對黨的角色，這是俄國要以不流血方式實現廣泛政治改革，迫切需要的。可惜的是，大多數的知識分子都支持社會革命黨，他們不相信逐步改革的作法。

　　從一九〇八年至一九一八年的這段期間，維爾納茨基一直是立憲民主黨的中央委員，努力對抗右派的沙皇官僚人士與左派的社會改革人士，想在俄國建立起民主政府。在布爾什維克革命（The Bolshevik Revolution）後，立憲民主黨多數的領袖都被處死。但維爾納茨基則因為是著名的科學家，又在列寧的核心圈子內有些朋友，所以倖免於難，但他的政治生涯就此結束。他在巴黎流亡了數年，在索邦大學講授地球化學與撰寫著作《生物圈》。一九二六年當他六十二歲時，他平安回到俄國，並在列寧格勒出版了這本書。他拒絕加入共產黨，不過一直到一九四五年去世為止，他都是受到尊敬的蘇聯科學界資深政治家。

　　在俄國，地球化學與生物學這兩門學科一直是統合的，並以維爾納茨基的生物圈視角為中心主旨。在維爾納茨基過世後，人們仍持續閱讀與研究他的著作與論文。俄國生物學家想要將生物圈與生態聚落及地球發展歷程結合，去了解生命。在此同時，西

方的生物學則朝簡化論的方向強力發展,想要藉由將生命簡化成基因與分子來了解生命。簡化生物學取得巨大的成功,並主導了西方生物學家的思想。

事實上,簡化生物學與整合生物學之間並沒有不相容。基因與分子以及生態與生物圈,都是我們所在世界的重要部分。要完整了解我們的世界,兩種生物學都是必要的。若科學沒有受到政治的影響,東西兩方對生物學採取的簡化法與整合法,可能在維爾納茨基活著的時候就已經結合在一起,形成一個平衡的生物圈觀點。但在一九三〇年代,因為特羅菲姆・李森科(Trofim Lysenko)對孟德爾遺傳學的全面追殺,蘇聯的生物學幾乎被摧毀。在俄國,簡化生物學被禁止。在西方,因為李森科顯然支持俄國傳統的整合生物學,所以整合生物學的名聲也跟著敗壞。在西方,維爾納茨基的想法受到忽視,也沒有人要閱讀他的著作。《生物圈》的完整英譯本直到一九九八年才問世[2]。在簡化生物學主導了七十年後的現在,維爾納茨基的文詞看起來既古典又別緻。

若歐洲的政治人士當初能有足夠的智慧,和平處理好一九一四年的塞爾維亞危機(The Serbian crisis),我前面所提的世界就可能會出現,成為偉大的歷史事件之一。若第一次世界大戰沒有爆發,俄國在一九〇五年至一九一四的經濟快速成長可能還會持續,布爾什維克可能仍只是一小群不法分子,沒有廣泛的響應,也沒有機會奪取政權。沙皇的政府或許會演變成君主立憲制,而立憲民主黨可能會成為自由議會制度的領袖。在這個想像的世界中,維爾納茨基可能會是俄國總理,帶領著他的國家往經濟與

---

2. V. I. Vernadsky, 《*The Biosphere*》, translated by D. B. Langmuir(Copernicus, 1998).

科學發展的路徑前行，最終完全融入國際社會。在閱讀完他的一些著作後，我一點也不懷疑他若有機會必定留在政治圈。這樣的話，他就沒有時間重拾科學家的本職，寫下《生物圈》這本書。而沒有成為科學新學門創始人的維爾納茨基，可能會成為自己國家的救世主。

　　從維爾納茨基與他的夢想這裡，我要轉談到史密爾著作的主要議題，也就是對於全球規模的生物圈行為進行了解的困難。即便是掌控天氣與氣候的無生命過程都很難理解了，更不用說掌控森林與海洋豐富性的生命過程就更難理解了。我以大氣中的二氧化碳對生物圈所造成的影響做為例子，來說明這個困難程度。這是史密爾著作裡的其中一個主題，不過作者本身並沒有特別強調這個主題，而是我這個書評想要在這裡特別提出。人類燃燒煤碳與石油、使用車輛與從事其他活動所造成的結果，使得大氣中的二氧化碳每年以0.5%左右的速率在增加。

　　每個人都同意二氧化碳的大量增加會造成兩個重大影響，首先，二氧化碳是溫室氣體，陽光可以穿透二氧化碳，但從地球表面要四散到太空中的熱幅射有部分就無法穿透了。其次，二氧化碳是陸地與海洋植物的重要營養素。二氧化碳增加的同時產生了兩項改變，一個是能量穿透大氣層進行傳送的改變，另一是植物生長與繁衍的改變。二氧化碳的物理影響與生物影響比較起來，哪個重要？無論是個別影響或是綜合影響，這些影響是利還是弊？史密爾在最後兩章中總結了這些問題的相關證據，但不莽撞去回答這些問題。

　　二氧化碳的物理影響可以從降雨、雲量、風勢與氣溫上的改變看見，這些改變通常會被混為一談，以「全球暖化」這個誤導

用語來統稱。「全球暖化」是個誤導用語，因為二氧化碳增加造成暖室效應所產生的暖化效果，並不會均勻分布。在潮溼的空氣中，二氧化碳對於熱輻射傳導的影響不大，因為相較之下，水蒸氣造成的強大溫室效應重要得多了。二氧化碳在乾燥空氣中所造成的影響比較大，而乾燥空氣通常只會出現在寒冷地帶。暖化主要發生在具有乾冷空氣的地帶，所以主要發生在極地區域而非熱帶區域、在冬天而非夏天、在夜晚而非白天。暖化是真實存在，但它主要是讓寒冷地帶變暖，而非讓熱帶地方更熱。用「全球暖化」一語來代表區域性的暖化是種誤導，因為全球平均溫度只有小幅變化，然而在高緯度地區的局部暖化現象要大得多了。此外，在局部降雨量的改變上（無論是增加或減少），通常都來得比溫度變化重要。因此使用「氣候變遷」一詞取代「全球暖化」，來描述二氧化碳的物理影響，會更為適當。

　　二氧化碳對植物的生物影響可以從生長速度、根莖比（ratio of roots to shoots）與需水量上的變化看見，這些變化因物種而異，並且可能導致生態平衡從一種植物聚落，轉移至另一種植物聚落。對於植物聚落的影響，也會對依賴植物為生的微生物聚落與動物聚落造成影響。生物性的影響難以測量，但規模應該頗大。在溫室空氣中增加二氧化碳的實驗顯示，許多農作物的產量大致會隨著二氧化碳量的平方根增加而增加。若在戶外大氣中的主要農作物也是這樣，那麼就表示燃燒石化燃料所造成30%二氧化碳增量，可能在過去的六十年間已經讓全球食物供給增加15%。全球的各種生物質產量，都可能發生類似的增產。「生物質（biomass）」一詞是指動植物與微生物等所有的生物，再加上生物排泄或死亡所留下的有機殘留物。史密爾著作的第七章內容

即為，對驅動生物圈季節規律的各種生物質進行的全面性調查。

　　我們不知道溫室中觀察到的農作物產量，隨著二氧化碳增加而增加的情況，是否也適用在戶外的農作物上。作物的產量受限於許多因素，並非只有二氧化碳含量這一項。我們所知經常會影響植物生長的因素之一是水量。若像乾旱時期供水量有限，增加二氧化碳的含量就會有所幫助。植物葉子上的氣孔必須一直打開，才能從空氣中取得二氧化碳，然而植物每取得一個二氧化碳分子，就會從氣孔中散失一百個水分子。這意味著，增加空氣中的二氧化碳含量可以讓植物關閉部分氣孔，以減少水分的散失。在乾旱時期，增加二氧化碳含量具有節水的作用，還能帶給植物持續生長的更好機會。

　　二氧化碳在空氣中的含量對生物極為重要，其根本原因是因為二氧化碳的含量極少。在正午受到陽光全面照射的一片米玉田中，大約每五分鐘會耗盡距地面一公尺內的所有二氧化碳。若沒有對流與風持續攪動空氣，玉米就不會生長。大氣中的二氧化碳總量若全部轉換成生物質，只能覆蓋全球陸地表面不到一英吋的深度。大氣中約有十分之一的二氧化碳確實在每個夏季轉換成生物質，並在每個秋季再回到大氣中。這就是為什麼燃燒石化燃料造成的影響，無法與植物生長及腐化的作用區隔開來。

　　碳有五種儲存形式在短期內可供生物取用，這不包括碳酸鹽岩與深層海洋，那類儲存形式需要數千年的時間才能取用。可取得的五種儲存形式為大氣、陸地植物、陸地植物所生長的表土、海洋植物所生長的海洋表層以及我們確定的石化燃料儲量。大氣是含量最少的儲存形式，石化燃料則是含量最大的儲存形式，但所有五種形式的儲存量都差不多。它們彼此互動強烈，要了解它

們之中的任何一個，就必須要全部了解。這就是為什麼地球生態學不像化學之類的科學那麼精確。

關於不同儲存形式的二氧化碳會彼此互動的例子，可以想想大氣與表土。溫室實驗顯示，在富含二氧化碳的空氣中生長的許多植物，其根莖比會增加。這意味著植物的根會長得比莖葉要多。這個生長方向的變化是可以預期的，因為植物必須維持葉子從空氣中取得碳，以及根從土壤中取得礦物質間的平衡。富含二氧化碳的空氣讓平衡傾斜，以致於植物不需要太多葉片面積，而需要更多的根部面積。現在想想在生長季節結束，也就是葉子掉落與植物死亡時，根莖是什麼樣的情況。新生成的腐化生物質被真菌及微生物吃掉，其中一些碳回到大氣中，而另一些則轉入表土中。

平均來說，地面上生長用到的碳多會回到大氣中，而地底下生長用到的碳則多會轉入表土中，所以根莖比增加的植物，會造成碳從大氣到表土的淨轉移增加。若大氣中二氧化碳含量的增加是因為燃燒石化燃料所導致，那就會造成廣大區域的植物平均根莖比增加，這可能就會對表土中的碳含量產生不小的影響。我們目前沒有方法可以量測或甚至是去猜測這個影響的規模，所以美國表土的總生物質還無法測量出來，但表土無法測量不代表這就不重要。

大致而言，除了阿拉斯加與夏威夷之外，美國本土有一半是由高山、沙漠、停車場、高速公路與建築所組成，而另一半則是被植物與表土所覆蓋。要看看無法測量的表土增加量有多重要，就讓我們想像植物增加的根莖比，可能會造成半個美國表土生質能每年有0.1英吋的淨增加好了。簡單的計算顯示，從大氣到表土的碳轉移量為每年五十億噸。這比起大氣中每年增加四十億噸的二氧化碳含量還要多得多了。因此，半個美國本土每年增加

0.1英吋的表土生質能，就能抵消全球大氣中所增加的二氧化碳。

　　每年0.1英吋的表土增加量非常難以測量。目前我們甚至不知道美國的表土是增加，還是減少。在全球其他地區，因為大規模的森林砍伐與風化，表土儲量有可能正在減少。我們不知道智能化土地管理，是否能確保每年增加四十億噸的表土碳儲量，以阻止大氣中的二氧化碳含量增加。我們目前只能說，這在理論上可行，但還需要嚴謹的研究。

　　史密爾提到的另一個需要認真看待的問題是，海平面的緩慢上升，若這持續加速的話，可能會造成災難等級的後果。我們可以精確量測出這二百年間的海平面高度。我們觀察到海平面從一八〇〇年迄今都在穩定地上升，並在最近五十年間加速。人們普遍認為近來海平面加速上升是因為人類活動造成，因為這與大氣中二氧化碳含量快速增加的時間吻合。但從一八〇〇年至一九〇〇年的海平面上升，可不是因為人類活動的關係。十九世紀的工業活動規模，還沒有大到有測量得出的全球影響。我們觀察到的海平面上升，有很大一部分必定是其他原因所造成。其中一個原因可能是，一萬兩千年前冰河時期結束時，北極冰層消失，造成了地球形狀緩慢進行重新校正。另一個原因可能是，冰河大規模的融化所導致，而這種情況在人類對氣候有重大影響之前就開始了。我們又再次有了環境危機，除非我們對其原因了解得更多，否則我們就無法預測這場危機的規模會有多大。

　　海平面上升的可能原因中，最令人擔心的就是西南極冰層的快速解體。西南極冰層是南極的一部分，其冰層底部遠低於海平面。南極邊緣周圍的溫暖海洋可能從底部侵蝕冰冠（ice cap），造成冰冠塌陷沉入海中。若整個西南極迅速解體，海平面可能會

上升五公尺左右，這將對幾十億人造成災難。不過，近來對冰冠的測量顯示，它的融化速度並沒有快到對現今觀察到的海平面上升有明顯貢獻。南極周圍的溫暖海洋似乎造成了冰冠上的降雪量增加，增加的降雪量大致抵消了邊緣侵蝕造成的冰量減少。這又是另外一個情況，我們不知道有多少環境變化是起因於人類活動，而有多少又是因為我們無法控制的長期自然歷程造成。

另一個我們更不了解的環境危機，是新冰河時期可能會到臨。新冰河時期即代表，北美洲與歐洲有一半將會被巨大冰層所覆蓋。我們知道在過去八十萬年間，有個自然循環一直在運作，這個循環的周期是十萬年。每十萬年中，冰河時期大約持續九萬年左右，而處於兩個冰河期間的溫暖時期，大約是一萬年左右。我們現在所處的溫暖時期是從一萬二千年前開始，因此下個冰河時期早該來臨。若是人類活動沒有影響到氣候，那麼新冰河時期可能在接下幾千年間隨時就會開始，也或許已經開始。

我們不知道要如何回答這個最重要的問題：我們燃燒化石燃料到底會增加，還是減少，下個冰河時期到來的機會？

對於此問題，正反兩方的都有良好的立論。一方面，我們知道大氣中的二氧化碳含量，在過去的冰河時期遠比在溫暖時期來得低許多，因此可以合理預期人為造成的二氧化碳含量上升，也許能阻止冰河時期開始。另一方面，海洋學家華萊士·布羅克（Wallace Broecker）[3] 認為，歐洲現在的溫暖氣候是仰賴海水

---

3. W. S. Broecker, "Thermohaline Circulation, the Achilles Heel of Our Climate System: Will Man-Made CO2 Upset the Current Balance?," *Science*, Vol. 278（1997）, pp. 1582–1588, cited by Smil.

的循環，墨西哥灣流（Gulf Stream）在海面向北流動，為歐洲帶來溫暖，同時冷水在深海中逆流至南方。因此，若是深層的寒冷逆流被中斷，就有可能造成新的冰河時期開始。當北極表面寒冷海水的含鹽量降低造成無法下沉時，逆流可能就會被中斷，而且當溫暖的氣候增加北極的降雨時，海水的含鹽量還會再降低。因此布羅克認為，北極的溫暖氣候反而可能會造成冰河時期的到臨。

　　我們面臨了兩個結論相反的可能論點，所以唯一的合理反應，就是承認我們的無知。在還沒詳細了解造成冰河時期的原因之前，我們無法知道大氣中增加的二氧化碳含量，是會降低，還是加重，這個危機。

　　生物圈是我們人類必須處理的事物中，最複雜的一個。地球生態學這門科學才剛起步，而且尚未發展起來。所以見多識廣的坦率專家學家們，對這些事實意見分歧也不足為奇了。但是除了對事實意見分歧之外，還有一個對價值的深層意見分歧。對於價值的意見分歧，或許可以簡化成自然主義者與人道主義者之間的意見分歧。自然主義者相信，大自然最了解情況。對他們而言，最高的價值就是尊重事物的自然秩序。人類對自然環境造成的任何嚴重破壞都是邪惡的。過度燃燒石化燃料，並造成大氣中二氧化碳的增加，全都是邪惡的。

　　人道主義者則相信，人類是大自然中極為重要的一部分。生物圈經由人類的心智，已經獲得掌控自己演化的能力，而且現在是由我們當家。人類擁有重組大自然的權利，好讓人類與生物圈得以共同生存與興盛繁衍。對人道主義者而言，最高價值就是人類與大自然之間有智慧的共存。最邪惡的東西是戰爭與貧窮、低度發展與失業、疾病與飢餓，以及剝奪人們機會與限制人們自由

的困境。如同貝托爾特・布萊希特（Bertolt Brecht）在《三便士歌劇》（*The Threepenny Opera*）中所寫：「先填飽肚子，再來談道德。」若人們無法填飽肚子，我們就無法期待他們會在保護生物圈上付出更多心力。長遠來看，只有當全球各地的人們都能擁有不錯的生活水準時，才有可能會去維護生物圈。以人道主義者的標準來看，若是大氣中二氧化碳的增加與全球經濟繁榮有關，而且若是較貧窮的那一半人能從其中公平獲益，那麼這項增加就不會被認為是極惡之事。

如同史密爾所描繪的，維爾納茨基是位人道主義者，他預見到生物圈將會逐漸轉變成為心智圈（noosphere）。「心智圈」一詞意味著由人類智慧設計與維持的地球生態。他知道當心智圈出現之際，「這片土地上的大氣層與所有的自然水分都會產生物理上與化學上的變化。」他了解到，維護心智圈是人類要肩負起的重責大任。他相信人類有能力應對這項挑戰。維爾納茨基的想法及史密爾著作的主要結論就是，生命是複雜的，而任何試圖要簡單描述生命行為的理論可能都是錯誤的。

後記（2006 年）

在這篇評論發表後，史密爾出版了另一本著作《位於十字路口的能源：全球觀點與不確定性》（*Energy at the Crossroads: Global Perspectives and Uncertainties*，麻省理工學院二〇〇三年出版），這本書直接談論到能源供需的實際議題。這本新書是《地球生物圈》一書的極佳補充，新書中提到更大的生態框架，而且我們的實際政策必須要能適用其中。非常感謝史密爾送我這本新書，也很抱歉我當初在撰寫這篇評論時還沒看過他的新書。

第6章

見證悲劇

　　湯馬斯・萊文生（Thomas Levenson）是為公共電視製作紀錄片的製作人。他對重大事件與個人細節具有敏銳眼光，能將歷史真實重現。他的著作《愛因斯坦在柏林》（*Einstein in Berlin*）[1]是部德國社會史，該書涵蓋的期間從一九一四至一九三三年間，也就是愛因斯坦居住在德國柏林的二十年間。透過愛因斯坦的角度來觀察這座城市，城市本身的問題寫照就會變得更加清晰。

　　愛因斯坦是極佳的見證者，他觀察著這個自己積極參與其中，但始終感情超然的城市生命。他時常寫信給在瑞士的老朋友與在德國的新朋友，記錄下他們發生的事件，並描述自己的希望與擔憂。他三不五時會提到自己的日常生活與活動，但這不是其中的主題，主題是第一次世界大戰這場悲劇。

　　這場悲劇始於一九一四年，但並沒有在一九一八年結束。從一九一八年至一九三三年間，這場悲劇持續折磨柏林的市民，造成他們最後將自己的命運交到希特勒的手上。希特勒承諾會消弭這場悲劇，並帶領市民回到德國團結繁榮的帝國美好日子，所以

---

1. Random House, 2003.

他得以從他們身上取得權力。

　　愛因斯坦生活中的每一面向，無論是個人、政治、科學和哲學上，都在他各式各樣的傳記中被詳細描述與研究。這個世界不缺另一本愛因斯坦傳記，幸好萊文生的書不是傳記。他從愛因斯坦已公開的書信與現有傳記中，借用了所有他需要的材料，並在著作中附上完整的謝誌與出色的參考書目。這本著作的新穎與原創之處在於愛因斯坦所處的社會背景，那是從愛因斯坦一九一四年到達柏林那天，至一九三三年離開柏林那天之間，對於柏林深入了解的社會病理學研究。

　　這場悲劇有兩幕戲，第一幕是戰爭期間，第二幕是威瑪共和國（Weimar Republic）期間。第一幕戲中最顯著特點是，愛因斯坦在柏林的朋友普遍都相信德國會戰勝。戰爭受到廣大歡迎，因為這是德國取得強權應有地位的機會。愛因斯坦觀察到，他在學術圈的朋友與同事甚至比街上遇到的普通市民，更受到偉大的愛國夢想迷惑。愛因斯坦在一九一五年與瑞士朋友羅曼·羅蘭（Romain Rolland）的談話中，曾經提到柏林是怎麼走向戰爭的。

　　「群眾非常服從，他們被馴服了，」他說：「精英們更加糟糕。他們對權力的急切、對武力的熱愛與想要征服的夢想，讓他們變得飢渴。」

　　即使到了一九一八年夏天，德國在西方戰線的最後一擊失敗後，許多德國頂尖學者仍然對勝利充滿信心。

　　柏林官員與他們在巴黎和倫敦敵人的心態非常不同。在巴黎，這場戰爭被視作一場為了生存的拼死搏鬥，西線戰場上的槍聲近到在巴黎的每個人都可以聽見。在英國，戰爭被視為一場悲

劇，無論贏家是誰，都對英國及歐洲的文明造成無可挽回的傷害。當戰爭在一九一八年十一月接近尾聲時，英國大眾回顧這場戰爭，將其視為無法言喻的恐懼，在任何情況下都不允許再發生這樣的事情。但大多數的德國民眾回顧這場戰爭時，看法卻不同，他們認為這是對自己實力的考驗，若不是被自己人從背後捅了一刀，他們本來可以獲得勝利。這本書解釋了德國人感受到的這種致命背叛感是怎麼產生的。

悲劇的第二幕是，威瑪共和國緩慢瓦解與希特勒迅速崛起的故事。愛因斯坦是威瑪共和國的堅定支持者，但他也看到當時吹起的風向。悲劇裡的其中一個事件可算是整個故事的縮影。

埃里希・雷馬克（Erich Remarque）在一九二九年出版了《西線無戰事》（*Im Westen Nichts Neues*），這本書馬上成為全球暢銷書籍。在一次大戰的虛構小說中，這是寫得最好的一本。書中透過一群年輕德國人的視角來撰寫，這群年輕人在西線戰場的屠殺中毫無意義的死去。

這個故事在一九三〇年被好萊塢拍成電影《西線無戰事》（All Quiet on the Western Front）。這部電影在全球各地播放，不過德國除外。當這部電影的發行商試著在柏林上映時，希特勒的朋友約瑟夫・戈培爾（Joseph Goebbels）在電影院製造了一場暴動。接著納粹更對影片進行示威遊行及暴力抗議，於是威瑪政府就禁止這部電影在德國境內放映。因為納粹認為這是一部不愛國的電影，所以威瑪政府就禁止德國民眾觀看這場電影。

這個事件解釋了我家庭中的一個祕密。我有個親戚是現年九十四歲的女性，她一生都居住在德國境內，並在威瑪時期長大。許多年前，我給了她一本雷馬克的書，她覺得故事非常感人。

　　「這本書真棒，」她說：「為什麼這本書出版時不讓我們看呢？那時希特勒的時代還沒到來，但他們卻告訴我們這本書令人作嘔也讓人羞愧，正派人士不應該讀這本書。」

　　所以她那個時代的正派德國人，即使不是納粹，也都沒有讀過雷馬克的書。過去我一直想知道為什麼，現在我知道了[2]。

---

2. 太晚才讀到雷馬克著作的女士是我的岳母吉塞拉·榮格（Gisela Jung），她在 2003 年 3 月過世。為了避免與第 14 章對尤里·馬寧（Yuri Manin）著作《數學與物理》（*Mathematics and Physics*）的評論重複，所以我重寫了這篇評論的某一段內容。

第二部
戰爭與和平

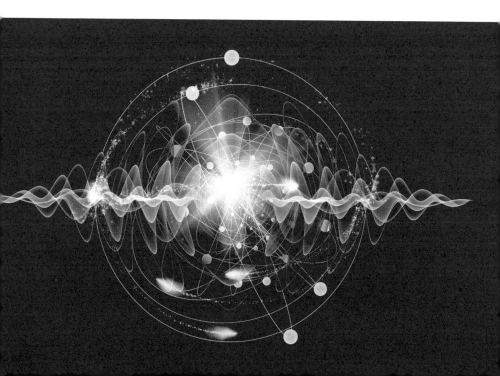

第7章

核彈與馬鈴薯

一九四五年十月十六日，將軍萊斯利‧理察（General Leslie R）將戰爭部長授予的證書頒發給羅伯特‧奧本海默（J. Robert Oppenheimer），表達政府對於洛斯阿拉莫斯國家實驗室（The Los Alamos Laboratory）所做努力的感激之意。奧本海默以下面這段演說回應：

我心懷感激也十分雀躍地從你手中接下這份證書，這是頒發給洛斯阿拉莫斯國家實驗室的，也是頒發給那些盡心盡力讓這件事得以成功的所有成員。希望在未來的幾年中，我們能以這份證書及它所代表的一切為榮。

今日，我們必須對這份榮耀有一番深層思考。若是原子彈成為一項新武器，列入戰爭世界的武器庫中，或是列入想要開戰國家的武器庫中，那麼人類咒罵洛斯阿拉莫斯及廣島這些名字的時代就會來臨。

這個世界的人們必須團結，否則就會滅亡。這場重創地球的戰爭已經顯現了這個徵兆。為了讓全人類了解，原子彈已經詳細闡述了這一切。在其他時代裡，也有其他人士在面對某些戰爭或某些武

器時，說出同樣的話。這段話還沒有成真。於是有些人被人類錯誤的歷史觀點所誤導，認為這段話在今日不會成真。我們不該相信這種觀點。我們要努力在這個共同危險發生之前，讓全球在法律與人性上團結一致。

這一方面是奧本海默的話，另一方面也是一九三九年時英國留下的記憶。一九三九年在英國，年輕的一代非常確定人類必須團結，不然就會滅亡。在即將對抗希特勒的戰爭中，我們沒有信心是否能將任何值得保存的東西留下。英國民眾的記憶深受一次大戰的殘酷野蠻所影響，我們之中沒有人相信二次大戰不會更加殘酷或敗壞。當時英國人民對未來的看法普遍是這樣：因為一次大戰造成俄國社會瓦解與布爾什維克主義（Bolshevism）的勝利，所以二次大戰也會對英國產生同樣的影響。

當內維爾・張伯倫（Neville Chamberlain）在一九三九年向希特勒宣戰時，他首要行動之一就是清空倫敦醫院的患者。張伯倫預期馬上就會開始受到嚴重空襲，所以要求醫院在頭兩個星期中要準備好處理二十五萬名平民傷患，除此之外，也預期將有二十五萬人會產生永久性的精神失常。這些不是憑空冒出的數據，而是軍事專家們估算的數值。這些專家根據納粹空軍在西班牙與衣索比亞小規模戰役的結果，來推斷一九三九年納粹空軍的實力，並據此推算出這些數據。並非所有專家都同意這些數據，但他們大致上都認同會有這樣的規模。在報章雜誌的渲染下，大眾更容易以世界末日的眼光來看待這場迫近的戰爭。

對於一九三九年我們這一代的年輕人來說，戰爭與向希特勒投降，都是不能接受之事，兩者都讓未來了無希望。為了擺脫這

種困境，我們之中有許多人寄托於甘地（Gandhi）的理念中，相信以非暴力方式來抵抗邪惡，就可以在不用摧毀對方的情況下捍衛我們的理想。

一九三〇年代後期的英國和平主義運動，在歷史上並沒有受到善意看待，它事實上既不膽小也不愚蠢。我們只犯了一個錯誤，當時我們之中沒有任何人想像得到，英國可以在對抗希特勒的戰爭中存活六年，實現了這場戰爭所要爭取的大部分政治目標，而且傷亡人數只有一次大戰的三分之一，也避免了毒氣與生物武器的大規模濫用，最終形成一個道德與人文價值大致完好無損的世界。

當張伯倫在一九三九年帶領我們開戰時，他對後果的看法可能跟我們一樣黯淡，他只是感到自己並無其他光榮選擇，所以貫徹了自己的決心。

最後我來談談湯姆·斯托尼爾（Tom Stonier）的著作《核災》（*Nuclear Disaster*）[1]，這本書對核戰後果進行了完整且直接的研究。斯托尼爾是位生物學家，他擁有物理學家在早期研究中缺乏的分析廣度。他的結論並沒有量化，但清楚明白。他推斷在核爆浩劫後，美國這塊土地上的任何東西都無法以現有形式生存。他對實際受到傷害與污染的國家進行研究，詳細探討生存其中所要面臨的醫學、生態學與社會問題，並以此來證明他的結論。他發現，雖然每個問題個別可經由積極行動與組織來克服，但所有問題綜合起來，可能就會產生無法克服的困境。想像之中的戰後倖存者，將會有多個世代過著「惡劣、野蠻且短暫」的人生。

---

1. Meridian Books, 1963.

　　斯托尼爾對於核爆物理與生物影響的知識既專業又牢靠，他描述的經濟社會影響也完全合理。不過，他對於核戰長期影響的全面評估，必然取決於他個人的判斷。沒有人可以確定，受到空前慘狀與匱乏的人們會以冷漠絕望還是英勇自律來應對。這裡的問題在於，我們缺乏具有效度的類似歷史事件，可以用來預測人們在這種情況下的心理、道德與精神反應。

　　一八四五至一八四八年愛爾蘭發生了馬鈴薯飢荒，斯托尼爾詳細描述在飢荒期間與之後所觀察到的反應。這個描述引發了人們的關注，但其與核戰問題的相關性充其量只是推測。這本書的讀者最終還是要依據個人喜好或傾向，決定是否要接受斯托尼爾對於長期文明恢復的悲觀預測。

　　正因為斯托尼爾著作的結論相當偏重在主觀判斷，所以從更寬廣的歷史角度去看待這本書極為重要。因此，我才會從奧本海默的演講及我們在一九三〇年代學到的教訓說起。

　　在一九三〇年代，我們對戰爭的看法非常接近斯托尼爾的看法，結果這些看法是錯誤的。高估一九三九年轟炸效果的專家們，犯了許多技術上的錯誤，但他們主要犯的是心理上的錯誤。他們完全沒有預料到，平民直接參與戰爭會強化他們的心靈與社會凝聚力。人們在受到攻擊時產生的意外韌性與自律，不只出現在英國，在德國、日本與蘇聯甚至更為顯著。若美國受到核子攻擊，會出現這樣的特質嗎？斯托尼爾認為不會，但我不確定。

　　因此，我們最終還是回到奧本海默簡單又具有深度的演講詞中。我們在一九三九年對戰爭的說法並沒有成真。一九三九至一九四五年間，我們學到在不毀壞國家靈魂的情況下，仍然可以打贏一場戰爭。我們學到屈服在威脅之下是更大的罪惡，這是現在

我們大多數人賴以生存的教訓。

　　當美國在一九六四年將這個教訓應用在處理蘇聯問題時，是否有被人類歷史的錯誤觀點所誤導？教導我們「民族主義仍是世界上最強大力量，強過氫彈及人性」，是不是一個錯誤的歷史觀點？這是斯托尼爾著作中並未解答的一些問題。

　　奧本海默的基本觀點必定正確，歷史在一九四五年改變了路線。再也沒有一場戰爭會以二戰的形式開打，而且二戰所學到的教訓，似乎仍適用於在各個層面上執行的國際政策。即使路線改變了，歷史仍舊以緩慢的步伐前行。從致命的民族主義到世界團結一致，這之間的過渡期必定會持續好幾個世紀。在此同時，我們不得不生活在危險的平衡之中，一邊是斯托尼爾的末日警告，另一邊是人類歷史可能產生的錯誤觀點。雖然存在各種不確定性，但斯托尼爾想像的災難仍然有可能真的會發生。我們對這些危險有所警惕是件好事，也應該要感謝斯托尼爾以他認真、審慎思考並具有說服力的著作來提醒我們這一切[2]。

---

2. 這篇文章寫於 1964 年，是本書集結文章中最早撰寫的一篇。我之所以納入這篇文章，是因為它所描述的 1964 年困境至今仍然存在。

第8章

將軍們

一九四六年八月三十一日下午兩點半，前德國作戰部部長阿爾弗雷德·約德爾上將（Colonel-General Alfred Jodl）在紐倫堡軍事法庭中做了最後聲明：

> 主席先生與法院大法官，我堅信之後的歷史會對高級軍事將領與他們的部屬做出公正客觀的判決。他們以及整個德軍都面臨了一個無法解決的問題，即是在最高指揮官的領導下，進行一場他們不想要的戰爭。最高指揮官不信任他們，而他們對他也只有部分信任，他採用的方式常與他們的教條及傳統信念相牴觸，軍隊與警察隊並沒有完全服從命令，而情報部門還有部分在為敵人工作。所有這一切都清楚表達出，戰爭將會決定摯愛祖國的存亡。他們不是地獄或罪犯的奴隸，他們是在為人民與祖國效力。
>
> 對我自己而言，我相信為自己能力所及的最高目標進行奮鬥，是再好不過的事。這一直都是我行動的指導原則，無論你們對我有什麼樣的判決，我都可以抬頭挺胸地離開法庭，跟我在數個月前來到這裡時一樣。若有人稱我背叛了德軍的光榮傳統，或是說我因為個人野心才留在崗位上，我會說他違背了事實。

在這場戰爭中，數十萬的婦女兒童因地毯式轟炸而傷亡，忠貞黨員為達目的而不擇手段。在這樣一場戰爭中，嚴厲的手段並不是違背道德良心的犯罪行為，即使依據國際法來看，這些手段也很有問題，因為我相信也宣誓過：對人民與祖國的責任高於一切。履行這項責任是我的榮幸與至高無上的法則，我也為此感到自豪。願這項責任在更幸福的未來中，能被「對於全人類的責任」這項更高尚的責任所取代。

他在十月十日向他在德軍中的朋友寫下了最後一封信：

親愛的朋友與同志，在這幾個月的紐倫堡大審中，我為德國、這個國家的士兵及歷史做了見證。

在我周遭死去與活著的人們，給了我力量及勇氣。法院的判決對我不利，這不足為奇。

對我而言，從你們那裡聽到的話，才是我的真正判決。

直到現在，我才對自己的人生感到驕傲。我今日會感到驕傲，明日也會感到驕傲。我要謝謝你們，將來有一天，德國也會謝謝你們，因為你們在真正的德國之子有所需要與死亡之際，沒有拋下他。

你們的未來人生一定不可充滿悲傷與怨恨。請你們只帶著尊重與驕傲之情來想念我，就像你們懷念所有死去的士兵那樣，這些士兵依法行事而戰死在這場殘酷戰爭的沙場上。他們為了讓德國更強大而犧牲了自己的生命，但你們應該堅信他們的犧牲會讓德國變得更好。請終其一生都努力堅持這個信念。

他在十月十五日寫下給妻子的最後一封信：

因此，我最後要告訴妳，妳要活下去，而且要克服妳的悲傷。妳必須將愛傳播給周遭的人，並為需要的人們提供協助。讓我保持著我以往或我想要的形象就好，不要再多做什麼了。妳要相信並明白，我是為德國而非政客們工作及奮戰。哦，我可以一直這樣寫下去，但我耳邊現在聽到了號角響起，以及那首熟悉的老歌——親愛的，妳聽到了嗎？——士兵們要回家了。

他在隔天清晨二點被處以絞刑。

約德爾不是普魯士人，而是巴伐利亞人。這可能是希特勒選擇他做為參謀長，並在整場戰爭中將他留在自己身邊的原因。儘管如此，約德爾還是具體展現了普魯士古老的專業軍人傳統與所有優缺點。與約德爾一同坐在紐倫堡被告席的阿爾伯特‧斯佩爾（Albert Speer），後來提到約德爾時這樣寫道：「約德爾精準且認真的辯護深烙人心。他似乎是少數可以站在高處看清局勢的人之一。」

在六年的時間中，約德爾日以繼夜地計畫並組織多場戰役，造成數萬人喪生。他多次懇求希特勒解除他的職務，讓他降級去指揮前線的某一處戰場。希特勒拒絕了，而約德爾直到最後也都服從命令。約德爾當初以軍人的榮譽宣誓效忠希特勒為最高統帥。對約德爾而言，這種軍人的忠貞誓言是無法打破的契約，比他成長時對天主教的信仰更神聖，比他自認正扛起的德國人民福祉責任更堅定。在他到柏林擔任參謀長的那一天，也就是德國進軍波蘭的前一個星期，他對妻子說：「雖然我不太確定，但恐怕

這次是來真的了。不過感謝上帝,這不是我們軍人的問題,而是政客的問題。我只知道一件事,一旦我們上了這條船,就再也出不去了。」

約德爾的個人信仰與道德準則可以用「Soldatentum」這個德文單字來概括,也幸好這個字無法翻譯成英文。「Soldatentum」字面上可譯成英文中的「soldierliness(軍人精神)」,但這個英文單詞完全表達不出德文中的那種嚴正態度,因此也就錯失了大半的意思。而英文單詞「militarism(尚武精神)」則是完全不同的意思。要正確翻譯「Soldatentum」得要意譯:將軍人專業當作宗教信仰的職業精神。我所引用的約德爾文句,良好地表達了「Soldatentum」在情感上的那種味道。在英國,「chivalry(騎士精神)」曾經有過類似的意思,但在騎士停止騎馬決鬥後,這個單詞變得太隱喻且過時。

我們有幸能拿到約德爾遺孀路易絲(Luise)撰寫的傳記[1]。路易絲是職業婦女,跟丈夫一樣都在德軍總參謀體系中工作奉獻。她有著與丈夫一樣的榮譽守則與專業驕傲。在紐倫堡大審期間,路易絲協助律師準備約德爾的辯護事宜。在約德爾死後,路易絲趁著自己的記憶仍然鮮明時寫下這本傳記。這是極具價值的著作,不只因為它真實描繪出約德爾,也因為它還描繪了路易絲。她很有個性與才智,也因為「Soldatentum」的理念走向了災難。

---

1. 《終點之外:阿爾弗雷德・約德爾上將的生與死》(*Jenseits des Endes: Leben u. Sterben des Generaloberst Alfred Jodl*)(Vienna: Molden, 1976),這本書沒有英譯本,這是我自己翻譯的譯文。

　　她在傳記的開頭引用艾略特（T. S. Eliot）的詩文「小吉丁（Little Gidding）」：

　　而你以為是你此行的目的

　　只不過是層殼，在意義上就是個繭

　　只有當此行的目的實現了，它才會破繭而出

　　也有可能，你根本沒有目的

　　或是目的在你設想的終點之外

　　在實現的過程中已經改變。

　　路易絲以艾略特的詩句：「終點之外」做為書名。艾略特是在英國還未加入二戰時寫下這些詩句的，那時是戰爭初期，還看不見戰爭何時會結束。這段詩文的後續，相信路易絲也知道，但她沒有引用。後續的詩句為：

　　有其他地方

　　那也是世界的終點，

　　有的是在海口

　　有的在一片黑暗的湖上，

　　也有的在沙漠或城市中……

　　其他地方中的一個就是紐倫堡。一九四六年十月，路易絲發現自己在這裡孤單面臨崩壞的一切，面對著將丈夫人生片斷拼湊在一起的任務，並從他被絞死的恥辱中萃取出某些意義。

　　在二次大戰的兩邊陣營中，最傑出的野戰指揮官可能是赫爾曼‧巴爾克（Hermann Balck）。他指揮的機動步兵軍團，在

一九四〇年帶領德國進軍法國，取得決定性的突破。後續在東線戰場上，他持續以出乎意料的行動和戰術震驚俄國人。一九四五年的春天，他帶領德軍進行最後一戰，拖延住位在匈牙利的俄國軍隊，讓他有時間從容不迫地撤退到奧地利，並在最後向美國投降。他跟約德爾不同，是個真正的普魯士人，他在前線跟士兵一同打著約德爾不被允許參與的戰役。巴爾克沒有被指控犯了戰爭罪。一九七九年，高齡八十五歲的巴爾克向一位美國採訪者暢談他的回憶[2]。

論普魯士：

你得先了解普魯士在歐洲的情況。普魯士是個被超級強權包圍的小國家。因此，我們必須比敵人更有技巧並更為迅速。這可能是從腓特烈大帝（Frederick the Great）在魯騰（Leuthen）的戰役開始的，他在那裡徹底擊敗了比自己軍力多兩倍的奧地利人。除了要比對手更聰明外，我們普魯士人還需要能比敵人更快速動員起來。

論一九四〇年突破默滋河（Meuse River）的戰役：

我們事先就知道軍團得要過河，所以我與我的士兵已經先在摩塞爾河（Moselle）進行過演練。在演練中，我有了幾個好主意。首先，沒在地面行動上使用的每支機槍都要用來進行空中防禦。其

---

2. 巴爾克的回憶內容出自皮耶‧史普雷（Pierre Sprey）對他的採訪中，這段訪談刊載在俄亥俄州哥倫布戰術技術中心巴爾特‧哥倫布實驗室（Battelle Columbus Laboratories）於 1979 年 1 月及 4 月發表的報告中。

次，該軍團的每位士兵都要接受使用橡皮艇的培訓。當我們到達默滋河時，工程師應該要在那裡協助我們過河。然而工程師並沒有出現，但橡皮艇就在那裡。所以你看看，如果我沒有訓練我的士兵，我們就不可能跨越默滋河了。這裡再次得到一個結論，對於步兵的全方位訓練絕對不嫌多……

這次行動是在法國強大的砲火攻擊下進行的，在與法國的前哨部隊短暫交鋒後，我帶著一個營的兵力挺進默滋河，我跟前鋒營的士兵們在默滋河前線建立團指揮部。我與他們並肩作戰，以確保某些笨蛋不會突然決定停下腳步。你知道的，在前線指揮的精髓就是，指揮官要親自出現在關鍵地點。若不這樣，就不會成功。

論一九四二年在俄國的坦克戰役：

我那時與第十一裝甲部隊，全力投入一次攻擊行動中。軍團總部在傍晚七點來電說，我左側二十公里處有個嚴重的破口，我應該要立即過去處理。我說：「這樣吧，讓我整理一下這裡的情況，然後再去處理破口。」他們說：「不行，你左側的破口相當嚴重，你必須馬上停止現在的攻擊，儘快處理被突圍的破口。」我立即下達口頭命令，從攻擊行動中撤退，並指示部隊移動並準備到二十公里外的破口處，發起新的反擊行動。我們在隔天清晨五點開始反擊，並取得令人驚喜的戰績，在沒有損失任何一輛坦克的情況下，拿下七十五輛俄國坦克。當然，我們得以迅速行動的關鍵因素之一，就是我與軍隊同行。畢竟士兵們都累壞了，快要撐不住了，我在部隊中往來穿梭，問他們喜歡前進還是流血；比較一下我們與俄軍的速度，我估計俄軍的裝甲部隊至少要花費二十四小時的時間，才能達

到我們十小時的移動距離。我對戰美軍的經驗不多，所以我只能猜測美軍會比俄軍快一點。

論攻防：

值得注意的是，大多數人都認為攻擊會造成更多傷亡。千萬不要這麼想，其實攻擊才是代價比較低的行動……追根究柢，這主要是心理作用。在攻擊行動中，部隊中只要三至四個人發動進攻即可，其他所有人就只是跟隨在後。在防守中，每個人要獨立堅守崗位。士兵不會注意鄰近的其他同袍，只會注意是否有東西向他逼進。士兵常常無法了解情況，這就是為什麼他很容易被剷除。沒有比失敗防守更高的傷亡情況了。因此，要儘量攻擊。不過攻擊也有個缺點，因為所有部隊及人員都在行動中，統統必須勇往直前，這是相當累人的事情。不像防守時，還可以找個散兵坑躲起來睡一下。

論用兵之道：

沒有固定的計畫。每個方案、每個模式都是錯誤的。沒有兩種情況是一模一樣的。這就是為什麼軍史研究可能非常危險。這裡接續產生的另一個原則是：同一件事永遠不要重複做兩次。即使某個方法曾經對你非常有用，第二次使用時敵人就會調整了。所以你要想出新的方法。沒有人只經由模仿米開朗基羅就能成為一名偉大的畫家。同樣的，你也無法只透過模仿就能成為偉大的軍事將領。它必須發自內心。總之，軍隊指揮是門藝術，有人可以做到，而大多數人則無法學會。畢竟世界上也不是到處都有拉斐爾這種人。

當巴爾克成為戰俘時，美國官員要他為一項美國歷史計畫貢獻自己的回憶，他堅決回絕。三十年後，他的態度變得緩和，願意接受採訪。他軍職生涯中始終不變的主軸就是學習事半功倍。他一直變出新花樣來混亂前方的敵人及背後的官僚。若我要為巴爾克的傳記選段引言，我不會引用艾略特的詩文，而會引用紀念馬爾登戰役（Battle of Maldon）的古老盎格魯-撒克遜詩文（Anglo-Saxon poem）：

> 在我們力量減弱時，
> 想法要更堅強，
> 內心要更敏銳，
> 勇氣要更強大。

巴爾克就像西元九九一年在馬爾登與丹麥人作戰的撒克遜人一樣，擁有比「Soldatentum」及騎士精神都還要古老的傳統軍人精神。巴爾克之所以仗打得好，原因是他很享受打仗，也具有這方面的天賦。身為職業軍人，他以認真不嚴厲的態度對待他的工作。

約德爾與巴爾克，具體呈現出兩種軍人專業精神：重與輕、悲劇與喜劇、官僚與人性。約德爾頑強地坐在辦公桌前，將希特勒的征服夢想轉化成每日人員與裝備的平衡數據表。巴爾克則愉快地解決一個又一個的棘手困境，並照料好自己的士兵，而且從未失去幽默感。對約德爾而言，希特勒就是德國的命運，他是股超越對錯的超凡力量。巴爾克則看見真正的希特勒，一位具有權威但不稱職的政治家。

當希特勒想要以空降傘兵的方式，將德軍推進到高加索山的

南方，但約德爾不認同這樣的計畫時，兩人之間的意見分歧讓約德爾感到震驚。當坦克與卡車出現供應混亂的問題，巴爾克直接請求希特勒解決時，巴爾克對於希特勒無法解決這個問題並不感到驚訝。「事實證明，」巴爾克說：「希特勒對此從來就無法掌控。」

約德爾持續奮戰到最後，因為他以希特勒的意志為最高原則。而巴爾克繼續戰鬥的原因則是，他從未想過要去從事其他事情。

我之所以從德軍中選了兩個例子，是因為二戰中的德國非常清楚展現了軍人專業精神上的道德困境。約德爾與巴爾克，都是為不當原由在做事的好人。兩人以自己的專業技巧征服並踐踏了半個歐洲。兩人都在長期的撤退狀態下，持續運用自己的技巧，而他們努力的唯一結果，就是延長了歐洲的痛苦。兩人似乎對於坦克肆虐造成民房燒毀，進而使村民痛苦的情況，無動於衷。

然而，紐倫堡大審對於兩人的判決卻有所不同。無論紐倫堡法庭是否有根據國際法來適當設立，其判決都表達了當下歷史的共識。約德爾受到絞刑，巴爾克則被釋放，而大多數關注於此的旁觀者都同意正義已經伸張。

大致來說，經法庭確立及公眾認可的這種差別，就是戰略（strategy）與戰術（tactics）的差別。巴爾克因為是在戰術層面上發動戰爭，所以被原諒。而約德爾則是在戰略層面上積極發動戰爭，所以被判刑。從法庭的觀點來看，一名軍人策劃去推翻及摧毀和平的鄰國，是有罪的；但一名服役中的軍人參與戰役並擅長此道，是無罪的。無論對與錯，大眾仍然認可古老的軍人傳統精神，對於因不當理由而奮戰的士兵，仍給予榮譽及尊重。

　　約德爾與巴爾克之間的差別，不是只有戰略與戰術上的差異。還有另一項同樣重要的差異，不過紐倫堡法官並沒有採用這項差異來定約德爾的罪。這項差異就是「soldiering（當兵）」與「Soldatentum（軍人）」的差別，也就是以軍人為職業與以軍人為狂熱信仰的差別。

　　巴爾克是個討人喜歡的角色，因為他並沒嚴厲對待自己。他就像畢卡索總是一直畫畫那般地持續贏得戰役，沒有任何自命不凡或信仰般的言論。他打勝仗，只因為他天生就有這項技能。他從未說過打勝仗是偉大高尚的行為。那就只是他的職業而已。

　　約德爾則不討喜，最終還變得殘忍，因為他將當兵這件事置於人性之上。他將自己當兵時宣讀的誓言視做聖旨。他相信自己必須認真成為「Soldatentum」的典範，即使這代表要讓德國陷入毀滅之中。對他而言，成為一名好軍人要來得比拯救德國殘存的東西更加重要。他認定自己的軍人職責是效忠希特勒，所以他也感染到希特勒的瘋狂。對於「Soldatentum」典範的追求成為一種脫離理性、現實與常識的狂熱。

　　德國是軍人專業精神變得無法控制的極端例子，而紐倫堡大審則給了其罕見的應有報應。然而，每個賦予軍事領導者崇高地位的國家，都有可能會出現像德軍這般瘋狂的危機。

　　若不是上帝的恩典，我們也會變成這樣。在美國內戰期間，美國南部也出現過像德軍這般瘋狂的情況，就像德國一樣，那時的美利堅邦聯也熱衷於將軍人一職視做狂熱信仰，所以內戰中最傑出的將軍全都出自南方陣營，這絕非巧合。在內戰開始的許久之前，南方各州就建立了一種文化傳統，鼓勵最聰明的人才成為職業軍人。對於軍事才能過度尊敬的傳統，加重了南方的災難。

這導致南方在一開戰就產生狂熱的過度自信，以及擁有軍事優勢的假象。這產生的犧牲奉獻精神讓南方奮戰到底，被延長的戰爭只為他們的家園帶來毀滅與破壞。羅伯特・李（Robert Lee）是位偉大的將軍及紳士，但他所有的戰術及人格韌性，只是讓人民更加受苦受難。南方各州的人民，因為他的作為，要面對每天持續的死亡與毀壞，但他們直到最後仍對他展現無限的愛戴與欽佩。當他在投降後回到故鄉里奇蒙（Richmond）時，受到無數民眾歡呼致意。李將軍擁有許多高尚特質，也值得受到尊敬，但在戰爭前後圍繞他的英雄崇拜卻是完全不得當。李將軍的魅力有很長的一段時間扭曲了南方人的觀念，他是比巴爾克更偉大的將軍，也是比約德爾更棒的人，但他在歷史中所扮演的角色跟他們一樣，都把心愛的人民引導至災難之中。任何崇尚軍人的社會都會變得集體狂熱，最終可能會導致悲痛結果。

　　英國在英雄的選擇上就幸運得多了。英國海軍數百年來都是高級軍種，英國廣受歡迎的英雄是海軍上將，而非將軍。自小生長在英國的我，理所當然地認為任何以陸軍為職業的人，智力必然低於常人。無論是在舞台上或是在現實中，陸軍軍官都是好笑的角色。海軍軍官偶爾也會受到嘲笑，但關於海軍的笑話都是友善不帶輕蔑。即使是自大的年輕人，對於海軍也必定會表現出敬意。有人這麼說，我們的海軍上將傑利科（Jellicoe），也就是一次大戰英國大艦隊（Grand Fleet）的司令，是兩方唯一一位可以在一個下午就輸掉這場戰爭的人。他其實沒有輸掉這場戰爭，即使他不是很聰明，而且他的一場偉大戰役（日德蘭海戰）也沒有獲得輝煌的成就，但他表現得至少比西線戰場上的將軍們出色。他保持冷靜，不在無用及不必要的攻擊中浪費自己的艦艇。

英文反映出英國偏好海軍的情況。英文沒有可以對應到德文「Soldatentum」這項軍人美德的單詞。但英國人自然而然地就會用到「Seamanship」這個與「Soldatentum」有情感共鳴的字眼，只是對象從士兵轉移到水手身上。「Seamanship」不只代表擁有駕馭船隻的技術能力，還意味著個性沉穩與性格強韌，就跟約德爾歸入「Soldatentum」之下的美德一樣。在英國，這些美德被認為是歸屬在水手，而非士兵身上。

英國並沒有免除崇拜軍人的惡習。一百年前，羅伯特・路易斯・史蒂文生（Robert Louis Stevenson）寫了一篇名為「英國海軍上將」的文章，大大表現了驕傲感與榮耀感，也就是這種感受後續推動了大英帝國的全球擴張：

他們的言行像號角聲那般激起英國人的熱血。如果印度帝國、倫敦貿易及所有在外展現我們強大的軍旗都消失了，我們仍然應該在我們身後留下長久的紀念碑，以紀念英國海軍上將們的言行。鄧肯（Duncan）和自己的旗艦尊者號（Venerable）位在荷蘭特塞爾（Texel）的海岸附近時，他們身旁只有一艘船艦。當他們聽到整個荷蘭艦隊傾巢而出時，鄧肯告訴霍瑟姆船長（Captain Hotham）並排停靠。「我已經知道水深，」他補充道：「當尊者號下沉時，我的旗幟仍會飄揚。」

你會看到，這不是史前時代赤裸裸的維京人，而是一位身穿經典服飾的蘇格蘭議員，他身上帶著望遠鏡，頭上頂著大雙角帽，身著法蘭絨褲。本著同樣的精神，納爾遜（Nelson）掛著六面軍旗進入阿布基爾灣（Aboukir），即使其中五面被擊落，也不會認為他被打垮了……海軍上將們充滿英雄執念，並有著高昂與自負的戰鬥風

格,因此他們渴望戰鬥,像渴求情婦那般渴望戰鬥……

特羅布里奇(Trowbridge)乘著庫洛登號(Culloden)擱淺了,所以未能參與尼羅河口海戰(battle of the Nile)。「那艘艦艇與其勇敢船長的優點眾所皆知,我說什麼都只是錦上添花而已。它最大的不幸是擱淺了,而比它幸運的同伴們則在充滿幸福的浪潮中。」

這是個引人注目的表達方式,將英國海軍上將的滿腔熱血與高尚威望,表現得分毫不差。就是在「充滿幸福的浪潮中」,納爾遜擊垮了五千五百二十五人,並且被釘彈弄傷了頭皮。再次聽到他說話,是在哥本哈根。穿過主桅的子彈炸開時,他微笑地對其中一位軍官說:「這是場激戰,隨時都有可能成為我們任何人的最後時刻。」然後他在舷梯上佇留了一會兒,充滿感情地補充道:「不過,你聽好,我不會為了幾千英磅就到別的地方去……」

最棒的藝術家不是只想到後代子孫的人,而是喜愛實踐自己藝術的人士。有些人想要的,不是成為成功商人並在三十歲退休,而是更為高尚的熱血英雄形象。若海軍上將像渴求情婦那般渴求戰爭,若是當備戰鼓聲響起時,海軍們就開心地走出船艙,那是因為打仗是一場有著多元強大體驗的歷練。而且根據納爾遜的估算,對於內心有膽識的人而言,這價值了數千英磅[3]。

這就是一八九〇年代伴隨英國孩童長大的東西。比起同時期的德國愛國文學,這沒有更好,但也沒有更差。當時的英德兩國都處在充滿旺盛民族主義的情緒下。丘吉爾與希特勒在這樣的

---

3. R. L. Stevenson, *"The English Admirals," in Virginibus Puerisque* (London: Chatto and Windus, 1897).

影響下成長，兩人都是浪漫軍事主義者，也都經由成為偉大戰爭領袖，來實現自己的榮耀夢想。然而這種軍事精神的榮耀，對英國與德國所造成的影響卻是迥然不同。丘吉爾與他代表的英國社會，在根本上仍保持理性；而希特勒的軍事觀點卻讓他與他的社會，產生偏執並造成破壞；會形成這種差異，有著諸多歷史與社會上的原因。沒有任何一個單一因素，可以解釋兩種相鄰文化之間為何會有如此巨大的分歧。不過造成英國與德國命運差異的最重要原因，可能是海戰與陸戰環境的技術性差異。在整個英國稱霸海洋的漫長時期中，海戰是種目標受限的戰爭。海上戰力的技術性限制，局限了人類的勝敗結果。納爾遜勝利的偉大戰役中，沒有一場戰役導致整個省毀滅，或是讓整個國家無條件投降。海戰進行的方式決定了最終結果。因為方式受限，所以幾乎不會造成瘋狂的結果。陸戰的方式就沒有這樣的限制得以阻止全面性的征服，以及種族滅絕。

我們回顧歷史，很容易就可以發現，健全與不健全軍人專業精神的例子。在這方面特別具有啟發性的，就是華盛頓與拿破崙在職涯上的對比。華盛頓以極受限制的方式，進行目標受限的戰爭，為美國政府奠定了持久穩定的基礎。華盛頓建立的一切已經持續了二百年。而拿破崙則以歐洲前所未有的軍力，進行目標無限制的戰爭，建立了在他死前就崩壞的帝國。

從約德爾、巴爾克與李將軍開始，並以華盛頓和拿破崙結束的軍人集錦中，我們學到了什麼？專業軍人與海員在人事上扮演著高尚的必要角色。各個國家傳統上對於軍人英勇表現的尊敬，是無可否認的。就像每個國家都有捍衛自己的權利，每個國家也都有向軍事領袖致敬的權利。但是除非對於授予軍事領袖的道德

權威及他們掌握的技術方法，進行嚴格限制，否則對於軍事領袖的尊敬，會為人們帶來致命的危險。武力永遠不該與道德混淆，不該將具有無限破壞力的武器賦予軍事領導者。

十九世紀的英國，很幸運地有著在道德自負與物質資源上，都適度的軍事英雄。對於能讓英國不失分寸就可建立帝國的哲學，羅伯特・路易斯・史蒂文森以一段句來總括：「除了人道主義者與年輕時被異常審美環境壓抑的少數人之外，我們國家裡的每一個人，幾乎都可以理解與同理一名海軍上將或職業拳擊手。」追求軍事榮耀不應當超過這樣的極限。成功的將軍或海軍上將，跟一位成功的拳擊手，受到的尊敬應該差不了多少。

對於軍事服從與大規模毀滅性武器的狂熱執著，是現代的兩大愚蠢之事。對於服從的執著，讓德國陷入道德深淵與解體。對於大規模毀滅性武器的狂熱，則可能造成全體人類的滅絕。遺憾的是，英國空軍帶領著全世界進入毀滅的狂熱中。義大利的朱利奧・杜海特（Giulio Douhet）於一九二〇年代首先宣揚了策略性轟炸的理念，不過卻是英國的休・特倫查德爵士（Sir Hugh Trenchard）率先將杜海特的理念付諸實踐。

特倫查德爵士說服英國政府，建立一支以破壞德國人民經濟為目標的重型轟炸機部隊，造成英國完全偏離十九世紀對於戰爭目標有所限制的文明傳統。海軍武力的局限性，使得英國十九世紀的海上戰力特別溫和。空中戰力就不受到這類限制，策略性轟炸戰略，促使全面開戰。英國領路進入策略性轟炸的時代，而英國走到哪裡，美國就迅速跟到哪裡。

早在一九三〇年代，英國與美國就已經鋪好邁向廣島和長崎的道路了。對於摧毀的狂熱襲捲了我們轟炸部隊的將軍們，而

他們行動導致的結果，造成了我們自此一直生活在毀滅的威脅之下。

　　每個指揮戰略武力的軍人與每個為此建立理論的平民戰略家，應該要時時想到，自己會在第三次大戰結束後，坐在紐倫堡的被告席上準備進行辯護。他的辯護，對法官而言，會比約德爾的更具說服力嗎？根據約德爾本人與朋友的觀點，約德爾是位受尊敬的人，也是位好軍人。據我所知，我國的戰略指揮官與理論家也是受尊敬者及好軍人。約德爾被判刑，是因為他執著於服從而導致數百萬人死亡。若是我國的戰略指揮官熱衷摧毀，也造成數百萬人的死亡，難道他們就不該被判刑嗎？[4]

---

4. 在本章與下兩章中，我省略了一些因蘇聯解體而過時的段落。這些內容出自於 1984 年由哈珀與羅出版社（Harper and Row）出版的我個人著作《武器與希望》（*Weapons and Hope*）中。

第9章

俄 國 人

　　約瑟夫‧什克洛夫斯基（Iosip Shklovsky）是俄國非常傑出
的天文學家，有過好幾個重大的發現。他在俄國是知名的書籍與
報章雜誌作家，以廣受歡迎的輕快筆觸描寫天文宇宙。他在科學
會議中，也會以笑話及悖論來調劑他的專業論述。除了天文學
外，他還有廣泛的興趣，對於任何話題幾乎都能談笑風生。他喜
歡非正統的想法，並帶頭鼓勵全球致力於收聽無線電訊號，因為
這些訊號可能揭露宇宙遙遠地帶上有智慧生物的存在。他在職業
生涯中塑造出的形象，是個幸福、積極與成功的世界級人士。

　　然而就像許多俄國知識分子一樣，他私底下很憂鬱。他曾告
訴我說，他發現自己是高中同班同學中，唯一在二戰結束後存活
下來的人時，內心一直帶著孤獨感活著。他是班上擁有科學專長
的學生，所以當局沒讓他進入軍隊，而去從事科技計畫。其他同
學則上到前線戰死。

　　什克洛夫斯基那個世代的俄國人，仍背負著戰爭的傷疤；更
年輕的一代，則是在聆聽父母與祖父母講述戰爭故事中長大；所
有人的意識都深深記得痛苦與無可挽回的損失。這是形成俄國人
對戰爭觀點的核心事實。當俄國人想到戰爭時，他們不會認為自

己是戰士，反而覺得自己是受害者。

　　另外一個有關俄國人生活的小插曲，也點出同樣的主題。那是十一月末的一個寒冷星期天，我在莫斯科開了為期一週的天文學會議後，有了一天的空檔。無線電波天文學家尼古拉・卡爾達謝夫（Nikolai Kardashev）帶著我去莫斯科及高爾基（Gorky）中間的弗拉基米爾（Vladimir）與蘇茲達爾（Suzdal）古城觀光。為了避免人擠人，我們在破曉之前就出發，並在黑暗中開了二百公里的車。當我們接近蘇茲達爾時，看見古老的修道院在朝陽的照耀下閃閃發亮。

　　在蒙古人與韃靼人統治俄國的痛苦時期，弗拉基米爾與蘇茲達爾曾是僧侶與藝術家們的避難所。這兩座城市都在一二三八年被蒙古人佔領及摧毀。這兩個城市就位在速不台大軍的行進路線上，這支軍隊殘酷地征服了半個歐洲。居民後來重建了城市，興建了教堂，並在教堂中繪滿宗教畫作。弗拉基米爾與蘇茲達爾位在東北的偏遠地方，所以在接下來的幾個世紀中，逃過基輔及莫斯科被入侵時受到的那種摧殘。十五世紀時，古老俄國最偉大的畫家安德烈・魯布耶夫（Andrei Rublyov）曾在弗拉基米爾作畫。從十三世紀起的建築與繪畫都得以倖存下來。

　　卡爾達謝夫與我，花了一天的時間漫步在教堂之間，我們的身旁都是一車車從莫斯科及高爾基而來的學童們。旅途的最後一站是弗拉基米爾的博物館，我們發現這裡的學童最為密集。

　　博物館位於其中一個古老城門的塔樓中，這裡面強調的重點不是藝術，而是歷史。主要的展示作品是個巨大模型，逼真呈現出城市在一二三八年被摧毀時模樣，模型以木頭及黏土真實地呈現每一項細節。無窮無盡的蒙古騎兵越過平原，砍殺城牆外毫無

防備的俄羅斯人,造成他們身首異處。全副武裝的守城者站在城牆上,但蒙古人點燃的箭卻已經讓他們身後的建築起火。有一群騎兵已經由側門攻進城市,並開始對居民進行大屠殺。街道上血流成河,教堂燃起熊熊大火。在這個恐怖模型旁邊的牆上,貼了一張給學童與其他觀光客閱讀的大告示,上面寫著:「弗拉基米爾英勇的人民選擇了戰死,並沒有屈服在入侵者下。他們的犧牲拯救了西歐免於遭受同樣的命運,並使得歐洲文明免於滅絕。」

弗拉基米爾的模型將俄國人的想像與恐懼化為看得見的形態,也就是這份想像與恐懼塑造出俄國人對於自己本身與自己在歷史上定位的認知。他們想像的核心就是大隊蒙古人馬(horde)迅速無情地橫掃整個國家。

英語國家的人士很難了解這種想像。俄國人遭到蒙古入侵的體驗,對我們而言太陌生了,以至於英文在借用「horde」一字時,給了這個字不適當的新意思。英語國家人士來到亞洲時,是在高科技的保護下,以貿易商及征服者的身分到來。我們對亞洲人的觀點,就反映在「horde」一字傳達給英語國家人士的印象上。在我們的語言中,「horde」是數量龐大且亂無章法的烏合之眾。在俄文及起源的土耳其語中,「horde」是為戰爭而組織的營隊或部落。

從技術上來看,十三世紀的蒙古部落組織,遙遙領先當時全世界任何其他的軍事系統。蒙古人可以遠距移動並保持聯繫,他們以無可比擬的速度與精準度來調動軍隊。俄國人花費了一百五十年,才學會跟他們打成平手;並花費了三百年的時間,才能徹底擊敗他們。在俄國人民的記憶中,「horde」一字代表著入侵家園、掠奪損毀人民物資、以勒索和賄賂來推翻其領導人忠誠的外

來者。這是三個世紀以來，痛苦深植俄國人心中的亞洲形象。對我們這些因戰略因素而沒有受到侵犯的西方國家來說，很容易就會認為俄國人對中國的恐懼是「妄想症」。如果我們也在異族騎兵的擺布下生活三個世紀，我們也會患上妄想症。

英國首相上任不久後，按照慣例要去參訪華盛頓與莫斯科，以結識美國與俄國的領導人。當英國首相詹姆斯・卡拉漢（James Callahan）到莫斯科進行國事訪問時，他與蘇聯領導人列昂尼德・布里茲涅夫（Leonid Brezhnev）進行了兩次友好會談。卡拉漢在第二天結束後表示，他很高興發現沒有任何迫切問題會引發英國與蘇聯之間的衝突。然後布里茲涅夫以俄語做了重點回應。卡拉漢的翻譯員猶豫了一下，他並沒有立即翻譯布里茲涅夫的回應，而是請求布里茲涅夫再說一遍。布里茲涅夫再說一遍後，翻譯員翻譯：「首相先生，我們面臨的只有一個重點問題，就是白種人能否生存的問題。」

卡拉漢大吃一驚，對此觀點，他不敢表示同意或反對。於是，他在沒有做出任何進一步的評論下就離開了。他聽到是遙遠的迴音，蒙古人的馬蹄聲仍迴盪在俄國人的記憶中。

繼蒙古人之後，入侵俄國的民族來自西方的波蘭、瑞典、法國與德國。每支入侵軍隊對俄國人來說都是「horde」。「horde」一字在俄國的意義是：在技術、機動性及用兵上都優於俄國人的精銳紀律部隊。特別是一九四一年入侵俄國的德國部隊，正符合「horde」一字的古老模式。但俄國人在一二三八至一九四一年之間，也在軍事組織上取得一些進展。他們當初花了三百年才驅逐蒙古人，但後來只花四年就驅逐了德國人。

在之間的幾個世紀中，俄國人實際上已經成為戰鬥民族，

但他們仍將自己視為受害者。為了在時常受到入侵的領土上生存，他們保持武力強大，並認真研究兵法。他們要求自己建立政治統合嚴格與軍事紀律嚴謹的制度。他們賦予軍人高度的榮譽與威望，並將大部分的資源都用於生產武器。一九四一年後的幾年內，在德國入侵中倖存下來的俄國人，建立起全球最強大的軍隊。他們愈認為自己是受害者，他們就變得愈強大。

托爾斯泰的《戰爭與和平》就是俄國人戰爭觀的經典陳述。托爾斯泰也許比任何人都能更深刻理解，俄國體驗到的戰爭本質。他曾與俄國軍隊在塞瓦斯托波爾（Sevastopol）迎戰英法聯軍。他在高加索地區的守備部隊中擔任砲兵見習生時，渡過了最快樂的幾年時光。在《戰爭與和平》中，他對一般俄國士兵擁有的勇氣與堅定決心表示敬佩。雖然他們的指揮官們有些爭執與失誤，但這些士兵仍然擊敗了拿破崙。托爾斯泰從一八一二年的戰役中汲取的教訓，與後代軍人在二戰中汲取的教訓一樣。他將戰爭視為絕望的即興創作，在這之中無法按計劃進行，而勝敗的歷史因素仍然難以斷定。

托爾斯泰筆下的英雄安德烈王子（Prince Andrei）在鮑羅迪諾戰役（Battle of Borodino）前夕的言談，表達出托爾斯泰對於戰爭與勝利的想法。安德烈對朋友皮耶（Pierre）說：

「對我而言，明天我們所要面對的是：十萬俄軍與十萬法軍的對戰，實際情況就是有二十萬人要戰鬥，而最為拼命且奮不顧身的那一方將會獲勝。若你願意，我會告訴你，無論發生什麼事，無論他們在那裡會造成什麼混亂，我們明天都會贏得這場戰役，無論發生什麼事，我們都會得勝。」

「所以你認為我們明天會贏得這場戰役？」皮耶說。

「對，沒錯，」安德烈王子心不在焉的說。「如果我掌權，我會做一件事，」他繼續說：「我不會接受俘虜，俘虜有什麼用？那是騎士精神。法國人摧毀了我的家，現在還要來摧毀莫斯科，他們過去與現在的每分每秒都在激怒我。他們是我們的敵人，對我而言，他們都是罪犯……他們通通該死……戰爭不是禮貌性的消遣，而是生命中最卑劣的東西，我們應該要明白這件事，戰爭不是兒戲。我們應該要嚴正地接受它必定會是令人恐懼的東西。」

這場戰役正式開打，安德烈王子受了重傷。按照一般對「輸」一字公認的定義，俄國人輸了：俄軍有一半被摧毀。而戰役過後，俄國人撤退，法國人前進。然而，長遠來看，安德烈王子是對的。俄軍在博羅金諾（Borodino）的失敗，是戰略上的勝利。

拿破崙的軍隊受到損傷，以致於無力再進行一場這樣的戰役。拿破崙前進莫斯科，在那裡等著沙皇求和，等了五個星期，然後與他分崩離析的軍隊在驚慌之中潰逃回西方。

托爾斯泰總結說：「在我們看來，拿破崙引領著所有的行動，就像在野蠻人看來，船頭的神像似乎有著引導船隻前行的力量。拿破崙這次的所做所為始終像個孩子，他坐在馬車上，拉著馬車的韁繩，想像自己駕著它向前走。[1]」

這四十年來，我很幸運能擁有喬治・肯南（George Kennan）這樣的朋友及同事。肯南的前半輩子都在俄國與其他東歐國家擔任外交官，後半輩子則在普林斯頓高等研究院（Institute for

---

1. Leo Tolstoy, *War and Peace*, translated by Constance Garnett（Random House, 1931）.

Advanced Study in Princeton）擔任歷史學家。他於二〇〇五年過世，享年一百零一歲。在他長期擔任政府公務員和獨立學者的雙重職業生涯中，他命定的任務就是向喜歡簡單幻想的人們講述複雜的事實。美國政治系統不重視對外界有專業知識的人才，這有時讓他幾乎感到絕望。一九四四年，當他擔任美國駐莫斯科大使館的人員時，對於美國認知與俄國真實情況之間的鴻溝深感憂心，所以他寫了一篇長達三十五頁的文章，概述他對俄國的親身觀點，想讓在華盛頓的長官們從中受益。對於這篇文章的結論，肯南後來的感受是「充滿憂思，但對我個人而言，是最有先見之明的一段話」：

　　關於「了解俄國」的必要性將來會有很多討論，但其中不會有位置給真正願意承擔這項煩心任務的美國人。對於俄國認同事物的擔憂，讓這樣的美國人感到不安也不舒服。承擔這種憂思的人，不會因為自己為人民做了多少事情而滿足，更不用說不會從官方與公眾對自己努力的讚賞上獲得滿足。他能期待的最好情況就是，在高處不勝寒的情境下孤芳自賞，那是過去少有人達到、現在少有人能跟隨，且未來少有人會相信他曾達到的高處。

　　在寫下這段話的六十年後，身為外交官與歷史學家的肯南，持續從高處帶給我們，他的報告，他最後知道自己的努力並非完全不受賞識。
　　我對高處的看法有部分來自與肯南的對話，有部分來自於自己到俄國的短期科學訪問，還有部分則來自於閱讀俄國文學。閱讀俄國文學的時間最早，也留下最深刻的印象。我在青少年時期

研讀了《牛津俄語詩集》（*The Oxford Book of Russian Verse*），在編者莫里斯・巴林（Maurice Baring）的精彩引介下入門。我在其中發現了亞歷山大・布洛克（Alexander Blok）的詩作《庫利科沃的草原》（*On the Field of Kulikovo*），詩中講述的俄國戰爭觀點比整個戰略分析庫還要豐富。在弗拉基米爾被摧毀後的一個半世紀後，庫利科沃戰役才發生，然而布洛克詩作中達傳出的訊息，就跟弗拉基米爾博物館的立體模型一樣縈繞心頭。布洛克想像著在開戰前夕，跟著俄國騎兵一起奔馳過草原：

> 我不會是第一個，也不會是最後一個戰士，
> 我的國家將要遭受多年的苦難。

在庫利科沃，俄國人首次打敗韃靼部隊。這場戰役是俄國人與韃靼人長達數百年爭戰的轉捩點，雖然爭戰沒有結束，但有了新的開始。布洛克在一九〇八年寫下這首詩，那是個繁榮平和的時期，但他已經感受到暴風雨逼近的陰霾：

> 我現在感覺到你，
> 極為動蕩不安的日子將要開始。
> 再次越過敵人的陣營，
> 聽到天鵝振翅之聲，
> 天鵝宣告著戰爭。[2]

---

2. *The Oxford Book of Russian Verse*, edited by Maurice Baring（Clarendon Press, 1924）.

　　十年後，一九一八年一月，也就是布爾什維克奪取政權的三個月後，在歷經革命混亂的寒冷彼得格勒（Petrograd）中，布洛克寫下了他最偉大的詩作「十二」（*The Twelve*），這篇詩作對於蘇聯政權本質的描寫，比整個克里姆林宮圖書館還要豐富。

　　「十二」是一群年輕士兵，他們都是紅衛兵，在暴風雪中行軍穿過城市，粗暴低俗並隨意開槍：

「像個男人握住你的槍，兄弟。
　我們要將鉛彈射進神聖的俄國，
　那個受制於農民又臃腫的老母親俄國。
　自由，自由！打倒十字架！」

「打開你的地窖：快跑下去！
　地球上的人渣正在襲擊城鎮！」

他們濫用上帝之名前行，
十二人越過雪地向前邁進，
準備好一切，
完全不後悔。

　　在這首詩的最後一幕中，十二人正在追捕一個躲在飄雪巷弄中的身影。他們對著身影大叫要他投降，然後開了槍。

　　迴盪的槍聲漸漸消失，暴風雪的咆哮聲仍持續著：

他們昂首闊步地邁開腳步。

在他們身後有隻餓狗吃力地走著，

在他們前面，舉著血紅的旗子，

在暴風雪中看不見，

子彈也打不到，

輕盈的腳步踏上雪地

在滿是珍珠般雪花的旋風中

戴著白玫瑰花環，

走在他們面前的是耶穌基督。[3]

　　布洛克一直留在俄國，直到一九二一年過世為止。在他過世前不久，他再提了一次「十二」中所寫的情境：

　　我依然認同我當時寫的詩，因為那是與大自然和諧共處之下所寫成的。舉例來說：在寫下「十二」的當下與之後，我親身感受到也聽到周圍有巨大的咆哮聲，持續的咆哮聲，或許是舊世界崩壞的咆哮聲……這首詩就在那個特別且總是非常短暫的時期中寫下，當時短暫出現的革命旋風在每片海洋中掀起一場風暴……大自然、生命與藝術的海洋波濤洶湧，泡沫從海上彩虹中升起。當我在撰寫「十二」時，我正看著彩虹。

　　我個人與蘇聯革命武裝部隊人員的接觸，發生在後來更和平

---

3. Alexander Blok, *The Twelve and Other Poems*, translated by John Stallworthy and Peter France（Oxford University Press, 1970）.

的時期。那是一九五六年五月,俄國當時在莫斯科舉辦了戰後第一個高能物理學的國際會議。俄國在高能物理上的實驗研究,在過去一直被視為機密,原因與軍事安全無關。

對俄國知識分子而言,史達林活著的最後幾年是恐怖沉默的時期,即使是在非政治領域的物理科學,發表也受到嚴格限制,與外國科學家也幾乎完全沒有交流。史達林過世後,冰封機密的強制力逐漸弱化。一九五四年,伊利亞‧埃倫堡(Ilya Ehrenburg)被允許出版他的小說《解凍》(*The Thaw*),內容描述經過漫長冬天後,俄國人對於生活的新激動。

在一九五六年左右,俄國物理學家準備好要以大型研討會來慶祝春天回歸,所以邀請了全球各地的物理學家們共襄盛舉。對於俄國人和我們來說,這場研討會都是一場快樂的慶典。舊友誼得以恢復,新友誼得以建立。俄國報紙將我們列在頭條報導,並自豪地描述國際科學界的偉大領導者們現在齊聚莫斯科,想要了解蘇聯科學家的偉大成就。

莫斯科會議結束後,我與一群外國科學家前去參訪列寧格勒。在蘇聯外事觀光局兩位嚮導的陪同下,我們沿著城市西邊的海岸觀光,一不小心走進海岸守衛隊駐地,那裡顯然是軍事禁區。有一位俄國海軍出來叫我們離開,他喊著「Nelzya」,這是「禁入」的意思。那時我們注意到兩位嚮導因為害怕要為我們的不小心負責,快步地往反方向走開。而我們則留下來用破俄語友好地與那位軍人交談。

當我說我們是外國科學家時,他露出燦爛笑容說:「我知道你們是誰,你們是來莫斯科開會的人,對 π 介子及 μ 介子很了解。」他從口袋中拿出一份皺巴巴的《真理報》(*Pravda*),裡

面有一篇關於會議的報導。之後,他邀請我們進入駐所,驕傲地向他的同僚介紹我們。我們坐下與他們聊了幾分鐘,儘可能向他們解釋,我們在莫斯科了解到的 π 介子及 μ 介子。當我們說再見時,我們的東道主熱烈地與我們握手說:「你們要常常來我們國家啊,也請務必告訴你國家的人、你的太太和小孩,我們希望更常看到他們。」

當我回到列寧格勒,回想起這次的邂逅時,我發現自己很遺憾地想知道,當一位尋常美國海岸守兵不期遇到一群講著破英文的俄國物理學家時,會是什麼樣的光景?他也會以同等友好與理解的態度來招呼他們嗎?

後記(2006 年)

我最近一次到俄國是在二〇〇三年十月,也發生另一次的意外邂逅。這次是在莫斯科北方謝爾耶夫村(Sergiev Posad)的修道院,我遇到一位年輕的女性導遊。她沒有提到教堂與著名的藝術品,而是提到她成為信徒的心靈體驗。她告訴我們,當她來到其中一個古老墓地並聞到古墓散發出的神聖氣味時,她的生活產生了什麼樣的改變。那時她就知道自己受到召喚,要成為一名導遊,並教導他人關於古老聖人的神祕力量。這是與我們西方版「基督教」迥然不同的宗教。這是基於聖靈而非聖經故事、基於神祕想像而非神學論證的宗教。

第 10 章

和平主義者

我沒想太多就向俄國海軍的海岸守衛隊員說：「你應該也到美國來看看。」

他寬大年輕的臉龐看著我，露出大大的笑容。「我們怎麼可能到美國去？這是不可能的，我們是戰士。」

聽到他用「戰士」（voyenniye）一詞讓我覺得怪怪的。他跟朋友圍坐在桌旁，與我們聊起 π 介子及 μ 介子，看起來一點也不好戰。不過那個字道出了事實，他的職業就打仗。他歸屬的那個古老戰士團體，就是布洛克詩中描述的那群人，在黑夜中越過庫利科沃草原的騎兵，在暴風雪中穿過彼得格勒荒涼街道的十二人。他的友善、求知欲與孩子氣的幽默感，都無法改變一項事實，他是蘇聯政權可以操縱的工具。他是戰士，他一直都會是戰士，即便在他結束服役回到平民社會，找到自己的定位之後，也是一樣。終其一生，他都會為自己曾為蘇聯海軍效力感到驕傲。若是有人要他為國家而戰、為國家捐軀，他會比在特拉法加（Trafalgar）跟隨納爾遜的士兵更不猶豫。若有人要他發射摧毀城市的飛彈，他會比那些將原子彈瞄準廣島與長崎的士兵更義無反顧。

　　當我想到核子戰爭時，我的惡夢就從那位年輕俄國海軍開始，他按下按鈕把我們都炸成碎片，同時還以殘忍的純真笑聲說著「我們是戰士」，那與很久以前我在列寧格勒曾聽過的笑聲一樣。

　　沒有其他辦法了嗎？除了像戰士那般為捍衛民族榮譽而戰的傳統，我們的年輕人沒有其他傳統可以遵循嗎？其實還有另一種同樣擁有悠久光榮歷史的傳統，那就是和平主義的傳統。數百年來一直存在的某些教派，認為戰爭違反了上帝的旨意。重浸派（Anabaptists）與貴格會（Quakers）在十七世紀時宣揚非暴力的教義，也因為這樣的信仰而遭到迫害。這種非暴力的古老傳統是屬於個人性質，而非政治性質的。貴格會不允許任何威權介入個人良知與上帝之間。就個人而言，他們拒絕配戴武器或參與戰爭。他們不會為自己尋求政治權力，也不會試圖掌控政府行動。他們只是聲明，但不會參與任何違背自我良知的行動。他們建立的個人和平主義傳統，已被證明可以長久維繫。這已經持續了三百年，並且在許多國家扎根。做為個人道德規範的和平主義已被證實，經得起戰爭與政治變革的考驗。

　　和平主義成為政治布局是最近的發展。政治上的和平主義者，會倡導將非暴力的道德規範納入政治活動或政府的計畫之中。和平主義的理論學家在個人與政治和平主義者之間，做出明顯的區分。在現實世界中，這個區分是有用的，但不那麼明顯。和平主義是個連續的面向，從傳統因良知而反暴力的個人信仰，一直延伸到電視鏡頭前示威團體的現代非暴力抗議活動。和平主義可能是個人良知問題，也可能是策略評估問題。它最常見的情況就是兩者的混合體。若和平主義要在現代世界中盛行，它必定

得是個人性質與政治性質的混合體，在珍視和平主義者的宗教傳統深根同時，也要運用現代通訊提供的機會，來動員大眾進行抗議。現代政治第一位也是最偉大的政治和平主義者甘地，向我們展示了如何做到這一點。

貴格會站在和平主義連續面向的中間地面，他們不像甘地那樣全心參與政治，也不像賓州的門諾教派（Amish）那樣超然，門諾教徒想要完全擺脫世間的暴力與罪惡。貴格會教徒生活在憤怒與權力的世界中，想要試著減緩這樣的罪惡。貴格會的道德規範一直鼓勵教徒去關心他人的苦難。就貴格會的理解，「關心」一詞不只意味著同理，它代表對有需要的人提供實際幫助，以及對不公不義的事情有實際行動。大多數的貴格會教徒以創始人喬治·福克斯（George Fox）為榜樣，經由政治舞台上的競選活動，來表達他們對人道主義與和平主義理想的關注。但他們不以有組織的方式行動，而是個人各自行動。貴格會的影響可以如此持久的主要原因，也許就是他們與任何政府和政黨都無關。他們的和平主義是基於良知的個人承諾，而不是仰賴成功或聲望的政治策略。他們不像甘地的追隨者那樣，會因為政治風向改變，就輕易背棄和平主義的原則。

貴格會的偉大永久成就是廢除了奴隸制度。這場伴隨著公眾道德深度變化的社會革命，歷經數個世紀才得以完成，並非只憑著貴格會的一己之力。不過，最早發聲反對奴隸制度的人士，主要都是貴格會教徒。整個十八世紀，在英國與美國，貴格會都是艱苦奮鬥的主要推動者，他們首先制止非洲新奴隸的利益交易，然後又阻止所有地方有關奴隸的利益交易。我的曾曾叔公羅伯特·海恩斯（Robert Haynes）是巴巴多斯島（island of Barbados）

的著名人士，擁有數片糖料作物田地與幾百個奴隸。在他一八〇四年的日記中，他大力抱怨煽動大眾反對奴隸制度的力量。這股力量之後在英國日益強大。他知道自己的敵人是誰。他寫道：

「我也認為，這有一部分要歸咎於貴格會教徒的不當行動。從我們一開始定居這個島，他們就在煽動他人於反叛上扮演非常微妙的角色，我們那時沒有留意到，然後他們同時又公開宣稱他們厭惡任何形式的暴力，還肆無忌憚地利用這個國家法律及保護制度，來完整保障他們自身的安全。我體驗到這些偽善言行都讓我難以忍受。」

海恩斯日記中的下一段，解釋了他感受到的暴怒。

「試圖在島上某些地方煽動奴隸。上述行動很快被鎮壓，立即懲處展現出良好快速的效果，但同時，因此產生的普遍焦慮至今都沒有完全消除。」[1]

四年之後，英國議會通過能有效處以罰則的法案，終止了奴隸交易。海恩斯繼續在他的島上不安穩地統治他的奴隸二十五年。不過他活得夠久，看到了貴格會的最後勝利，他的奴隸被釋放，島上的舊有社會制度被推翻掉了。依據一八三三年的英國國會法令，他因為奴隸獲得了一筆可觀的賠償金。之後他遷居到英

---

1. *The Barbadian Diary of General Robert Haynes, 1787–1836*, edited by Everil M.W. Cracknell（Medstead: Azania Press, 1934）.

國本島，並在雷丁（Reading）舒服地退休，渡過餘生。

貴格會成功的要素是什麼？首先是道德信念。他們認定奴隸制度是他們受到召喚要去反對的道德罪惡。其次是耐心，他們幾十年來持續努力，不因挫折與失敗而氣餒。第三，客觀性。他們大部分的工作包括仔細蒐集雙方都能接受的準確事證與統計資料。正是貴格會在巴巴多斯島上的事證蒐集動作，激怒了我的曾曾叔公。第四，願意妥協。貴格會關注的重點是，解放奴隸，而非處罰奴隸主人。他們接受奴隸是一種經濟資產，奴隸主人有權因自己的資產損失而獲得公平的賠償，且奴隸主人不用受到羞辱。結果就是，即便是我的曾曾叔公，最後也忍住自己的傲氣，悄悄收下現金賠償。

英國廢除奴隸制度的人士願意向奴隸主人買斷奴隸的作法，讓一八三三年西印度奴隸的和平解放與三十年後美國奴隸的流血解放，有了關鍵性的不同。英國政府支付了兩千萬英磅給奴隸主人。而美國內戰付出的代價要高得多了。

廢除核武跟廢除奴隸制度，是一樣重要的任務。現代的核武就跟兩百年前的奴隸制度一樣，是在我們社會結構中根深蒂固的明顯邪惡制度。當今的大多數人一想到核武，就會擔心核武落在恐怖分子手上。他們會想像恐怖分子以汽車或卡車運送一兩枚核彈，在紐約或華盛頓引爆。在城市中引爆一兩枚核彈所造成的災難，會比二〇〇一年世貿中心的倒塌還要嚴重許多。人們是該擔心恐怖分子握有核彈，但他們更應該擔心的是，掌握在政府而非恐怖分子手上的數千具核武。恐怖分子的核彈可以造成數百萬人死亡，而國家級核武則可以造成數億人民的死亡。在大規模戰爭中動用國家級核武，是會摧毀整個國家，我們的美國也包括在

內。由於美國擁有最強大的核武部署，因此我們對於核武的存續要負上最大的道義責任。

　　期望終結戰爭的抗爭能夠圓滿成功的人們，就必須讓他們的任務具有某些特質，也就是具有在廢除奴隸抗爭中取勝的相同特質，這些特質是：道德信念、耐心、客觀性與願意妥協。那些在兩百年前為廢除奴隸制度挺身而出的人們，做了一項開啟勝利之路的歷史性妥協。他們決定全力聚焦在禁止奴隸的交易上，並將完全廢除奴隸制度的任務，留給下一代的承接者。他們了解到奴隸交易比奴隸制度本身更惡質，也更容易受到政治攻擊。他們可以動員反對奴隸交易的道德與經濟利益聯盟，不過這個聯盟在當時還無法為了完全廢除奴隸制度而團結一致。這為今日這裡的和平運動上了一課。

　　和平運動的最終目的是完全終結戰爭，所有的戰爭都是邪惡的，但使用核武更邪惡，廢除核武比起終結戰爭，是更實際的政治目標。建議現代的和平主義者，要像十八世紀的貴格會那樣，先攻擊比較容易下手的惡質事物。當我們成功廢除核武後，終結戰爭就成了後世可行的目標，但至此已超出我們當前的能力所及。

　　在政治上運作的和平主義會面臨一種情況，那就是它最偉大的領導者都是天才。才華洋溢的天才超越了對自己出身部族的信仰與忠試，自然而然地就傾向於和平主義。不幸的是，天才通常不會是好的政治家。甘地是少數的例外。天才與政治妥協的藝術不容易共存。除了甘地之外，歷史上偉大的和平主義人士都是先知，而非政治家。猶太的耶穌、俄國的托爾斯泰與德國的愛因斯坦，他們一個接著一個為人類設定政治活動難以達成的更高標準。

　　當托爾斯泰在撰寫《和平與戰爭》時，他是個俄國愛國主義

者。他同理書中士兵的軍人精神，並為他們的勇氣感到自豪。他的懷疑論現實主義明確屬於俄國愛國文學的主流中，這是布洛克狂熱的浪漫主義中沒有的。但對於托爾斯泰這樣的天才，俄國的愛國主義太狹隘了。到了五十歲那一年，托爾斯泰經歷宗教信仰的改變，接受和平的真理。他拒絕承認包括自己國家在內的所有國家政府主權。他脫離自己以前所在的貴族社會。在他人生的最後三十年中，他以最堅定的形式宣揚非暴力的倫理道德。他要求人們不但要拒絕服兵役，還要拒絕配合政府的任何強制性活動，也禁止對政府採取革命行動。那些以暴力方式反對政府的人士，無法帶頭終結暴力。他呼籲人們嚴格遵循以耶穌話語為基礎的生活方式，耶穌說：「你們聽見有話說，以眼還眼，以牙還牙；只是我告訴你們，不要與惡人作對；有人打你的右臉，連左臉也轉過來由他打。」

沙皇政府很聰明，沒有與托爾斯泰交手，也沒有試圖要他閉嘴，只是將遵循他教義並拒絕當兵的年輕人，關入監獄或流放到西伯利亞。托爾斯泰本身在亞斯納亞波利亞納（Yasnaya Polyana）的住所，與忠實的信徒及不贊同他的妻子一同平安無事地過日子。他與年輕時期的甘地通信往來。他成為全球和平主義的先知與精神領袖。無論他在哪裡看到殘暴與壓迫，他都會反對壓迫者，為受害者發聲。他警告有錢有勢的人士，他們的自私自利會導致不確定性的暴力引爆：「對於那些不想改變生活方式的人們，只剩一件事可行，那就是希望活著時一切都會順利，之後就隨它而去。這就是盲目的富人們做的事情，但是危險越來越大，可怕的災難越來越接近。」有錢有勢的人禮貌性地聽了他的警告，卻還是我行我素，所以導致一九一四至一九一七年的大災難。

　　托爾斯泰晚年的處境，與愛因斯坦五十歲後的處境類似，他是位德高望重的白鬍老人，穿著農民衣衫，象徵著他對階級與特權的蔑視，普世敬他為天才作家，而現實的政客們則瞧不起他，認為他是愚蠢的老傻瓜，但他又受到眾人的愛戴與欽佩，被視為人類良知的代言人。

　　自托爾斯泰信仰改變以來，已經過了一百年，民族主義在人類思想上的力量，仍如以往那般地強大。在十九世紀末與二十世紀初那時，或許曾有個機會，歐洲的工人可以團結一致產生共同決心，拒絕在領袖們的爭吵中當炮灰。這是托爾斯泰夢寐以求之事，也是一九一四年之前的幾年間，歐洲各國的工人組織領袖的共同夢想，當時這些組織的成員與力量都在迅速增加。這個夢想就是，成立忠於社會主義與和平主義的全球工人聯盟。這個夢想就是，在宣戰生效當日進行一次全球大罷工，讓交戰部隊的將軍們沒有士兵可以差遣。在那些相信國際結盟對全球工人是可行政策的領袖中，法國的尚‧賈勒斯（Jean Jaurès）最為傑出。

　　賈勒斯是一位經驗豐富的政治家，在法國下議院中代表法國社會黨（French Socialist Party），並因選區中的礦工支持而連選連任。他是位愛國的法國人，從不主張單方面裁軍或無條件的和平主義。他認識德國與奧地利的社會主義領袖，並了解他們立場的模稜兩可之處。他由衷相信，全球性的反戰罷工有可能會成功。這個夢想在一九一四年七月三十一日破滅了，德國、奧地利與俄國的軍隊早已為戰爭進行動員，每個國家的工人都忘記了他們的國際聯盟情誼，順從的上前線捍衛各自的祖國。而垂頭喪氣的賈勒斯坐在巴黎的餐廳中吃晚餐時，被法國的一位狂熱愛國分子射殺。

　　無論是在革命前或革命後，托爾斯泰的極端和平主義從未在歐洲成為重要政治力量，尤其是在俄國。工人反戰的唯一有效抗爭發生在一九一七年，當時列寧鼓勵在亞歷山大‧費奧多羅政府（Alexander Kerensky's government）的士兵從對戰德國人的前線脫逃。然而這種脫逃並沒有實現賈勒斯全球反戰罷工的夢想，那只是列寧為了準備發動新戰爭的開端之舉。

　　當列寧奪取政權後，他立即籌組一支新軍，並在一九一八至一九二一年的內戰期間，以這支軍隊抵禦殘存的舊部隊，捍衛自己的領土。無論是革命前的沙皇或革命後的列寧，都毫不猶豫地進行流血戰事，有相當數量的年輕俄國人都願意為捍衛俄國，前去殺敵戰死或犧牲，所以沙皇和列寧都沒有士兵短缺的困難。托爾斯泰傳達非暴力信仰的種子被帶往世界各地時，大多散落在艱困的土壤中，其中又以他的祖國俄國最為艱難。

　　甘地的努力，讓非暴力信仰在印度的群眾政治運動上開花結果。他領頭為印度獨立奮鬥了三十年，並讓追隨者奉行托爾斯泰的行為準則。他證明了「satyagraha」這種精神力量，可以有效取代炸彈和子彈來解放人民。「satyagraha」是甘地發明的單字與概念，其意義不只是非暴力。「satyagraha」不只是被動抵抗或放棄暴力，還是積極運用道德壓力做為實現社會及政治目標的武器。無論是印度的英國總督們，或是甘地的追隨者，只要偏離了非暴力的路徑，甘地就會公正的以「satyagraha」來譴責他們。甘地具有印度教背景，而且在倫敦受過律師訓練，所以他了解印度農民與帝國政府官員的心態，並成功讓他們屈服在他的意志之下。「satyagraha」的主要手段是「公民不服從（civil disobedience）」以及「絕食至死（fast unto death）」。公民不服

從，是指平和但恣意違抗外國政權立下的法律。而絕食至死，是個人的絕食抗議。

甘地曾反覆絕食抗議，以自己的生命為賭注，來迫使朋友與敵人都接受他的要求。這些手段起了作用。雖然曾有許多挫折與零星暴力衝突，但「satyagraha」活動成功在當地居民與外來政權之間，在沒有爆發任何戰爭的情況下，讓印度得以獨立。英國官員認為甘地荒唐可笑，但他們既不能開槍射殺他，也無法將他永久監禁。當甘地絕食抗議時，官員也不敢讓他死掉，因為他們知道無人可以取代他，來完美控制追隨者的暴戾之氣。「satyagraha」是甘地手中的有用武器，因為甘地是位敏銳的政治家，與托爾斯泰完全不同。實際上這三十年來，甘地都在與英國當局合作以維持印度的和平，他同時又公開挑釁英國當局，讓追隨者看不到他是幫手的那一面。除了勇氣與崇高道德外，要成功運用「satyagraha」，還要有參與政治的才能、對敵人弱點的了解、幽默感與一點運氣。這些天賦甘地全都擁有，他還能夠充分運用。

甘地在臨終之時用光了他的運氣，那時對抗英國統治的活動已經獲勝，他正努力要讓印度成為一個獨立的統一大國。然後，他不得不處理印度教徒與伊斯蘭教徒之間的爭執。這比歐洲人與亞洲人之間的權力鬥爭更深層也更痛苦。「satyagraha」無法像對付英國帝國主義那般地制服印度教與伊斯蘭的民族主義。在印度與巴基斯坦以暴力方式取得獨立的五個月後，賈勒斯之死的場景在德里重現，甘地遭到一位認為他不夠愛國的民族主義者所射殺。

就跟賈勒斯一樣，隨著甘地的死亡，期望整個地區能夠徹底擺脫戰爭的希望也逝去。剛獨立印度的總理為尼赫魯（Nehru），

他從來不相信非暴力運動。巴基斯坦的統治者甚至更不相信非暴力運動。在獨立後三十年間所發生的三場戰爭，展現了甘地同胞幾乎沒有從他身上學習到什麼。就像法國與德國為了亞爾薩斯與洛林地區而戰的情況一樣，印度與巴基斯坦也為了喀什米爾這個爭議省份而戰。印度和巴基斯坦政府不只接手了殖民地陸軍和海軍的軍團和軍艦，還沉迷於歐洲古老的政治權力遊戲中。在反抗外來的壓迫者上，甘地的「satyagraha」是個有效的武器，但甘地的追隨者在掌控自己政府後，就站到壓迫者的位置上，馬上將其棄之不顧。

我們從甘地人生與死亡中所獲得的啟示是，做為政治活動的和平主義，要來得比做為個人道德的和平主義更難維持。身為魅力與技巧非凡的領導者，甘地可以組織所有人民圍繞著和平主義計畫進行。他證明了和平主義者的抗爭運動可以持續三十年之久，並且強大到足以打敗帝國。然而後續的印度歷史證明，政治和平主義還不夠強大，無法在領導人過世後及權力的誘惑下存活。

在兩次大戰期間，當甘地在印度成功地組織了他的非暴力抗爭活動時，政治和平主義也在歐洲流行起來。歐洲和平主義者受到甘地這個榜樣的鼓舞，希望能重振賈勒斯的夢想，建立全球反軍國主義政府的非暴力抗爭者聯盟。和平主義者的夢想在歐洲遭到重大失敗。失敗的主要原因有三：缺乏領導力、缺乏積極目標與希特勒。

歐洲和平主義者中，從來沒有出現可以比得上甘地的領袖。愛因斯坦是位和平主義者，只出借自己的名聲發展和平主義，直到希特勒的崛起後讓他改變了主意，但他不希望成為政治領袖。

就跟托爾斯泰一樣，愛因斯坦比較像是全世界的英雄，而非他同胞的英雄。即使是愛因斯坦聲望最高的時期，和平主義在德國也從來沒有強大過。

　　和平主義在英國最為強盛，喬治·蘭斯伯里（George Lansbury）是英國堅信和平主義的基督教社會主義者（Christian Socialist），他在一九三一年至一九三五年期間擔任工黨（Labour Party）的領導人。蘭斯伯里有勇氣採取甘地作風的行動。一九三〇年，他擔任倫敦東區波普勒地區（Poplar）的區長時，因為不服從自認為具有壓迫性的政策而進了監獄。他一直是倫敦東區選民的英雄。但他從未像甘地主導印度那般地試圖主導歐洲的局勢。

　　甘地具有追求印度獨立這個積極目標的巨大優勢，藉此他可以動員熱情的追隨者。蘭斯伯里與其他歐洲和平主義者沒有類似的目標，他們支持國際聯盟（League of Nations）做為維持全球和平的掌控者，但國際聯盟對於群眾政治運動的關注不足。人們普遍認為國聯只是年老政治家的辯論社團。沒有人向國聯輸誠，沒有人認真看待歐洲數百萬人對政府進行抗爭的計畫。甘地順著民族主義的浪潮前行，而蘭斯伯里與他的追隨者則是逆著浪潮游著。結果就是，英國工黨在蘭斯伯里領導下所提的外交政策完全消極，不重整軍備、沒有任何對抗希特勒的行動，也沒有盡心盡力地支持和平主義。

　　蘭斯伯里的命運讓他在希特勒崛起掌權德國的那幾年，也就是英國和平主義最為流行的顛峰時期，主導了英國的和平運動。在希特勒成為德國總理的前幾周，牛津的大學生舉辦了一場辯論，議題為「英國議會在任何情況下，都不會為自己的國王與國家而戰」，這個論述也受到大多數人的認同。這場辯論受到廣

大宣傳，事實上可能就如反對和平主義人士後來所聲稱的那樣，還鼓勵了希特勒更加大膽地推行征服歐洲的計畫。無論希特勒是否關注牛津學生們的表決，英國與法國所存在的強大和平主義觀念，都無疑地鼓舞了他的激進政策。一九三三年十月，希特勒信心十足地退出他在成為總理之前剛參加過的國際裁軍會議（International Disarmament Conference）。這個動作算是他正式向世界宣布他要重整德國軍備。

　　四天後，蘭斯伯里在下議院代表工黨發聲：

　　　我們不支持增加軍備，但也拒絕我們政府與其他任何政府試圖對德國進行懲罰或制裁。倘若這些大國立即全面性的解除武裝，並持續進行到全球達成全面裁軍為止，就不會有人提出這些要求了。

　　因為蘭斯伯里知道，大國不會裁軍。他的政策意味著英國根本不會採取任何行動，既不會增兵也不會裁軍。他陷入了和平主義的悲慘困境中。英國與法國的和平主義者宣布他們不願意參戰，這讓希特勒更肆無忌憚地冒險發動戰爭，並在戰爭到來時讓這場戰爭變得更為可怕。面對這個困境沒有簡單的答案。一個面對激進敵人的國家，必須決定是要準備有效反擊，還是堅持非暴力路線直到最後。無論選擇哪一個，都必須全心全意做出決定，也一定得要接受後果。一九三〇年代的英國只證明了，對於和平主義半吊子的態度，比完全不支持還要糟糕。半吊子的和平主義實際上跟儒弱沒什麼不同。歐洲的和平主義最終在二次大戰開打時變得聲名狼藉，因為半吊子的和平主義者跟儒夫與通敵者沒什麼兩樣。歐洲和平主義的崩潰，至少給了我們一個明確的教訓：

如果和平主義者要在現代世界中發揮作用，就必須像甘地那般勇敢與全心全意。

　　一九五三年，蘭斯伯里被迫在和平主義原則與工黨領袖地位中做出選擇。身為一位忠實之人的他，堅守自己的原則，把工黨領袖的位置移交給克萊門特·艾德禮（Clement Attlee），這位艾德禮在十年後成為英國首相，並決定讓英國擁有核武軍備。和平主義在英國不再是有效政治的力量，它在英國已死，但它仍存活在印度。像我這樣的年輕英國人，反對國家集權及帝國，並擁戴甘地為英雄。與無能為力的蘭斯伯里及毫無特色的艾德禮相比，我們更偏愛耀眼的甘地。我們的言談總是充滿和平主義用語。我們會說，若是我們有像甘地這樣的領導人，我們將會集結在監獄中，讓好戰人士感動。當希特勒將許多人抓入德國集中營並讓反對他的人士閉嘴時，我們持續以這種形式交談。然後在一九四〇年時，希特勒進攻並佔領了法國。我們就像一九三三年的蘭斯伯里一樣，面面相覷地面對著和平主義的經典困境。我們在理論上仍相信非暴力道德，但我們看到了法國正發生的情況，也認定非暴力抵抗無法有效對抗希特勒。我們勉為其難地做出結論，我們最好要為國王及國家而戰。

　　四十年後，菲利普·哈利（Philip Hallie）的著作《別流無辜人的血》（Lest Innocent Blood Be Shed）問世，內容講述了一個法國村莊的故事，這個村莊選擇以非暴力的路線來抵抗希特勒 [2]。這是個了不起的故事，展示出非暴力方式是有用的，即使

---

2. *Lest Innocent Blood be Shed: The Story of the Village of Le Chambon and How Goodness Happened There* (Harper and Row, 1979）.

是在對抗希特勒的情況下也有用。在那個保護猶太人就會被驅逐或處死的年代，利尼翁河畔勒尚邦（Le Chambon sur Lignon）這個村莊集體庇護，並挽救了數百名猶太人的生命。這裡的村民由新教牧師安德烈·特羅梅（André Trocmé）所帶領，他多年以來一直信奉非暴力，並為村民做好了這場試煉的精神與心靈準備。當蓋世太保（Gestapo）不時突襲村莊時，特羅梅的間諜通常會適時給他警告，好讓難民可以躲藏到樹林裡。德國當局逮捕並處決了據說是村莊領導者的人，但抵抗行動從未停止。德國要終止村莊抵抗的唯一方法，就是驅逐或殺死整村的人。在法國同一區附近，有個著名的納粹親衛隊軍團「塔塔爾軍團（Tartar Legion）」，他們曾受過大規模屠殺的訓練也經驗豐富。這個塔塔爾軍團可以輕而易舉地將勒尚邦滅村，但勒尚邦倖免於難。而特羅梅本身，也因為一連串幸運的意外事件而僥倖生存。

　　多年以後，特羅梅才得知村莊為何得以生存下來。村莊的命運決定在兩名德國軍人的對話之中，他們分別代表德國人光明與黑暗的兩面。其中一方是塔塔爾軍團指揮官梅茨格上校（Colonel Metzger），這名字在德語中的意思是「屠夫」，這是個很適合他這位平民殺手的名字，他在法國解放後以戰犯的身分受到處決。另一方是信奉巴伐利亞天主教的施梅林少校（Major Schmehling），他是正派老成的德國軍官。梅茨格與施梅林都參與了佛雷斯蒂耶醫生（Dr. Le Forestier）的審判，他是勒尚邦裡的一位醫師，他之所以受到逮捕及處決，是為了帶給村民殺雞儆猴的效果。

　　「在他的審判中，」施梅林在之後遇到特羅梅時說：「我聽到佛雷斯蒂耶醫生說他是位基督教徒，他也非常清楚地向我解

釋，為什麼你們全都不遵守我們在勒尚邦訂下的規則。我相信你們的醫生是誠心誠意的。你知道的，我是名虔誠的天主教徒，而且我掌控這些東西……不過，梅茨格是個難搞的傢伙，他一直堅持要派兵到勒尚邦，但我也一直告訴他要等待。我告訴梅茨格，暴力對這種抵抗無能為力，我們能以暴力摧毀的任何事情，也對此無能為力。我以我所有的個人與軍事力量，反對讓他的軍團進入勒尚邦村莊中。」

這就是它起作用的方式。這也完美說明了非暴力抗爭的經典理念。佛雷斯蒂耶醫生本身因為自己的信仰而死，看似毫無用處，但他的死亡觸動了敵人，讓他們開始有了人性的舉動。有些敵人，像是施梅林少校，就變成了朋友。最後，即使是像納粹親衛隊軍團上校這樣堅強頑固的敵人，也被說服停止殺戮。勒尚邦這裡曾經發生過這樣的事件。

要讓非暴力抗爭的理念產生作用，得怎麼做？得要整村的人都帶著非凡的勇氣，並守著卓越的紀律，一同挺身而出。並非所有的村民都與他們的領導者有著相同的宗教信仰，但所有人都與他有著共同的道德信念，他們每天都冒著生命危險，讓自己的村莊成為被迫害者的避難所。他們團結一致，彼此友好、忠誠與尊重。

每個認真思考現代戰爭意義的人，遲早都得面對一個問題，那就是：非暴力方式是否能取代我們現在所走的路線。非暴力方式是否能夠成為美國這種大國的外交政策？或者這只是少數宗教人士才有的個人逃生路徑，而這群人還受到願意為自己生命而戰的多數人所保護？

我不知道這些問題的答案。我不認為有人知道答案。勒尚邦

的例子讓我們知道，我們的良知無法將這樣的問題擱置一旁。勒尚邦向我們展示，如何將非暴力抗爭的理念，變成一個國家有用的外交政策基石。這需要整個國家的人民，以非凡的勇氣及卓越的紀律一同挺身而出。我們能在現今的世界上找到這樣的國家嗎？或許我們可以在種族單純，且具有對壓迫長期沉默抗爭傳統的小國中找到。但美國呢？我們可以想像美國人民像勒尚邦村民那樣，堅守情誼且不畏自我犧牲地一同挺身而出嗎？很難想像有什麼情況會讓這一切成真。但歷史教導我們，許多曾經難以想像之事都發生了。在每次討論非暴力議題的最後，都會出現蕭伯納在其劇作《聖女貞德》（Saint Joan）結尾所提出的問題：

　　創造美麗大地的上帝啊，什麼時候準備好接納祢的聖徒？要多久呢，上帝，還要多久呢？

後記（2006 年）

自一九八四年撰寫本章以來，討論戰爭與和平的重點，已經從國家衝突轉移到所謂的「反恐戰爭」了。就我個人的觀點而言，將打擊恐怖主義轉變成戰爭的政策，其實是無效的，在道德上也是錯誤的。打擊恐怖主義的有效工具，是民間警力與民間防禦力。即使打擊恐怖主義的目標在道德上是正當，但不能因此就認為以戰爭做為手段也是正當的。「反恐戰爭」創造新恐怖分子的速度，可能比消滅舊恐怖分子的速度還要快。你不一定要是和平主義者，才能反對這場特殊的戰爭。

有部出色的紀錄片《靈魂武器》（Weapons of the Spirit），講述利尼翁河畔勒尚邦的故事，這是由皮埃爾・薩瓦吉（Pierre Sauvage）在一九八七年製作的片子，有許多曾經參與被動抗爭的村民，在鏡頭前講述當時情況。薩瓦吉的父母是猶太人，他們就是藏匿在這個村莊中時生下了薩瓦吉。

第 11 章

軍備競賽結束

　　幾年前，我曾走進一處貯藏室，地上隨意放置了四十二枚氫彈，這些氫彈甚至沒有被固定好。每一枚氫彈的威力都比摧毀廣島的原子彈要強十倍以上。這次的經驗明白提醒著我們，人類的處境有多危險。這促使我認真思考提高後代子孫生存機率的方式，就如喬治·肯南（George Kennan）曾經說過的那般，對人類而言，核武仍是最令人擔憂的危險。而對上帝而言，這也是最嚴重的污辱。

　　我們現在思考未來時，不再納入核武，這是個歷史性的轉變，也是我們必須深表感激之事。五十年前與其後的許多年間，核武主導了我們恐懼的樣貌。核武軍備競賽是我們這個時代的核心道德問題，關於科學家道德困境的討論，都以核彈與長程飛彈為中心議題。核彈設計者賦予了科學邪惡的一面。而現在，在不經意間，核彈就悄悄地從我們眼前消失，不過它們仍然存在。對人類而言，大量核武掌握在不可靠人士手上的危害，仍然一如既往。然而，我們對未來的展望卻不再提及核武，這怎麼可能會發生？

　　一九九五年夏天，我參與了一項有關美國未來核武庫（nuclear

stockpile）的技術研究計畫。這項研究計畫是由一群來自學界的
科學家，以及一群來自武器實驗室的核彈設計專家所組成。這個
研究計畫的目的在於回答一個問題：若不再進行核武測試，只以
核武現有設計來維持可靠的核武庫，這在技術上是否可行？這項
研究並沒有探討潛在的政治問題：可靠的核武庫是否一定需要，
以及進一步的核武測試是否絕對不該進行。

　　我們每個人對於政治議題都有各自的見解，但政治不是我們
研究的議題。我們認為這項研究的基本原則是：要永久儲存於核
武庫中的核武，必須要在不改變原有設計的情況下，對於其零件
的劣化和衰變，進行維修及改造。我們假設，當核武有需要進行
維修時，能取得的新零件可能會跟原有的舊零件不同，因為製造
舊零件的工廠可能已經不存在。我們詳細研究每種核武，並檢查
其功能是否強健到在對零件進行少量改造後，仍不會失效。我們
以一份全體達成共識的報告總結了這項研究，這個共識就是：即
使不再進行核武測試，依然可以維持可靠的核武庫。

　　全體達成共識是非常重要的。有四位武器專家與我們一同
工作七個星期，分別是來自洛斯阿拉莫斯實驗室的約翰・芮克
特（John Richter）與約翰・卡默迪納（John Kammerdiener）、來
自利佛摩（Livermore）實驗室的西摩・沙克（Seymour Sack），
與來自桑迪亞（Sandia）實驗室的羅伯特・皮里佛（Robert
Peurifoy）。他們四位的客觀態度與正直為人，讓我們全體得以
產生共識。他們都是令人欽佩的人士，是擁有困難技術的優秀工
藝大師。他們一生中最美好的時光，都在計畫與進行核彈測試中
渡過。無論測試成功與否，他們都謹記於心。他們知道每場測試
的理由，也知道能從測試的成敗中學到什麼。他們的存在對我們

非常重要，他們在報告中的署名，為我們的結論背書。他們是正在消失文化的倖存者。他們活過了核武製造的英雄時代。他們將無法也不能被取代。他們進行這項研究，無私地幫助我們國家安全，進入再也不需要他們四人才能與天賦的世界。

我們研究的結論是歷史的標竿，紀念了核武競賽終於結束的這項事實。核武競賽如火如荼進行的時間，只有一九四〇到一九五〇的這二十年間。在接下來的三十年間，核武競賽分三個階段逐漸消失。在研發出高效氫彈之後，科學競賽在一九六〇年代逐漸退燒。核武不再是項科學挑戰。而在研發出可靠強健的導彈與潛艇後，軍備競賽也在一九七〇年代退燒。核武不再賦予擁核人士在現實世界中的軍事優勢。在所有人都清楚意識到，大型核武工業是環境與經濟的浩劫之後，政治競賽亦於一九八〇年代退燒。核武庫的大小，不再是政治地位的象徵。每個階段結束時都締結了軍備控制條約，以嚴正合法的方式促使競賽逐漸式微。

一九六三年頒布的大氣測試禁令，為科學競賽畫下句點。一九七〇年代締結的反彈道飛彈條約（ABM treaty）與戰略武器限制談判條約（SALT treaties），為軍備競賽畫下句點。而一九八〇年代的削減戰略武器條約（START treaties），則為政治競賽畫下句點。

我們要如何從這段歷史推測一九九〇年代及其後的世界呢？美國現在的安全與軍事實力，主要仰賴非核武的力量。整體來說，核武是個麻煩，而非優勢。包括美國在內的所有核武部署都要逐步歸零，這樣才能強化美國的安全。在接下來的五十年間，我們應該要嘗試倒轉核武軍備競賽，說服我們的敵人及朋友，核武帶來的麻煩多過價值。向這個目標邁進的最有效行動，是單

方面縮減武力。喬治・布希（George Bush）總統在一九九一年
單方面縮減海陸戰術性核武的這項舉動，透露出軍備競賽已經
倒轉的歷史性轉變。蘇聯領導人米哈伊爾・戈巴契夫（Mikhail
Gorbachev）當時立即迅速回應，同樣大規模地縮減蘇聯核武。
一九九二年的中止測試，則是另一個邁向同樣目標的有效作法。

　　要進一步倒轉核武競賽，我們需要追求三個長期目標：世界
性武器的縮減與摧毀、完全停止核武測試，以及所有國家核武活
動都達到某種透明程度的公開世界。要實現這些目標，單方面的
行動通常比條約更具有說服力。單方面行動較能產生信任感，而
條約談判則常常容易導致猜忌。

　　我們的核武庫研究計畫非常符合倒轉軍備競賽的需求。這個
研究的目的，在於取得核武庫技術的穩定性，闡明在無限期停止
測試的情況下，要維持現有幾種核武所需採取的措施。穩定性是
讓核武和平消失的必要先決條件。一旦核武庫建立出穩定的維持
制度，國內與國際上對核武的關注都會降低。穩定的核武實力應
該具有如下的特質：令人生畏、位處偏遠，而且不做聲勢。

　　隨著二十一世紀幾十年的過去，核武將會逐漸地與飢餓動蕩
世界中的國際秩序問題，愈來愈沒有關聯性。核武成為消失世代
無用遺物的時代或許會來臨，也就是核武成了像貴族騎兵團馬匹
那樣的東西，馬匹目前僅供禮儀之用。當人們普遍認為核武是荒
謬且無關緊要的東西時，也許徹底消除核武的時代就會來臨。

　　我們可以告別核武的時代仍然很遙遠，遠到現在無法清楚想
像，也許還要一百年以後吧。在那之前，我們必須要儘可能安靜
負責地與核武共存。核武庫研究的目的，就是為了確保我們在完
全不再需要核武的時代來臨之前，能以最強的專業能力來維護核

武，讓它只會引發出最小程度的緊張與恐慌。在此同時，與非核武器及非核戰爭有關的道德困境仍未解決。

終止戰爭是最終目標，這比終止核武還要遙遠。奧本海默在核子時代早期，支持「核武存在或許可以終止戰爭」這樣的想法，結果顯示這只是妄想。終止戰爭是科學對於道德問題無能為力的最好例子。包括槍支、坦克、戰艦及戰機等的非核武器，今日都在公開市場販售，任何付得起錢的人士都可以購買。科學無法讓這些武器消失。科學在終止戰爭上所能做出的最佳貢獻跟科技無關。科學家們組成的國際學界，或許可以藉由向世界樹立跨國家、跨語言與跨文化的實際合作榜樣，來協助終止戰爭。

後記（2006 年）

從本篇文章撰寫後的九年政治動盪之中，核武庫管理計畫（Stockpile Stewardship Program）有幸存活下來。在不改變原有設計下，更換舊核武裝備的政策仍然延續著。但現在部分有力人士鼓吹改變政策，想要以可靠替代核彈頭（Reliable Replacement Warhead；RRW）取代舊核武。可靠替代核彈頭是項新興設計，讓核武更簡單、更堅固，並且更不受衰變的影響。從技術層面來看，這項新政策很合理，但在政治層面上卻會成為災難，這會鼓勵其他國家引入新式彈頭，也違背了讓核武逐步和平消失的長期目標。

第 12 章

理性的力量

　　約瑟夫・羅特布拉特（Joseph Rotblat）獻出一生之中的大半時光，為消除世上的核武而奮鬥。可惜的是，一九三九年一月，當核武可能創造出來的訊息開始廣為人知的那時，他仍在波蘭。他明瞭這個可能性，但他的聲音並未在公開討論中被聽見。若是他的聲音在當時就被聽見，歷史可能會有不同的走向。一九三九那一年錯失了這個絕佳的機會，那年是物理學家們最後一次有機會建立對抗核武的道德規範，就像是阻止生物學家發展生物武器的希波克拉底誓言那樣，但這個機會錯失了！從那時起，歷史就無情地向廣島原子彈的方向邁進。

　　一九三九年一月，美國華盛頓特區的喬治・華盛頓大學（George Washington University）舉行了一場物理學家的會議。這是喬治・伽莫夫（George Gamow）早在核分裂發現之前就計劃要召開的會議，只是場例行的年會之一。不過恰巧尼爾斯・波耳（Niels Bohr）在會議召開前兩週來到美國，帶來歐洲發現核分裂的消息。所以伽莫夫就迅速重擬會議行程，好讓核分裂成為會議主題。波耳與恩里科・費米（Enrico Fermi）是會議的主要講者。這是第一次有人在公開場合講述原子分裂，也因此報紙廣

泛地報導，這後續製成原子彈的可能性。會議中對原子彈的著墨並不多，與會者都明白有這個可能性，但沒有人膽敢建議將此道德責任問題放入議事行程中。這場會議來得太倉促，大家還無法在道德責任上達成共識。大多數的與會者都是第一次聽到核分裂。不過那時本來可以開始進行初步討論，計畫去成立由物理學家們組成的非正式組織，並為召開更進一步的會議做準備；可在經過數週準備的情況下，以達成道德共識為明確目標，來安排第二次會議。

在一月會議的幾個月後，波耳與約翰・惠勒（John Wheeler）在美國推導出核分裂的理論，也有好幾個國家的實驗者都證實了分裂鏈反應的可行性，其中一位就是在波蘭的羅特布拉特。另外在俄國的雅可夫・澤爾多維奇（Yakov Zeldovich）與尤里・哈里頓（Yuli Khariton）也推導出了分裂鏈反應的理論。所有的研究都被公開討論，也都迅速發表出來。

一九三九年夏天，是搶先阻止核武建造的決定性時機。那時還沒有什麼官方機密，波耳、愛因斯坦、費米、維爾納・海森堡（Werner Heisenberg）、彼得・卡比查（Pyotr Kapitsa）、哈里頓（Khariton）、伊格爾・庫爾恰托夫（Igor Kurchatov）、弗雷德里克・約里奧（Frédéric Joliot）、魯道夫・佩爾斯（Rudolf Peierls）與奧本海默等的各國要角，彼此仍可自由交流，並決定共同的行動方針。

這類共同行動方針若是由波耳及愛因斯坦發起，會更為自然。他們是具有道德權威，可為人類良知發聲的兩位巨擘。他們都是全球知名人物，立場超然於狹隘的效忠國家之上。他們兩人不但是偉大的科學家，也是經常參與政治社會問題的政治活躍分子。

　　為什麼他們沒有行動？為什麼他們沒有在為時已晚之前，至少試著取得物理學家們反對核武的共識？若是當時羅特布拉特在那兒，一定會力勸他們那樣做，或許他們就會有所行動。

　　三十六年後，突然發現的DNA重組技術，帶給生物學家們的挑戰，就類似於當初發現核分裂時，帶給物理學家們的挑戰。生物學家們迅速在美國阿西洛馬（Asilomar）召開國際會議，他們敲定了一項協議，來限制與規範危險新興科技的使用。這只是幾位勇敢人士在馬斯尼·辛格的領頭下，制定了一套全球生物學界接受的道德準則。

　　一九三九年在喬治·華盛頓大學所發展的情況全然不同。在那場會議中，物理學界沒有出現勇敢人士。波耳與費米這兩位要角，不但沒有因為面對人類共同危機而合作，反而開始爭論這項科學發現要歸功於何人。在會議期間，費米大聲朗讀哥倫比亞大學同事赫柏·安德森（Herb Anderson）傳來的電報，宣布經由直接偵測到核分裂碎片產生的離子脈衝，安德森已經成功確認了核分裂的過程。

　　波耳反對將此項科學發現歸功於安德森，並指出他在哥本哈根研究機構中的同事奧托·弗里施（Otto Frisch）早就做過同樣的實驗。波耳憂心忡忡，因為弗里施寄給《自然》（Nature）期刊有關他實驗成果的那一封信，尚未刊登出來。

　　費米為自己朋友安德森發聲，而波耳也為自己的朋友弗里施發聲，學術榮譽比共同危機更重要，爭奪學術榮譽的習慣難以打破。時至今日，這項舊習仍跟一九三○年代當時科學界中普遍存在的情況一樣。無論是波耳還是費米，都難以跳脫出這種狹隘的思考。他們兩人都沒有意識到，在核分裂產生的問題中，有著更

大的議題迫切需要解決。

當一九三九年九月，希特勒大舉入侵波蘭，並開打二次大戰後，各國物理學家們有默契達成協議的機會就消失了。我們知道英美的物理學家為何會感到是迫於情勢才去建造核武，因為他們害怕希特勒。他們知道德國在一九三八年就發現了核分裂，而且德國政府在不久之後就已經開始進行機密鈾計畫。他們有理由相信，海森堡與其他一流德國科學家，都參與了這項機密計畫。他們非常尊敬海森堡，但同時也對他極度不信任。他們十分害怕較早開始進行計畫的德國人會先成功建造出核武。他們認為英美兩國參與的這場與德國的競賽，是他們輸不起的一場競賽。他們認為，若是希特勒先獲得核武，他就會使用核武征服全世界。羅特布拉特因家園被毀而流落英國，妻子還處在致命的危險之中，他比任何人都更有理由害怕希特勒會使用核武做出什麼事情來。

對希特勒的恐懼無所不在，以致於知道核武的物理學家，沒有一個能夠抗拒核武的可能性。這份恐懼讓科學家問心無愧地製造核彈。一九四一年，這些科學家說服了英美政府，建立可以製造原子彈的工廠與實驗室。對於英美兩國的物理學界而言，他們根本不可能在一九四一年對著全世界說：「讓希特勒擁有核彈去幹盡壞事吧。我們基於道德立場不要去建造這種武器。長遠來看，我們最好不要用這種武器來對抗希特勒，即使這樣會讓戰爭持續更久，造成更多傷亡。」

在一九四一年當時，幾乎沒有人敢說出這樣的話，即使是羅特布拉特也不會。若是有科學家敢講這種話，也不會在公開場合發表己見，因為所有關於核子的討論，都隱藏在祕密的高牆後。

一九四一年的世界，已劃分成不同的武力陣營，彼此無法

交流。英美科學家、德國科學家與蘇聯科學家，分別活在各自的黑盒子中。對全球科學家而言，一九四一年才要採取聯合反對核武的道德立場，為時已晚。採取這種立場的最後機會是一九三九年，那時世界仍處於和平時代，而且沒有機密。

　　根據我的後見之明，我們現在可以知道，若是一九三九年的物理學家們，默默地同意不在他們各自的國家中推動核武的發展，核武很有可能就不會被開發出來。在每個國家之中，最初開始進行核武計畫的，都不是政治領導者，而是科學家。我們後來知道，希特勒對核武從來就沒有強烈興趣；日本軍事領導也是；而史達林是到他被祕密知會美國核武的規模與嚴重性後，才對核武有了濃厚興趣；羅斯福與邱吉爾也是在自家科學顧問的強力建議下，才對核武感到興趣。如果科學顧問不強力建議，二次大戰很有可能在沒有任何曼哈頓計畫，及任何蘇聯類似計畫的情況下結束。戰爭一結束，勝利的盟國之間便有可能開始協商談判，有希望成功建立出一個沒有核武的世界。我們不知道這條沒有走過的路，是否能夠完全避免核武軍備競賽的發生，不過，至少這比我們走上的這條路更有條理，也更明智。

　　一九九五年十月，我在喬治・華盛頓大學面對著一群學生，說了一場關於核武歷史的午餐演講。我告訴他們，一九三九年那場會議，就在鄰近他們校園的一幢建築物中進行。我告訴他們，那場會議中的科學家，如何錯失了握在他們手中的短暫機會，以致於無法搶先阻止核武的發展，並改變歷史的走向。我談到了二戰期間發展的核武計畫，在美國是拼了命努力的大規模計畫，在德國是不熱絡的小規模計畫，在俄國則是起步較晚但是積極認真的計畫。我描述了戰時洛斯阿拉莫斯實驗室中，瘋狂的努力狀態

與緊密的同袍情誼，身在其中的英美科學家全心投入在製造核彈的競賽之中，以致於當對手的德國團隊已經放棄競賽後，他們還是沒有想到要收手。

我告訴大學生們，當一九四四年德國沒有核彈的局勢變得明朗時，洛斯阿拉莫斯實驗室的所有科學家裡，只有一個人停手不幹，那個人就是羅特布拉特。我告訴大學生，羅特布拉特離開洛斯阿拉莫斯，並成為帕格沃什行動（Pugwash movement）的領導人，致力於聯合各國科學家的力量，來除去洛斯阿拉莫斯造就出的惡魔。我說，諾貝爾和平獎頒給了那麼多貢獻不如羅特布拉特的人士，卻沒有頒給他，真是令人汗顏的一件事。

那時聽眾中有位學生大叫：「你沒聽說嗎？他今早贏得了諾貝爾獎。」

我大叫：「萬歲！」

全場聽眾也大聲歡呼。學生們的歡呼聲至今仍在我腦海中迴盪著。

後記（2006 年）

羅特布拉特於二〇〇五年過世，享年九十六歲。他與帕格沃什組織（Pugwash organization）共享一九九五年諾貝爾和平獎的榮耀。這個組織是由他創建，他也擔任了多年的總幹事。他直到過世前幾週，仍一直在組織中積極活動。

第13章

奮戰到底

　　《大決戰》（*ARMAGEDDON*）[1]像是由數百個色澤明亮的碎片組成的馬賽克圖案，每個碎片都帶著一個見證者所講述的故事，而其中多數碎片的篇幅都不到一頁。這幅馬賽克圖案展現了歐洲在二戰最後八個月的樣貌，也就是從一九四四年九月至一九四五年五月，那段時間中的故事集錦。在這幾個月中，位於西方戰線的英美兩軍與位於東方戰線的俄軍，打破了德軍防線，最終在德國的領土上擊敗了德軍。這本故事集錦在許多方面都極為出色。在人類漫長的災難、戰爭與迫害歷史中，沒有任何時期可與這八個月所帶來的死亡、破壞與苦難相提並論。德軍在任何勝利的實質希望都消失的許久之後，仍以卓越的技巧與勇氣捍衛自己逐漸縮小的領土。侵入德國的盟軍，儘管在政治及文化上都有深度分歧，但還是成功合作，直到任務完成。這本書經由一個個描述個人經驗的碎片，闡述了戰爭樣貌的各個面向。

　　見證者在各個族群間的分布還算平均，有士兵也有平民，有男性也有女性，有德國人、俄國人、波蘭人、猶太人、英國人與

---

1. Max Hastings, *Armageddon: The Battle for Germany*, 1944–1945（Knopf, 2004）.

美國人。馬克斯・黑斯廷斯在二〇〇二年時，親自訪問了大多數
的見證者，他前去這些見證者的國家，在他們家中與他們會面，
多數見證者那時都已白髮蒼蒼，回想著自己十幾二十歲時的事
情。黑斯廷斯很清楚五十八年後記起的回憶是不太可靠的，所以
他也說，這些回憶不是歷史。它們是可以讓歷史從中獲得啟發的
素材。對於以書面文件為依據的官方歷史記錄，這些回憶故事提
供了有用的修正，因為那些官方歷史記錄也同樣不可靠。這些回
憶故事，讓我們可以直接接觸到戰時人們的模樣，而這些是官方
歷史經常忽略的部分。

　　為了訪問德國與俄國的見證者。黑斯廷斯僱用了口譯員，也
非常感謝口譯員的協助。這些口譯員不只協助翻譯，也幫忙尋找
有好故事可講的見證者。而這些見證者又領著他，去見朋友與熟
人中的其他見證者。他就這樣發現了兩群見證者，一群是曾經擔
任蘇聯紅軍女兵的俄國婦人；另一群是在紅軍佔領東普魯士時，
脫逃成為難民的德國婦女。俄國婦人描述的，是一種艱苦但在許
多方面都充滿愉悅的氛圍，那是同袍情誼且共體時艱，並邁向勝
利之路的氛圍。而德國婦女描述的則是，他們從失落天堂流亡的
那種死亡毀滅惡夢。最好的見證者通常都是女性，這一點也不讓
人感到訝異，因為在所有國家中，女性都比男性更為長壽，尤其
是俄國。

　　除了近期的採訪外，黑斯廷斯還加上他很久以之前做為另外
二本歷史著作《轟炸機司令部》（*Bomber Command*）及《最高統
治者》（*Overlord*）素材的訪談記錄。一九七九年出版的《轟炸
機司令部》是英國對德國進行戰略性轟炸的歷史，而一九八四年
出版的《最高統治者》則是英美兩軍入侵法國的歷史。早期訪談

的對象多是年長將領與政客，他們在撰寫《大決戰》時已不在人世。黑斯廷斯還引用了他在俄國與其他各種資料庫中，找到的信件與文件，這些都是最近才開放給歷史學家查詢的資料庫。

　　早期的採訪資料及信件與近來的採訪資料，呈現鮮明的對比。早期資料顯示的是，指揮官與計畫擬定人士眼中的戰爭，是按照邏輯順序接續而來的一連串操作，就像是戰略遊戲中的行動那般。近來採訪資料顯示的是，士兵與平民受害者眼中的戰爭，是隨機發生且無法預測的一連串死亡攻擊，沒有任何明白易懂的模式可言。這兩種關於戰爭的觀點都成立，也是想要真實呈現任何歷史的必要元素。黑斯廷斯恰當拿捏這兩種觀點，並在創作馬賽克圖案時，將它們巧妙地融合在一起。當這兩種觀點有衝突時，他傾向於採信士兵，而非將軍的觀點。

　　我個人對二次大戰的有限經驗，讓我跟黑斯廷斯一樣傾向於士兵的觀點。我與黑斯廷斯的士兵見證者，都屬於同個世代，但我很幸運地沒有成為一名士兵。當德國轟炸機多次飛過倫敦上方時，我是居住在倫敦中的一個市民。炸彈有時會落下摧毀幾棟房屋，我們的防空機槍會發出巨大槍聲，但我從未見過它們擊落飛機。我還記得那時自己會想，在空中的德軍駕駛可能跟我一樣狐疑。我最接近受傷的一次是在一九四四年一月，那時一枚炸彈落到我家這條街，震破了我的窗戶。發生這件事的當下，在俄國的德軍正堅守陣營，對蘇聯在冬季發動的攻勢激烈抵抗。那時世界的命運操在俄國之手。

　　希特勒顯然與現實脫節，竟然派出珍貴的飛機到倫敦來弄破我們的窗戶，而不是派去迫切需要支援的俄國境內。那段時期留給我最鮮明的印象，是一種無關緊要的感覺。我在倫敦目睹了

那場小遊戲，一場與我們應該要進行的嚴正戰爭完全無關的小遊戲。我的記憶與黑斯廷斯展現的戰爭樣貌非常吻合，只有涉及其中的一小部分人進行了有目的性的嚴正戰爭，在大多數時間中的大多數人，都與此無關。然而無論是否有關，他們都得承受後果。

　　二戰的歷史讓我們學到幾個教訓，時至今日，這些教訓仍然有用。首先是日內瓦公約極為重要的意義，日內瓦公約對戰俘的人道對待，減輕了人們在戰爭中付出的代價。從黑斯廷斯描述的內容中，我們可以看到兩條戰線的強烈對比，一種是遵守日內瓦公約的西方戰線，另一種是不遵守公約的東方戰線。西方戰線上的大量見證者，無論是德國人、英國人或是美國人，都將自己能夠存活下來的原因，歸功於日內瓦公約。在西方戰線上，士兵只在戰鬥有意義的情況下打仗，當戰鬥沒有意義時就會投降，因為成為戰俘的他們有很大機會能被好好對待。在到達戰俘營區之前，兩方的許多戰俘都在戰鬥中身亡，但大多數的戰俘都倖存下來。在國際紅十字會的監督下，到達戰俘營的戰俘會受到人道對待，他們既不會挨餓，也沒有受到虐待。

　　在此同時，在東方的戰線上，暴虐是王道，國際紅十字會沒有發言權。平民受到姦淫殺害是常態，戰俘也會挨餓至死。士兵被期望可以戰鬥到死，而多數士兵也都這麼做了，因為成為戰俘幾乎沒有活下來的希望。我們無法確切計算出遵守與不遵守日內瓦公約，在西方戰線拯救了多少人的性命，在東方戰線又失去了多少人的性命。在西方戰線上若是拯救了數十萬人，在東方戰線上則失去了數百萬人。今日試圖削弱或迴避日內瓦公約的美國人，正在採取的是一種不道德的短視行動。

　　二戰帶來的第二個重要教訓是，德國士兵始終比英軍或美軍更擅戰。當兩軍以同樣人數進行戰鬥時，德軍總會獲得勝利，這是盟軍將軍們公認的事實，他們總會計畫在進攻之前取得數量上的優勢。這也是為何盟軍挺進德國如此緩慢的原因。若是盟軍能像德國人那般擅戰，戰爭可能在一九四四年就結束了，這將可挽救數百萬人的生命。

　　黑斯廷斯解釋，德軍的優勢來自於專業軍隊與平民軍隊間存在差異的結果。德軍是專業人士，他們成長在視軍人為榮耀的社會中，並在與俄國的多年戰爭中變得更強韌。英軍與美軍大多是業餘人士，是碰巧穿上軍服的平民，他們成長在推崇自由與物質享受的社會中，缺乏實戰經驗。德軍與盟軍之間的差異，就類似於美國內戰時，南方與北方軍隊的差異。南方的士兵更會打仗，南方的將軍也比較出色。北方軍隊最後會贏得勝利，是因為他們人數較多且工業資源較佳，就跟二戰時的盟軍一樣。當時的南方領導人理想化了戰爭，造成他們的社會毀壞，就跟八十年後德國領導者的所做所為一樣。

　　黑斯廷斯表示，我們應該要為自家軍人不像德軍那麼擅戰感到自豪。若要像德國人那樣戰鬥，就必須像德國人那樣思考，以戰爭為榮耀，並盲目跟從他們的領導者。我們應該要覺得自己很幸運，因為我們並不像一九四四年的德國那樣，軍人精神並沒有深植在我們文化中。在二戰中倖存的德國人也很幸運，因為國家的毀壞最終說服了他們，軍人精神是虛假的信仰。

　　二次大戰帶來的第三個教訓是，國際聯盟的價值。國際聯盟進展緩慢且繁瑣累贅，一點也不理想化。國際聯盟的領導者們無法迅速採取行動，他們必須妥協並接受延誤，以達成共識。他們

無法做出像希特勒那樣出色的決定，但也不會有災難性的決定。他們不會帶領人民走向毀滅。在國際聯盟的約束下打仗，是避免致命錯誤及愚蠢行為的良好保障。艾森豪是領導國際聯盟的理想人選，他是平庸的戰略家，也是出色的外交官。他對軍事榮耀不感興趣，他的優先重點在於團結聯盟，並以最少的傷亡人數贏得戰爭。不像身為他對手的優秀德國將軍們，艾森豪儘可能地減少對士兵的要求，他傾向於與活著的士兵，而非死去的英雄，一同結束戰爭。

艾森豪以緩慢行動與避免重大錯誤，贏得這場戰爭。在《大決戰》一書故事發生的時期中，艾森豪做出的最重大決定就是，向史達林發送個人訊息，表示自己的軍隊不會企圖佔領柏林。這個訊息是在一九四五年三月發送，艾森豪並未諮詢華盛頓與倫敦當局的意見。他知道自己麾下的幾名將領都熱切地想要在柏林取得勝利，但若是這麼做，結果可能就是與德國進行一場血戰，或是與俄國人發生嚴重衝突。他知道，許多在華盛頓與倫敦的政治領袖，都會強力支持奪下柏林。他以個人擔保自己的決定，這是一項在國內政治圈裡不受歡迎的決定，但可以保全與俄國的同盟關係，順帶也拯救了自己士兵的生命。

黑斯廷斯在倒數第二章「當我們落幕時，地球將動搖」中，描述了東方戰線是如何結束的。這一章的標題引用了約瑟夫·戈培爾（Joseph Goebbels）的話，這是他在自殺前不久說的一段話。史達林在一九四五年四月對柏林發動最後攻勢，並在三個星期內失去了三十五萬名士兵。德國在被擊敗之前，喪失的軍力只有俄軍的三分之一。而英美兩軍則在易北河（Elbe River）停下腳步，活著回家。

　　我記得在一九四〇年與父親的一場對話，那時法國退出二次大戰，只剩英國面對德國，孤軍奮鬥。我感到洩氣與沮喪，但父親卻讓人討厭地十分雀躍。我說情況變得絕望，我們不可能贏得戰爭，我們的選擇只剩下投降，或永遠打下去。父親說，不要擔心，堅持下去，最後一切都會好轉。他說，我們要做的，就是讓自己的行為舉止得宜，然後全世界都會站到我們這一邊。我不相信他，但他確實是正確的。我們的確讓自己的行為舉止得宜，然後在兩年之中，全世界都站到我們這一邊。我們並沒有把全世界的命運擔在自己的肩頭上，而是成為碩大聯盟中的次要成員。聯盟剝奪了我們的行動自由，但讓我們以合理代價達成我們的目標。

　　目前正在肆虐伊拉克的戰爭，再次闡明了國際聯盟的價值。若是開戰的決定權握在國際聯盟手中，這場戰爭可能根本就不會開打。若這場戰爭是國際聯盟高層刻意決定開打的，那麼它就會像一九九一年的第一次波斯灣戰爭一樣，是場目標受限的戰爭。它會讓巴格達有個正常運作的政府，負責維持和平與安全。美國本來可以避免發生這種災難性錯誤的，而這類錯誤總是更容易在單方面匆忙採取行動時發生。

　　二次大戰帶來的第四個教訓是，即便擁有很好的理由，戰爭在道德上的意義還是模糊不清。《大決戰》中充滿了這種道德意義模糊的例子，無論是在軍人個人的層面上，還是在政府級別的層面上。無論開戰理由是否正當，個別士兵在激戰中殺死戰俘或是無辜旁觀者的情況經常發生。在東方戰線上的可怕故事更是驚人，婦女被強姦、物資被偷盜、家園也被摧毀；但在西方戰線上也會發生這類故事，犯罪的不會總是德國人。戰爭在本質上就是

不道德的，每個參與戰爭的人士，其所作所為在平日都會被視為犯罪。

黑斯廷斯的其中一位見證者是位美國士兵，一九四四年十二月時，他就在阿德南斯（Ardennes）進攻德國的美國步兵師中。他談到德國戰俘時說：「如果他們穿著納粹親衛隊軍團的黑色軍服，他們就會被射殺。」然而他並不知道，無論是隸屬於納粹親衛隊軍團，還是一般軍隊，德國所有坦克軍事人員都穿著黑色軍服。

在政府級別的層級上，有兩個關於道德模糊的極糟糕例子，一個是背叛波蘭，另一個是對德國城市的策略性轟炸。從戰爭開始到結束，波蘭一直是盟國的道德問題。起初，英國與法國在希特勒入侵波蘭時向德國宣戰，但英法兩國在德國大舉肆虐波蘭時，卻沒有採取任何軍事行動。史達林與希特勒簽署協議，由德國與俄國瓜分了波蘭的領土。英法兩國在法律與道德上有義務保衛波蘭，但卻沒有提供波蘭人任何協助。在一九四一至一九四四年間，也就是德國佔領波蘭期間，從英國基地起飛的飛機載著波蘭機組人員，空投物資與武器給位於波蘭的反抗軍。這些到波蘭的「特別行動」遭受巨大損失，平均每次行動就會喪失12%的人員。對於執行飛行任務的機組人員而言，這是自殺任務，他們對反抗軍也提供不了什麼協助。

一九九四年八月，當反抗軍在華沙起義，反抗德國人時，同盟又再次無濟於事，讓德國人無情地鎮壓起義。黑斯廷斯很難發現經歷過華沙災難的見證者，因為幾乎沒有反抗軍倖存下來。不久之後，蘇聯佔領了波蘭，並成立自己的傀儡政府，以蘇聯的祕密警察強制運作。同盟背叛波蘭的最後一個行動，是一九四五年

二月的雅爾達協議（Yalta agreement），羅斯福與邱吉爾在協議中同意讓史達林在波蘭為所欲為。英美兩國面臨著無法解決的道德困境，為了戰勝希特勒，他們需要與史達林維持同盟關係。為了同盟，他們必須捨棄波蘭。

　　戰略性轟炸德國城市所引發的道德問題，並非顯而易見的。主要問題在於，轟炸城市是否具有道德上的正當性，是否可視為有助於贏得戰爭的軍事行動。黑斯廷斯以一個長長的章節「火海：天空之戰」（Firestorms: War in the Sky）來講述轟炸行動，這裡有許多見證者的證詞；有的見證者當時正駕駛著轟炸機，有的見證者則是身處被轟炸的區域中。黑斯廷斯讓見證者自己說話，他們在道德議題上並沒有著墨太多。轟炸機駕駛仍然相信指揮官對他們所說的話：轟炸在道德上具有正當性，這對贏得這場戰爭具有重大貢獻。德國的平民見證者，大多仍認為自己是邪惡與錯誤報復的受害者。德國的囚犯及奴工則歡迎轟炸行動，認為這是他們獲得解放的希望。而我自己也是個見證者，那時我在皇家空軍轟炸機司令總部擔任平民分析員，那是英國指揮轟炸行動的地方，所以在這裡也加上我的證詞。

　　我在轟炸機司令總部負責收集與分析轟炸機損失的資料。我們損失慘重，有超過四萬名受過高度訓練的飛行員喪生。直到戰爭的最後幾個月為止，一名飛行員在執行完三十次任務後，生存下來的機會只有四分之一。許多生還者還會簽署下一輪的任務，然而他們生存的機會也沒有好多少。轟炸機司令部的總體經濟成本包括：飛機、燃料與炸彈的生產，機組人員的訓練與任務的執行，這大約佔了英國整體戰爭資源的四分之一。我那時就判斷（到今日仍是這樣），轟炸機司令部在人員與資源上的花費遠

遠超過其軍事效益。從軍事角度來看，這對我們自己的傷害，遠大於我們對德國的傷害。我們轟炸德國城市的代價，比德國防衛城市所付出的代價還要來得大。德國夜間戰鬥機部隊是德國最有效的防禦，我們大部分的損失也由他們所造成，德國那支戰鬥機部隊的規模與我們的轟炸機司令部相比，根本微不足道。

有壓倒性的證據顯示，轟炸城市會強化，而不是削弱，德國人奮戰到底的決心。結果就是，轟炸會導致民心潰散的想法，不過是個幻想。而轟炸會造成武器生產中斷的想法，也是個幻想。德國工廠在受到嚴重攻擊之後，平均約六個星期就能修好機器，並全面恢復生產。我們無法期待能夠頻繁攻擊重要的工廠，讓他們運作停擺。戰後我們得知，雖然進行了轟炸，但德國的武器生產，直到一九四四年九月，都處在穩定成長的情況中。在戰爭的最後幾個月，轟炸煉油廠導致德軍無油可用，但他們從來不缺武器。再將我在轟炸機司令部所見的，與黑斯廷斯見證者的證詞結合起來，我認為轟炸城市的軍事貢獻太小，無法為轟炸提供任何道德上的正當性。

不幸的是，英國政府的官方聲明總是宣稱，轟炸具有軍事效益，所以也具有道德上的正當性。由於政府領導人們積極認定轟炸是贏得戰爭的策略，所以他們不但欺騙了自己，也欺騙了英國民眾。黑斯廷斯表示，在戰爭的最後階段，「德國平民有空前人數被殺所付出道德代價，遠遠超出任何可能的戰略優勢。」

我的聲明更強烈，我會說：除了道德考量之外，殺死德國平民的軍事代價，遠遠超出任何可能的戰略優勢。

所有參與二戰人士的戰略思考，都以他們在一戰的經驗為主。一戰的記憶從父母那兒傳給了下一代。矛盾的是，一戰的贏

家與輸家，從他們的經驗中得出相反的結論。英國、美國與法國
等贏家回顧一戰時，覺得那是恐怖煉獄。為了避免重蹈覆徹，不
想一戰恐怖煉獄再現的那種迫切需求，驅動了他們在二戰時的戰
略。對英美兩國而言，勝利的關鍵是戰略性轟炸。對法國而言，
關鍵則是以馬奇諾防線（Maginot Line）為主的防禦戰略。

　　然而對身為一戰輸家的德國與俄國而言，回顧一戰時，他
們覺得那是一場英勇奮戰，若是他們有更稱職且堅決的政治領導
人，他們有可能會勝利。想要再打一次大戰並取得勝利的想法，
驅動了他們二戰時的戰略方向。他們認為勝利的關鍵，是組織強
大軍隊進行大規模攻勢，例如一九一四年德國的攻勢幾乎佔領了
巴黎，俄國的攻勢也幾乎佔領了東普魯士，不過這次在更精良的
訓練與配備之下，不再只是「幾乎」了。這個戰略在一九四〇年
德國攻佔法國，與一九四五年俄國攻佔東普魯士時，都成功了。

　　黑斯廷斯在書中描述了這些不同的戰略在二戰浴血終場時，
如何取得部分成功，卻又有部分失敗的情況。當英美兩軍謹慎進
入德國時，德國與俄國又開打了一場一次世界大戰，在紅軍從維
斯瓦河（Vistula）打到易北河這段，兩方發動大規模的進攻與反
攻，也都承受了巨大的損失。兩支龐大的俄國軍隊競速前進，都
想要成為第一支踏上柏林的勝利之軍。他們心甘情願為這場比賽
付出傷亡代價。在此同時，英美兩軍未能經由轟炸打敗德國，不
過卻成功避開了一戰那種災難等級的屠殺。

　　一戰中浪費人才性命的最著名案例之一，就是亨利・莫斯
利（Henry Moseley）的死亡。莫斯利是一位才華洋溢的年輕物
理學家，他在一九一三年取得重大發現，卻因自願入伍而於一
九一五年在加里波利半島（Gallipoli）死亡。因此英國政府特別

在二戰中做了一個決定，以防擁有科學天賦的人才被白白浪費。由於這個決定，當我的多數同儕駕駛著轟炸機死於戰爭之中時，我則拿到了一份在轟炸機司令部擔任分析員的安全工作。我能活下來，都要歸功於莫斯利與英國減少科學人才喪失的策略。但若是政府當局沒有頑固認定戰略性轟炸有效果，他們拯救的就不只我，還會有其他人。

在《大決戰》出版後，漢斯・諾薩克（Hans Nossack）一本見證德國悲劇的著作《結束》（*The End*）[2]也出了英譯版。諾薩克是著名的德國作家，二戰時，他居住在漢堡。這個城市在一九四三年七月受到燃燒彈的大規模攻擊而被摧毀，整個城市最終陷入堪比一九四五年摧毀德勒斯登（Dresden）的火海。摧毀漢堡是英國轟炸機司令部所有行動中最成功的一次。事發當時，諾薩克正在臨近漢堡的村莊中度假。在大火滅去後，諾薩克徒步穿越這座城市，記錄下他所看見的一切。

他在一九四三年十一月寫下這本書，並在一九四八年做為德文長篇著作《死亡訪談》（*Interview with Death*）中的一部分出版。這書優美的英譯版是由喬爾・艾吉（Joel Agee）翻譯，並以埃里希・安德烈斯（Erich Andres）於一九四三年災後所拍攝的照片做為插圖。艾吉寫了一篇前言，來描述這本書的歷史與翻譯過程。這本書是件藝術品，將德國徹底毀滅的經歷濃縮在短短的六十三頁中，就像約翰・赫西（John Hersey）的《廣

2. Hans Erich Nossack, *The End: Hamburg 1943*, translated from the German and with a foreword by Joel Agee, and with photographs by Erich Andres（University of Chicago Press, 2004）．

島》（*Hiroshima*）在三年後也濃縮了日本的經歷一樣。可惜的是，艾吉的英譯版晚了三十年才出版。

《結束》一書是在其內容所述事件發生僅四個月後，就撰寫出來，那時盟軍尚未進軍法國，離戰爭結束也很遙遠。所以它不受後來事件的影響，提供了戰略性轟炸對一般平民造成影響的最真實證詞。他簡述轟炸過後清理屍體的恐怖景像：

> 人們說這些屍體，或是任何覺得是死人殘骸的東西，是被當場燒掉或是在地窖中被噴火器焚毀的。但實際情況更加糟糕。蒼蠅的數量之多，以致於人們無法進入地窖，手指般大小的蛆不斷地讓人們滑倒，他們必須用火焰清出一條路才能走到被火燒毀的屍體旁。
>
> 老鼠與蒼蠅是這座城市的主人。肥胖的老鼠大搖大擺地在街上遊走。

不過諾薩克關心的不是這些恐怖屍體，而是生還者的心理狀態。根據他的證詞，大多數的生還者返回自己房屋廢墟的地窖中居住，盡快開始恢復例行生活習慣。他們寧願跟朋友住在洞穴中，也不願意與陌生人同住在房子中。努力求取生存讓他們忙碌，也使他們沒有時間悲傷。由於他們失去了一切，只剩下彼此。所以他們會分享自己僅存的一點東西，一同努力讓這座城市重生。關於轟炸是加強，還是削弱了，民眾對政府的忠誠度一事，諾薩克的說法是：

> 在當時去談潛在的不安與叛亂，就是個錯誤。不只是我們的敵人，連我們的政府當局在這方面都判斷錯誤。每件事都悄悄進行，

並明確顧及了秩序，國家也從其中產生的秩序裡取得了自己的推動力。無論國家尋求在哪裡強制推動它自己的規範，人們只會覺得沮喪和生氣……今天，國家將「約束力」的運作歸功在自己身上，這是荒謬的。還有人說，我們當時太冷漠，以致於無法反擊。這些都不是真的，在那個年代，每個人說的都是自己的心聲，也不再感受到恐懼了。

諾薩克的結論是，轟炸降低了民眾對國家的尊敬，但強化了對社區的忠誠度。

對於轟炸是否算是犯罪的這個問題，諾薩克表示：

我並沒有聽到任何一個人詛咒敵人，或是抱怨他們所做的破壞。當報紙刊出諸如「空中海盜」與「縱火犯」的用語時，我們根本聽不懂，深入理解後，我們不覺得有哪個敵人應該要為這一切負責。對我們而言，他至多也不過是企圖消滅我們的無知力量所用的工具而已。我從來就沒有見過有人可以用復仇的想法來安慰自己。相反地，人們通常想到或會說的是：為什麼也要去摧毀其他人呢？

讓諾薩克感到驚訝的是，人們以堅忍的精神接受自身的命運，彷彿破壞不是出自人類之手，而是來自客觀的命運。

《結束》給了我們與《大決戰》密切相關的場景，因為那是一個德國人的經歷。德國的生活與文學傳統具有濃厚的哲學氣息，比起其他國家的人，德國人更容易用哲學來包裹不愉快的事實，以跳脫現實。諾薩克形容自己像靈魂出竅那般地漫步過漢堡的廢墟中，超然地觀察人與事。他寫道：

我們像行屍走肉那般地走遍全世界，不再關心生活中讓人難受的瑣碎小事……若是在搜索數小時後遇到一個人，那也是另一個徘徊在這無盡荒地上的夢遊者。我們彼此以羞怯的神情擦身而過，用著超乎以往的溫柔語氣交談。

或許這種他們習以為常的超然哲學思維，有助於解釋為何德軍在一九四五年稱職地奮戰到最後。那時他們每延長一天的戰鬥，就只是增加自家民眾與他國人民的苦難而已。

後記（2006 年）

這篇書評引發了不尋常地大量回函，有些贊成我的觀點，有些則反對。我要感謝馬丁・蓋恩斯（Martin Gaynes）糾正了我內容中最嚴重的錯誤。我之前寫道：在西方戰線上，到達俘虜營的戰俘會受到人道對待。在戰爭的最後幾個月時，這已不再是真實情況。為了確保內容的準確性，我在這裡直接摘錄蓋恩斯的信件內容：

一九四四年十二月，在突出部之役（Battle of the Bulge）中被俘虜的數千名美國士兵，被送往鄰近法蘭克福的德國最大戰俘營斯史塔拉格 IX-B（Stalag IX-B）。有道軍事命令要求美國士兵中的所有猶太人表明身分。在美國士兵拒絕配合後，納粹親衛隊選出了看起像猶太人、有著猶太姓氏或是他們看不順眼的美國士兵。他們選出的

美國士兵中，確實是猶太人的實際上不到三分之一。他們被迫坐上鐵路篷車，在沒吃沒喝也沒有廁所的情況下，進一步被運送到德國鄉間。五天之後，他們抵達位於布加瓦德（Buchenwald）集中營的其中一處營區貝爾加（Berga）。美國戰俘與歐洲集中營戰俘在這裡一同服勞役……許多人因為受傷、營養不良、疾病與虛脫而死亡。有些人無緣無故就被守衛射殺。有些人則是發了瘋。大約在一九四五年四月左右，隨著盟軍的挺進，納粹親衛隊下令撤離該營區。倖存的戰俘在雨雪交加且嚴寒的致命天氣中走了一百五十英哩……這場惡夢最後終於在一九四五年四月二十三日結束，美國前鋒部隊趕到，解放了最後還倖存的戰俘。

最後，正如我在感謝蓋恩斯糾正我錯誤的回函中所寫：「對待猶太戰犯嚴重違反日內瓦公約的這件事，並無損於公約在二戰或今日拯救生命的價值。」

第三部
科學暨科學家們的歷史

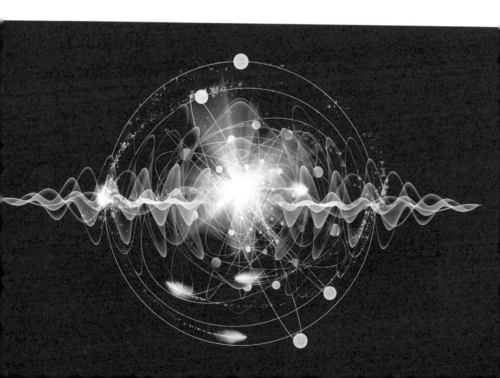

第14章

兩種歷史

　　我們非常幸運。尤里・馬寧（Yuri Manin）富有思想的感性著作《數學與物理》（*Mathematics and Physics*）有了周全細膩的英譯本[1]。在這本書百頁左右的內容中，幾乎每一頁都有值得引用的句子。

　　「指引火箭的陀螺儀是從六維扭對稱世界（symplectic world）來到三維世界的特使。在自家世界中，它的行為看起來簡單又自然。」

　　「即使是看到星星的人也會問『星星是什麼？』，因為僅憑肉眼能看到的東西少之又少。」

　　「對我而言，柏拉圖洞穴的圖像，似乎就是現代科學知識結構的最佳隱喻。我們確實只看得見影子。」

　　「在光的世界中，既沒有時間點，也沒有時間片斷，光交織出的生命不存在於任何時空中，只有詩文與數學才能展現這些東西的意義。」

　　「當世界這個最偉大機器的螺絲與齒輪的行為模式被了解時，

---

1. Translated from the Russian by Ann and Neil Koblitz（Birkhäuser, 1981）.

就能以新的次序將它們組裝連接，於是人們就有了弓、織布機與積體電路。」

「現代理論物理是既豐富又有活力且非常通俗幽默的思想世界，數學家可以在其中發現滿足自己的每一樣東西，除了他習以為常的秩序之外。」

除了這些名言佳句之外，馬寧的這本著作還包含了一些方程式及一些技術性說明。他的目的在於，讓數學家們可以理解物理學的思考過程，他以巧妙挑選的例子達成他的目的。順帶一提，經由他的文字與思維，他也讓物理學家們可以理解數學家的思考過程。他沒有試圖要去消除或模糊數學及物理認知之間的差異。他這本著作的眾多優點之一就是，不試圖去解釋與釐清核心謎團，也就是不去探討數學這個工具在理解自然時的神奇效用。

馬寧的這本著作不需要摘要，因為它已經將十多本一般書籍中的內容，濃縮進書裡的想法中。書中談及眾多議題，他對於每一個議題，都以不帶廢話的方式進行討論。當我開始試著總結書中內容時，我發現自己不由自主地就會選用書中的句子，直接引用它們，引用比解釋更能表達出馬寧思考的韻味。我放棄去鉅細靡遺地描述這本書。

我這篇評論剩下的所有篇幅，反而要用來探討馬寧對當代科學研究提出的一個問題：我們是否正要跨入一場與過去歷史革命相當的新興科學革命中？

海森堡推翻古典物理學和哥德爾推翻數學基礎，造成二十世紀科學上的兩大概念革命，而這兩大革命彼此發生的時間點相距不到六年，而且都是發生在歐洲以德語為母語的狹隘區域之中。

馬寧認為這兩大革命之間並沒有因果關係,他將兩者描述為獨立發生的事件:「物理學家為思想與現實間的相互關係感到困擾,而數學家則為思想與公式間的相互關係感到困擾。事實證明,這兩種關係皆比過往所認為的還要複雜,而且這兩門學科的模型、自述與自我意象也非截然不同。」

這樣清楚的特徵描述強化了海森堡與哥德爾革命之間的差異。不過,有一篇針對一九二〇年代德國知識分子生活的歷史背景研究則顯示,兩者之間有著密切的關聯性。當時的物理學家與數學家都受到外界的影響,促使他們沿著平行的路徑前行。從歷史的角度來看,海森堡與哥德爾在地緣與時間上的相似性,顯然不是巧合。

另外還有一本探討科學歷史維度的簡短出色書籍,書名為《威瑪文化、因果關係與量子論,1918-1927:德國物理學家與數學家對於敵對知識環境的適應》,作者是保羅·福爾曼(Paul Forman)[2]。福爾曼是歷史學家,比起數學,他對物理更為熟悉。他的這本著作與馬寧那本的內容幾乎沒有重疊。要對我們科學的傳承有平衡的了解,這兩本書就必須一起讀。我現在先著重在福爾曼這本書上,稍後再回頭談談馬寧的那一本。

福爾曼從菲利克斯·克萊因(Felix Klein)開始談起,當年六十九歲的克萊因是德國數學家,直到他漫長的職業生涯終了,他一直都是德國數學界首屈一指的人物。一九一八年六月,一次

---

2. *Weimar Culture, Causality, and Quantum Theory, 1918–1927: Adaptation by German Physicists and Mathematicians to a Hostile Intellectual Environment*. University of Pennsylvania Press, 1971.

大戰的最後一個夏天，克萊因在哥廷根（Göttingen）有場會談，在場聽眾包括德國工業界與普魯士政府的領導者們。克萊因那時正為哥廷根應用物理學與數學發展協會（Göttingen Society for the Advancement of Applied Physics and Mathematics）的正式會議進行致辭。他充滿信心地認為戰爭即將勝利，認為德國科學界與工業界及軍隊將會和諧合作，也認為戰爭勝利後對於數學教育與研究的支持有望增加。

我們在戰時的德國看見了，軍事工業綜合體首次以現代化的樣貌興盛發展，軍人及政治家與科學家及數學家分享了他們的榮耀夢想。普魯士教育部長以慷慨的金援回應了克萊因，將協助他在哥廷根建立數學研究所。然而不到五個月，這個榮耀夢想就墜落了。德意志帝國被徹底打敗，數學研究所的建立無限期拖延。從一九一八年十一月開始的失敗及痛苦的新時代中，精密科學與維繫它們的軍事工業綜合體一起名聲敗壞。在克萊因過世後，哥廷根數學研究所最終靠的不是德國政府的資金，而是洛克菲勒基金會（Rockefeller Foundation）的美金支援才建立起來的。

福爾曼藉由克萊因在哥廷根的演說辭，來對威瑪德國的不同知識趨勢進行戲劇性描寫。新時代的主要氛圍是毀滅與陰霾。主題曲是《西方的衰退》（*Untergang des Abendlandes*），這是奧斯瓦爾德・史賓格勒（Oswald Spengler）末日世界歷史的標題。史賓格勒這本預言著作的首卷於一九一八年七月在慕尼黑出版。在那個月中，西方戰線的浪潮最終轉向對德國不利。在十一月德國潰敗之後，這本書席捲了德國，在八年中再版了六十次。每個人都在談論這本書，幾乎每個人都讀過這本書。福爾曼以大量的文獻資料證明，當時的數學家與物理學家們也都讀過這本書。即

使是不同意史賓格勒的人士，也都受到他措辭的強烈影響。史賓格勒在成為歷史學家之前，他是科學與數學方面的學生。對於科學，他有許多可談，他所說的並非全都是愚蠢的。他說，撇除其他因素，西方文明的衰退，必會為古典數學與物理學的堅實結構帶來崩壞。

「每種文化都有其表達自我的新可能性，這些可能會嶄露頭角、成熟、衰退與消失。不會只有一種雕像、一種畫作、一種數學、一種物理存在，而是會有很多種。每一種在最深層的本質上都與其他種不同，每一種存在的時間有限，也各自獨立。」

「西歐的物理學已經達到自身可能性的極限，不要再欺騙自己了。這是具有毀滅性的疑問突然出現的原因，人們甚至質疑起昨天還是無可挑戰的物理理論基礎，其中包括了能量原理的意義、質量空間與絕對時間的概念，以及一般性的自然因果定律。」

「今日，在科學時代的夕陽下，在懷疑論勝利的舞台上，雲層消散，清晨寧靜的景像重現鮮明的面貌……在努力奮鬥後的疲憊中，西方科學又回歸自身的精神家園。」

最早受到史賓格勒哲學強烈影響的兩位人士是，數學家赫爾曼・外爾（Hermann Weyl）與物理學家埃爾溫・薛丁格（Erwin Schrödinger）。兩人都是對德語情感極深的作家，也許就是因為如此，史賓格勒的文學光彩很容易就吸引了他們。這兩人都確信，數學與物理學已經陷入危機之中，除了徹底改革，別無他法。甚至在一九一八年之前，外爾就已經是直覺主義的擁護者。直覺主義否定了古典數學的大部分效用，並試圖將剩下的東西置

於直覺，而非形式邏輯的基礎上。一九一八年後，外爾將自己的革命性言語，從數學擴展到物理學上，鄭重宣布這兩門學科既定的秩序已經瓦解。

一九二二年，薛丁格加入外爾的行列，他們一起呼籲從根本重建物理學定律。外爾與薛丁格皆同意史賓格勒的觀點，即將到來的革命將會除去物理因果關係的原則。昔日的革命人士希爾伯特與愛因斯坦，發現自己處在不習慣的角色中，變成了現狀的捍衛者。希爾伯特捍衛了形式邏輯在數學基礎中的最高地位，而愛因斯坦則捍衛了因果關係在物理學中的首要地位。

就短期而言，希爾伯特與愛因斯坦被打敗了，而史賓格勒的革命意識形態，在物理學與數學上大獲成功。海森堡發現了在原子過程中因果關係的真正極限，而哥德爾則發現數學形式推導與證明的極限。而且，正如知識革命歷史經常會出現的情況，革命目標的實現，反而摧毀了孕育革命的意識形態。達到目標後，史賓格勒的觀點很快就變得無關緊要。勝利的革命者不是非理性的夢想家，而是理性的科學家。一旦理解了海森堡的物理學，這個物理學就會變得跟牛頓的物理學一樣，平凡而實用。從未聽過史賓格勒的化學家，亦能成功應用量子力學來計算分子鍵能。而在數學上，哥德爾的發現並未造成直覺主義的勝利，反而讓人們普遍認知到，沒有任何一個數學基礎系統，可以獨立宣稱具有合理性。在革命過後，新興的物理學與數學變得愈來愈不在意意識形態。

就長期來看，從革命中現身的物理學與數學價值體系，其本質依然不變。史賓格勒的夢想是讓充滿活力的精神科學重生，也就是讓「西方科學回歸其精神家園」，不過這個夢想被遺忘了。

希爾伯特與愛因斯坦的實質成就，比史賓格勒引領的絕望風潮更為持久。

　　五十年後的現在，事情兜了一圈又回到原點。量子儀器的物理學與讓電腦有效運作的數學，已成為工程師與企業家使用的日常工具。新興物理學與新興數學，成了現代美國軍事工業體系的好朋友，就像在克萊因的時代，舊式物理學及舊式數學與德國軍事工業體系的關係一樣。我們再度聽到鼓吹革命的聲音，想要重新回到科學精神的整體思維。「意識物理學」是今日流行的口號，就像一九二〇年代時的生命哲學（lebensphilosophie）。弗里特霍夫・卡普拉（Fritjof Capra）接手史賓格勒的工作。卡普拉的《物理學之道》（*Tao of Physics*）[3] 就像昔日史賓格勒的《滅亡》（*Untergang*）一樣，賣出數十萬本。我們是否正朝著科學產生根本改變的時代邁進，一個可以與一九二五年海森堡革命及一九三一年哥德爾革命相提並論的時代？誰知道呢？福爾曼的分析也許可以解釋過去，但無法預測未來。

　　福爾曼與馬寧，代表著科學歷史學上的兩種相反類型。福爾曼從外部看科學；馬寧從內部看科學。福爾曼看見科學對外部社會與政治壓力的反應；馬寧看見科學藉由自身概念的邏輯相互作用，而自主發展。福爾曼從科學家的說法中取證，也就是從科學家直接針對大眾的演說及著作內容中取證。馬寧從科學家的作法中取證，因為他們會彼此交換方法與意見。福爾曼著重科學的固定形式，而馬寧則著重於科學的本質。

　　藉助於事後分析的優勢，我們回頭看一九二〇年代發生的

---

3. Shambhala, 1975.

事，顯然可以看到海森堡與哥德爾不需要史賓格勒告訴他們，該
怎麼做。這是真的，就如同福爾曼證明的，史賓格勒確實在歐洲
德語區域創造出期望革命的氛圍。這種氛圍的存在解釋了，為何
德國與奧地利的年輕人，比其他地區的年輕人更有準備，去進行
革命性的發現。但無論是在歐洲德語區域或是其他地方，即使史
賓格勒從未出現，還是會在幾年之內發現量子力學與數學的不確
定性。產生這些發現的時機已經成熟，而且物理學與數學的內部
發展，也讓這些發現必定會發生。對於科學革命的發生，期待革
命的外部氛圍不是必要，也不是充分的條件。若我們希望切合實
際地評估未來科學革命的前景，我們應該要研究科學本身，而非
研究科學的哲學或政治氛圍。我們應該放下福爾曼，回歸馬寧。

　　馬寧呈現給我們的當今物理學與數學景像，與一九二〇年
代知識圈的動盪相去甚遠。馬寧的景像如同田園那般寧靜怡人。
他向我們展示了物理學與數學就好比兩個鄰近的花園，分別長出
各式各樣濃密的樹木與花朵，而忙碌的物理學家與數學家，就像
是穿梭其中的蜜蜂，在植物之間授粉交配。在馬寧的花園中，有
成長也有凋謝、有陽光也有雨水，但沒有絲毫的抑鬱與毀滅。從
馬寧的觀點展望未來，看不到任何大災難即將降臨的證據，也就
是看不見「渴望危機」的跡象。（根據福爾曼所言，「渴望危機」
是一九二〇年代德國學術圈的特質。）相反地，馬寧的科學景像
向我們確保會有各種豐碩的長期成果，而且充滿了突然出現的驚
人光輝，但目標不會產生根本上的變化。

　　根據馬寧的觀點，當前時代的特點是，物理學家與數學家彼
此學習的意願增長，想要將一門科學用工具與技術，轉移到另一
門科學的意願也增長了。物理學與數學之間的重疊性愈來愈大，

這也為兩門學科提供持續豐富化的機會。物理學與數學的未來，在於進化，而非革命。馬寧視史賓格勒的「早晨寧靜景色」是個開始，而非結束。

馬寧書中的最後一段結語，讓我們瞧見了他對未來的看法：

值得注意的是，數論（number theory）的最深層想法，揭露了其與現代理論物理有廣泛相似性的想法。就像量子力學，數論在連續與離散之間全面性地提供了非顯而易見的關係模式，也強調隱藏對稱性（hidden symmetries）的角色。我們希望這種相似性不是巧合，也希望我們已經聽到關於我們生活世界的新式語言，只是我們還不了解它們的含義。

後記（2006 年）

撰寫這篇書評後的二十四年間，數學與物理學的發展就像馬寧預測的那樣持續進行。物理學家與數學家共同研究的主要領域是弦論，研究的進展來自進化，而非革命。根本性革命仍會到來的言論仍大量存在，但沒有明確的跡象顯示它會到來。

第 15 章

愛德華・泰勒的回憶錄

　　愛德華・泰勒（Edward Teller）的《回憶錄：二十世紀的科學與政治之旅》（*Memoirs A Twentieth-Century Journey in Science and Politics*）[1]是本獨特的歷史文獻，閱讀起來極有樂趣。泰勒對於人有濃厚興趣，他的生平故事就是集結描繪他所認識的人，他描繪的每個人都栩栩如生，都是獨特的個體。泰勒生活年代的戰爭、革命與政治熱情所形成的浪潮，席捲了他們這群人。泰勒觀察與記錄這些人的個人特質，他們的愚蠢、友善與他們時常遭受到的悲慘命運。他從八十年前在匈牙利的童年朋友說起，一直到妻子米西（Mici）過世結束，在超過七十年的時間中，深愛泰勒的米西都一同承擔著他的歡笑與悲痛。

　　泰勒也對科學有強烈的興趣。據他自己描述，他人生的高峰是在德國那段短暫的科學黃金時期，也就是他在德國度過的那七年，從一九二六年起至一九三三年為止，那是在發現量子力學與希特勒崛起之間的時代。他在這幾年中研究物理學與化學之間

---

1. Edward Teller with Judith Shoolery（Perseus, 2001）. 回憶錄出版的二年後，也就是 2003 年，泰勒就過世了。

的界限，理解量子力學對分子結構與光譜學的含義。他形容自己是個問題解決者，但不是一位深奧的思想家。在波耳、海森堡與薛丁格這樣的思想家進行深層思考之後，像泰勒與朋友漢斯‧貝特（Hans Bethe）、列夫‧朗道（Lev Landau）、喬治‧伽莫夫（George Gamow）、恩里科‧費米（Enrico Fermi）等的問題解決者之路就開啟了，這讓他們可以將新的想法應用在實際問題上。應用的新想法，讓問題解決者可以從下而上地去重建物理學與化學。這七年的確是黃金年代，當時每個年輕物理學家都可以發現尚待解決的重大問題，而且物理學界的圈子很小，每個人都彼此認識。泰勒很享受當年學界中濃烈激動的氛圍，甚至更享受與學界朋友的緊密關係。

泰勒就像他的朋友貝特那樣，也算是個詩人。泰勒曾在馬克斯‧波恩（Max Born）於哥廷根的生日宴中，以德語創作了一首精彩的曲子，曲子所用的旋律及曲調取自布萊希特（Brecht）《三便士歌劇》（*Threepenny Opera*）的「尖刀麥克」（Mack the Knife）一曲。泰勒從小就會說匈牙利語和德語。據他所言，可惜他學英文時已經超過八歲，年紀大得無法與英文字詞建立詩人所需的那種親密語感。他在搬到美國並得使用英文過日子後，就不再寫詩了。

他在一九三五年與貝特搭乘同一艘船前往美國，他在喬治‧華盛頓大學教授物理學，而貝特則在康乃爾大學執教。他在喬治‧華盛頓大學有一群從歐洲來的老朋友，包括伽莫夫、喬治‧普拉切克（George Placzek）與瑪麗亞‧梅耶（Maria Mayer）。在美國的前三年，也就是一九三六至一九三八年，生活非常平靜。泰勒持續以前的友誼，也結交許多新朋友。德國物

理黃金年代的氛圍幾乎在美國重現。然而在一九三八年十二月，因為德國發現了核分裂，讓泰勒的生活無可挽回地改變了。他與另一位從匈牙利來的老朋友利奧・西拉德（Leo Szilard）去找愛因斯坦，說服愛因斯坦在警告羅斯福總統的著名信件上署名，這封信是要請總統注意，核分裂在軍事上可能產生的重大影響。從那時到今天，泰勒的生活都被核武所主導。他在德國的經歷，讓他心中深深烙下一個教訓，那就是：學術人士對捍衛自由漠不關心是種致命錯誤。

這本書的後半部詳述了泰勒參與過的武器研發計畫，先是在哥倫比亞大學，接續在芝加哥大學、洛斯阿拉莫斯實驗室與利佛摩實驗室，最後是在史丹佛大學。可能有人會預期書中這部分的內容會偏向政治方面，談及個人的部分比較少。但這裡還是一樣，即便泰勒深陷政治鬥爭之中，他也是以人性的角度描繪對手，並公正地描述他們的想法。他的敘述中帶有悲傷，但沒有怨恨。他的三位親近好友與夥伴費米、約翰・馮羅曼（John von Neumann）與歐內斯特・勞倫斯（Ernest Lawrence）在研究完成之前就過世，這帶給他個人的悲傷是此書中的最大悲痛。在整個鬥爭的過程中，泰勒的天性讓他依然友善待人，像是西拉德這樣與泰勒完全對不盤的人士，仍是他最親近的朋友之一。

泰勒一生當中最糟糕的時期從一九五四年開始，那年原子能委員為了決定奧本海默是否造成隱憂，召開聽證會，而泰勒在聽證會上做出不利於奧本海默的證詞。這本書也收錄了泰勒的完整證詞。泰勒的證詞導致許多朋友不再認他這個朋友。泰勒喜愛的物理學界就此分崩離析。這場聽證會是由奧本海默的敵人煽動的，他們想要妖魔化奧本海默，並摧毀他的政治影響力。聽證會

後，輪到泰勒被妖魔化了。奧本海默與泰勒都因這場爭議而痛苦不堪，但對泰勒的傷害更為嚴重。

我記得在聽證會進行的當下，我與貝特在華盛頓見了一面，那是泰勒將要出席作證的前不久。我從來不曾見過那麼憔悴的貝特。他說：「我才剛進行了一生中最不愉快的談話，是跟泰勒的。」貝特試著說服泰勒不要去作證，但失敗了。這結束了他們之間二十年的友誼。

貝特與泰勒是黃金時代目前最後的僅存者。我很高興在《今日物理學》（*Physics Today*）期刊中讀到貝特對這本書的評論。那是一篇寬厚的書評，著重在泰勒的溫暖人格，讓舊時的爭執隨風而逝。

另一位歷史學家格雷格·赫肯（Gregg Herken）在《科學》（*Science*）期刊上，對此書發表了一篇些微嚴厲的評論，對泰勒的證詞提出質疑。赫肯著重在泰勒證詞中某些不合史實的細節。但身為歷史學家，赫肯應該熟知，所有人對於過去事件的記憶都是不可靠的。回憶錄並非歷史，它們只是歷史的素材。由將軍與政治人物撰寫的回憶錄，都是出了名的不準確。

當我在幾年前撰寫自己的回憶錄時，才驚訝地發現到諸多我記得的事情竟然從未發生過。記憶不但會扭曲，還會自創。回憶錄的作者應該要努力去確認記憶中事件的發生過程。泰勒做到了這一點。若其中有些細節是錯誤的，也無損於這本書的價值，泰勒在書中展現了以他為要角的歷史時代樣貌。

泰勒在奧本海默聽證會上的證詞以此為結尾：「我不只證明了人類普遍都擁有愚笨這項特質，也證明了我自己完全擁有這項特質。」

　　在聽證會上，當審問人員詢問奧本海默為何對安全人員說謊時，奧本海默回答：「因為我是笨蛋。」當泰勒自願參與這件骯髒的事情時，他就是在說自己也是個笨蛋。這是泰勒的結論，對於他在這件事中扮演的角色，這也是相當公平的結論。

　　泰勒不只是氫彈的主要發明者，也是推動其發展的主要動力。但他對此並不感到抱歉。他相信，為了和平解決冷戰問題，美國必須要擁有氫彈。而他在書中也同樣推崇安德烈・沙卡洛夫（Andrei Sakharov），因為沙卡洛夫也是基於類似理由，推動蘇聯的氫彈發展。對於冷戰時期的兩方而言，氫彈是維持雙方冷靜的關鍵要素。

　　在一九六〇年代的一個傍晚，我在德國與一位德國朋友一同喝啤酒。我的這位朋友在二戰時是步兵軍官，大多時候都處在俄國境內。他侃侃而談在俄國打仗的樂趣，與他在俄國的所見所聞相比，平民生活多麼無味與無趣，他在俄國的軍旅生涯是他人生中的精華。然後他指著我說：「如果不是你們那該死的氫彈，我們今天就可以回到俄國了。」當下我就想：「好險有泰勒和他的氫彈。」

　　書中一些最有啟發性的段落，是節錄自泰勒寫給瑪麗亞・梅耶（Maria Mayer）的信。梅耶是一流的物理學家，也是泰勒在面對龐大壓力之際會傾訴自己感覺的好友。一九五〇年初，距離讓氫彈成真的關鍵發明出現還有一年的時間，泰勒在洛斯阿拉莫斯孤獨地努力建造氫彈，他寫了封信給梅耶，這裡是其中一段：

　　「拜託妳給我什麼協助、什麼建議都好，我很需要。不是因為我主觀上覺得自己需要幫忙，而是因為我客觀上知道在我們的處境

下，任何有理智的人都會無奈的放棄，只有瘋子才會繼續做下去。」

另一段具有啟發性的段落，是節錄自一九三九年梅爾‧圖夫（Merle Tuve）寫的信。圖夫是資深物理學家，在喬治‧華盛頓大學認識泰勒。芝加哥大學曾徵詢圖夫對泰勒的評價，圖夫回答說：

「如果你想雇用一位天才，就不要選泰勒，要選伽莫夫。但天才到處都有，泰勒比那有價值多了。他會為每個人提供協助，他會努力解決每個人的問題。他從未陷入爭議或與任何人有嫌隙。他是你目前為止最好的選擇。」

這就是我認識的泰勒，我曾經在一九五六年與他共事三個月，一同計設安全的核子反應爐。我們很容易就對反應爐的細節起強烈爭執，我們常常這樣，但依然是朋友。泰勒幫助每個人，並努力解決每個人的問題。當然泰勒也有另外一面，他為了氫彈與飛彈防禦之類的不討喜原因瘋狂工作，他為他所相信的原因瘋狂奮戰。這本書公平地給了我們泰勒的兩面，有一面的泰勒會慷慨協助年輕科學家，而另一面的泰勒則與年長科學家激烈爭執。那些與泰勒有所爭執的人士對他並不公正，他們試圖妖魔化泰勒。

第16章

對業餘愛好者的稱頌

　　提摩西・費里斯（Timothy Ferris）是認真的業餘天文愛好者。他花費了大量的時間與金錢，在夜晚邀遊於行星、恆星與星系之間。他在加州擁有一處名為洛基山天文台（Rocky Hill Observatory）的地方，他在那裡可以經由大小適當且性能卓越的望遠鏡，心滿意足地眺望星星。他是國際天文社的一員，社團成員經由網路與那片他們熟悉的天空而結緣。除非已經退休或是不愁吃穿，否則認真的業餘天文愛好者白天還是要工作，以支撐他們已經上癮的夜間興趣。費里斯的主業是向大眾解說科學的書籍作家。他撰寫過許多被廣泛閱讀的書籍，有效降低了美國人對科學無知的程度。

　　費里斯的著作《在黑夜中觀看：後院觀星者如何探測太空深處並保衛地球免於星際危險》[1]在某些方面與他的其他著作類似，但在某些方面又不同。就像他過去的著作一樣，這本書的內容確實精準，它包含了有關我們所在宇宙的大量資訊，還加入美

---

1. *Seeing in the Dark: How Backyard Stargazers Are Probing Deep Space and Guarding Earth from Interplanetary Peril*, Simon and Schuster, 2002

好故事，讓資訊更容易消化。但這本書也與其他著作不同，它在訴說一個愛的故事，描述九歲時的費里斯如何愛上天文學，而這種熱情從此之後又是如何豐富他的人生。但他並沒有對自己著墨太多。這本書主要是繽紛多樣的人物寫照集錦，描述這些與他擁有同樣熱情的人物對天文科學的貢獻。

費里斯找到他的業餘天文同好，拜訪他們家及天文台，聆聽他們的人生故事，看他們工作的樣子。派屈克·摩爾（Patrick Moore）是其中一位，他白天也以撰寫科普書籍為本業來養活自己，晚上則在夜空中探索。費里斯到派屈克生活與工作的英國村莊塞爾西（Selsey）去拜訪他。許多年前，在沒有任何人或儀器能從太空中觀測到月球背面的時候，摩爾就已經在塞西爾用自己的小型望遠鏡對月球進行了系統性的觀測。

月球在繞地球旋轉時，通常會保持固定的方位，因此我們只看得到正面。但月球在軌道上會輕微搖晃，所以偶爾會在邊緣看見有些通常看不到的區域，不過看起來很小也極不明顯。摩爾在月球搖晃最大的時刻，研究這些通常不可見的區域，並發現了月球上最大且最美麗的隕石坑「東方海（Mare Orientale）」。東方海，是摩爾所取的名字，因為它在隱藏在月球東方的邊緣處，再加上它是一個類似月球正面黑暗區塊的圓形區域。業餘天文愛好者約翰·赫維留斯（Johannes Hevelius）在一九四七年繪製月球地形圖時，將這些黑暗圓形區域稱為「海」。

赫維留斯是但澤（Danzig）的一位釀酒師，他繪製了第一張精確的月球地形圖。即使在月球搖晃最大的時間點，從地球上也只能看見一小部分的東方海。只有具備長期經驗與對月球地形有淵博知識的觀察者，才能從摩爾在塞爾西所見的月緣片斷景象中

辨視出來。專業的天文學家沒有這樣的經驗或知識，只有業餘愛好者才能發現東方海，因為只有業餘愛好者有時間與動機，一心一意地去研究月球的單一區域。

摩爾是闡明費里斯這本著作主題的眾多例子之一，這主題就是業餘愛好者在探索宇宙上的重要性，這不只限於過去的幾個世紀，即使今天也是一樣。摩爾是個老派的業餘愛好者，當他發現東方海時，是以眼睛經由望遠鏡費力地觀察月球，並將觀察到的東西用紙筆繪製成圖。今日的業餘愛好者以數位相機觀察天空，利用商業軟體將影像儲存在個人電腦上。業餘愛好者的角色在過去二十年間變得更為重要，因為廉價數位相機、電腦與軟體大量生量的時代來臨。今日認真的業餘愛好者，可以負擔得起二十年前少有專業天文台可負擔的設備，個人電腦不但可以用來儲存資料，還可與其他觀察者快速交流，並比對全世界的觀察發現。

有許多領域的研究是專業天文學家才有辦法進行，他們得要使用以數億美金建造並運作的大型望遠鏡，來研究宇宙深處的模糊物體。只有專業人士才能回溯到部分的宇宙初始時間點，去探索星系初期與最古老恆星初生之際的早期宇宙。只有專業人士才能使用太空中的望遠鏡，去偵測物質落入黑洞時，熱到極點所放出的 X 射線。

但在其他領域的研究上，裝備精良且同心協力的業餘愛好者組成的網絡社群，則跟專業人士位於伯仲之間。業餘愛好者有兩大優勢：可反覆偵測大範圍的天空，以及可長時間持續進行觀察。藉由這些優勢，業餘愛好者經常會先發現一些未預期到的事件，像是行星大氣中的風暴與恆星的災難性爆炸。他們與專業人士競相發現彗星及小行星這類易變的星體。常會發生的情況是，

業餘愛好者先有所發現，然後專業人士會進行更詳細的後續觀察或理論分析，之後業餘愛好者與專業人士會將成果聯名發表在專業期刊上。

在加州的帕洛瑪山（Mount Palomar）上，有兩座著名的望遠鏡，一個是兩百英吋的巨大望遠鏡，另一個是十八英吋的小型望遠鏡。有許多年，兩百英吋的望遠鏡是全世界最大的望遠鏡，以無與倫比的靈敏性探索宇宙深處。十八英吋的望遠鏡在山上出現的時間較早，也曾取得過同等重要的發現。這是德國業餘天文愛好者伯恩哈特‧施密特（Bernhardt Schmidt）的創作。

施密特是名專業配鏡師，以打磨鏡片與鏡子維生。他在漢堡大學天文台擔任不支薪的客座人員。他在一九二九年發明了一種全新設計的望遠鏡，可以在廣闊的視野範圍中產生清晰聚焦的照片。他在漢堡建造並安裝了第一座施密特望遠鏡。

施密特望遠鏡讓快速拍攝大片天空區域，首次成為可能。與之前的望遠鏡相比，施密特望遠鏡每晚可以拍攝的區域，大約是先前的一百倍大。帕洛瑪山上的十八英吋望遠鏡是第二座施密特望遠鏡，也是第一個放在觀察環境良好的山頂天文台中，使用的施密特望遠鏡。

瑞士專業天文學家弗里茨‧茲維克（Fritz Zwicky）了解施密特這項發明的潛力，於一九三五年在帕洛瑪山上安裝了這座望遠鏡。他用這座望遠鏡進行首次的快速天空偵測攝影，每晚拍攝大片天空區域，並將數十萬星系的位置繪置成圖。這項偵測的結果，讓茲維克有兩項重大發現；他發現星系普遍有聚集成星團的傾向，以及星系可見部分的質量，不足以解釋聚成星團的現象。

從星系的觀察位置與速度，茲維克計算出星團必定包含了不

可見的質量，這部分的質量大約是可見質量的十倍大。他以小小的施密特望遠鏡發現的不可見質量，為宇宙學的歷史開啟了新篇章。

我們之後對宇宙的探勘已經證實茲維克是正確的，不可見的暗物質主導了宇宙的動力學。全球各地的專業天文學家與業餘天文愛好者，都在使用施密特望遠鏡，延續施密特與茲維克所發起的這場革命。施密特在生前並沒有看到自己的發明大舉成功。當希特勒於一九三三年掌權德國時，施密特感到深惡痛絕，他非常絕望，因酗酒而悄然過世。

大衛·李維（David Levy）是一位現代風格的業餘天文愛好者。他在亞利桑那州的家中進行觀星，他家中有三座尺寸不大，但配備精良的望遠鏡，其中兩座採用施密特的設計。他也經常前往加州帕洛瑪天文台擔任客座觀察員，他在那兒與專業人士一同合作。他在帕洛瑪使用茲維克最初的十八英吋望遠鏡。這座望遠鏡在六十年的頻繁使用後，依然強健，還能取得重大發現。李維一直和尤金·舒梅克與卡洛琳·舒梅克（Eugene and Carolyn Shoemaker）這對天文學家夫婦合作，直到尤金因車禍早逝為止。目前李維還持續與卡洛琳維持合作關係。

他們最著名的合作發現是在一九九三年，那時尤金還活著，他們發現了舒梅克-李維九號彗星。他們是在那顆彗星因太接近木星，而產生潮汐破壞現象（tidal disruption）的過程中觀察到的。當時這顆新發現的彗星裂成十八個碎片，碎片散開後看起來像是串珍珠，排列成一直線。每個碎片都有由氣體及塵埃組成的尾巴，在遠方太陽的照耀下閃閃發亮。

經過幾天的謹慎觀察與計算後，結果顯示這顆彗星的碎片在十六個月後注定全部要撞上木星。這是天文歷史上，首次觀察到

兩個天體發生碰撞。

在一九九四年七月木星遭受撞擊的當下，我很幸運地能夠成為業餘天文愛好者吉爾伯特・克拉克（Gilbert Clark）的客人，來到加州威爾遜山（Mount Wilson）配有二十四吋望遠鏡的天文台圓頂上。克拉克是退休的海軍軍官，他創立並管理一個名為「教育望遠鏡」（Telescopes in Education；TIE）的慈善基金會。那座二十四吋望遠鏡是威爾遜天文台借給基金會的，這座望遠鏡加裝有遠距操控系統。當克拉克與我在圓頂上時，望遠鏡正由位於維吉尼亞州一間教室中的孩童遠距操作。我們與孩童可以看到同樣的影像，也可以聽到他們的聲音。望遠鏡看向何處，由孩子們決定。他們斷斷續續地看到各種夜空深處的天體、星系與星團，不過都會再回到木星上。銀幕上出現的木星，不是被雲霧大氣包圍、有著淡色水平環帶的熟悉木星影像，而是一個受到彗星碎片撞擊、有著五個黑色大坑疤的受損木星。

對我而言，這個景像最驚人之處在於，我們可以看出木星在旋轉。坑疤讓我們得以看出木星在旋轉。木星旋轉迅速，九個小時內就可以自轉一圈，每小時自轉四十經度。我們可以看到坑疤在木星表面移動，從其中一邊消失，又從另一邊現身。孩子們也都看見了。

費里斯說，業餘天文愛好者是一個成長中的產業，隨著新興科技增加了業餘儀器的應用範圍，其在科學上的重要性日益升高。另一個支持業餘天文愛好者的因素是，最近的發現改變了我們宇宙觀。傳統的亞里斯多德觀點認為，天文宇宙是個安靜和諧的不變範疇。天體是完美且靜止不動的，只有地球是會猛烈變動消逝的。這個觀點與過去四百年來的諸多發現有所抵觸，像是第

谷‧布拉赫（Tycho Brahe）與約翰‧克普勒（Johannes Kepler）觀察到的兩顆恆星爆炸，還有伽利略發現到的月球表面突起與坑洞。

在最近五十年間，我們清楚了解到自己居住在一個變動猛烈的宇宙中，其中充滿了爆炸、毀滅與碰撞。現在看起來，在混亂的宇宙中，地球反而是相對平靜的角落。木星在一九九四年受到的彗星撞擊，印證了我們太陽系也無法倖免於宇宙的猛烈變動。在新式動力宇宙觀取代舊式靜止宇宙觀後，天文學著重的主題也產生變化，不再關注在不變的事物上，反而較為關注變化迅速的事物。而著重在迅速變化現象的天文學，需要進行頻繁迅速的觀察。頻繁迅速的觀察正是認真業餘愛好者的拿手好戲。這是業餘愛好者有時玩得比專業人士更好的遊戲，這遊戲為業餘愛好者與專業人士，提供了許多具有成效的合作機會。

費里斯向我們展示了業餘愛好者日益重要的宏大看法，這些業餘愛好者心思敏銳、配備良好也合作無間，他們領先行動緩慢的專業人士，開創了新的領域。有些專業天文學家也有同樣的看法，並且歡迎業餘愛好者提供協助。但大多數的專業人士還是認為，業餘愛好者的成果微不足道。畢竟，擁有大型儀器與大型計畫的專業人士，在解決的是宇宙學中的核心問題，而業餘愛好者所發現的則只是小型的彗星及行星而已。

發現原子核的物理學家歐尼斯特‧拉塞福（Ernest Rutherford）則表達出大多數專業人士的看法，他說：「物理學是唯一一門真正的科學，其餘學門就只是蒐集蝴蝶而已。」對於大多數的專業天文學家而言，宇宙的巨觀結構是門真正的科學，而彗星與小行星只是蝴蝶收藏家才會有興趣去追求的不重要細節。蒐集蝴蝶是不錯的興趣，但這不該與嚴正的科學混為一談。

費里斯認為業餘愛好者是先驅探險家,而拉塞福認為業餘愛好者不過是蝴蝶收藏家,這兩種對於業餘天文學看法上的衝突其來有自,它來自於對科學本質兩種看法間的古老衝突。科學有兩種,歷史學家稱為培根式的科學與笛卡兒式的科學,培根式科學著重細節,而笛卡兒式科學則著重於想法。

培根說:

一切都取決於眼睛穩穩注視的自然事實,以及因此所看到的事物原貌。因為上帝禁止我們發揮想像力去幻想世界的形式。

笛卡兒說:

我展示了自然法則是什麼,並將理論立基於上帝無限完美的基礎上,我試圖證明我們可能會懷疑的所有法則,也試圖證明它們就是這樣,即使上帝創造了許多世界,在其中任何一個世界裡都不可能沒有觀察到它們。

培根與笛卡兒觀點之間成果豐碩的競爭,促成了現代科學在十七世紀向前躍進。培根式科學與笛卡兒式科學之間,處於互補狀態。我們需要培根式的科學家去探索宇宙,並找出其中需要解釋的地方。我們也需要笛卡兒式的科學家,去解釋與統整我們所發現的東西。一般來說,專業天文學家較偏向笛卡兒式,而業餘愛好者則比較偏向培根式。兩者間的觀點有所衝突是正常且正向的,但任何一方輕視另一方則是錯誤的。費里斯較為同理業餘愛好者這邊,但他也以尊敬及理解的態度來描繪專業人士。

天文學是最古老的科學，擁有最悠久的歷史。有兩千年的時間，天文學在兩個彼此隔絕的世界中被研究著，一個是在巴比倫、希臘與阿拉伯的西方世界，另一個是在中國與韓國的東方世界。西方的古天文學主要是笛卡兒式的，這最終集結成托勒密複雜的理論世界，這個世界藉助於輪圈與本輪的時鐘機構，來決定天體如何運行。東方的天文學則是培根式的，蒐集並記錄觀察結果，沒有任何統一的理論。在兩個世界中，天文學都與占星術混在一起，主要也是由占星學家在研究。在一個有前景的開端後，進展卻停止了，科學停滯了一千年，因為無論是培根式科學，或是笛卡兒式科學，彼此都無法獨自興盛發展。在西方，沒有新的觀察發現來約束理論；而在東方，沒有理論可以引導觀察。

然後是西方世界的偉大覺醒，培根與笛卡兒共同引領了現代科學的興盛發展。十七與十八世紀是業餘科學愛好者的全盛時期。在這兩個世紀中，像牛頓這樣的專業科學家是異類，他的對手戈特弗里德・萊布尼茲（Gottfried Leibniz）這類文質彬彬的業餘愛好者才是主流。業餘愛好者可以自由自在地從一個科學領域跳到另一個科學領域之中，無需等待官方批准就可以展開新事業。但到了十九世紀，在業餘領導專業的兩百年後，科學變得愈來愈專業。在十九世紀的主要科學家中，麥克・法拉第（Michael Faraday）和詹姆斯・克拉克・馬克斯威爾（James Clerk Maxwell）這類的專業科學家是主流，而查爾斯・達爾文（Charles Darwin）和格里高・孟德爾（Gregor Mendel）這類業餘愛好者反倒成了異類。到了二十世紀，專業人士的優勢地位更加完善。二十世紀沒有業餘愛好者可以像達爾文一樣，優越到能與愛德溫・哈伯（Edwin Hubble）及愛因斯坦平起平坐。

　　如果費里斯是對的，那麼天文學現在正進入一個朝氣蓬勃的新興時代，業餘愛好者在其中將再起重要作用。每門科學似乎都要經歷三個發展階段。第一個階段是培根式的，科學家探索世界，找出其中有什麼東西。在這個階段，業餘愛好者與蝴蝶收藏家佔有優勢。

　　第二個階段是笛卡兒式的，科學家要進行精確測量，並建立量化理論。在這個階段，專業人士與專家學者具有優勢。

　　第三個階段混合了培根式與笛卡兒式，業餘愛好者與專業人士都從第二階段發展出的大量新興工具中受惠。在第三階段中，強大的廉價工具帶給各類科學家可以去探索與解析的自由度。最重要的新興工具是個人電腦，目前已經全球普及，並讓業餘愛好者有能力可以量化科學。在電腦之後的第二項最重要工具是全球網際網路，這讓業餘愛好者可以在論文發表之前先行閱讀並進行討論，從而使得全球各地的愛好者都能交流與合作。

　　天文學這門最古老的科學，最先通過第一與第二階段，並邁入第三階段。接下來會是哪一門科學呢？當前哪一門科學已經發展成熟，可以進行革命，給予下一代業餘愛好者進行重要發現的機會呢？物理學與化學現在仍處於第二階段。目前很難想像出，一位業餘物理或化學愛好者能對科學做出重大貢獻。

　　在物理學或化學可以進入第三階段之前，必須要有根本性的新發現與新工具來翻轉這些科學。生物學的狀況未明。主流生物學無疑是處在第二階段，正由大批專業人士主領著探索基因及分析代謝路徑。不過，遠離主流生物學的廣大偏遠範圍中，有一群依循達爾文傳統的業餘愛好者發現了新品種的野花、繁衍出新品種的狗、鴿子與蘭花，並蒐集蝴蝶。作家弗拉基米爾·納博科

夫（Vladimir Nabokov）是二十世紀最著名的蝴蝶收藏家，但還有許多其他沒有那麼出名的人士，也發現了新的品種。我的一位年輕朋友最近去厄瓜多（Ecuador）留學，在雨林中發現了十二種新品種植物。

　　生物學很可能是進入第三階段的下一門科學，能夠賦予業餘生物愛好者力量的新工具已經嶄露頭角。新工具將比專業生物學家進行基因工程分析的現行工具，更小也更便宜。我們花了三十年的時間，才將一九五○年代昂貴且笨重的大型電腦，進化成一九八○年代方便又便宜的個人電腦。今日昂貴的基因定序及蛋白質合成儀器，將會以類似的方式進化成可以放在桌上的便宜機器。個人電腦不只小巧便宜，而且還比它所取代的大型機台更加快速及強大。未來的桌上型基因定序機與蛋白質合成機，也將會比它們所取代的機器更為強大快速，並將會由更複雜的電腦程式來控制。

　　當這些工具出現時，對它們的需求將會無法抵擋，就像今日對筆記型電腦的需求無法抵擋一樣。玫瑰、蘭花、觀賞用灌木與蔬菜等的基因工程，將會是一種新的藝術形式，也會是一種新的科學。富有的郊區屋主將可以使用新工具來裝飾花園，而貧困國家需要討生活的農民，也可以使用新工具來供給自家人收成更好或更美味的馬鈴薯。就像今日的業餘天文愛好者一樣，業餘植物育種愛好者、動物育種愛好者、生態學愛好者以及大自然愛好者，也將可以對科學做出重大貢獻。

　　在業餘愛好者能夠廣泛應用基因工程之前，必須先克服諸多政治與法律障礙。許多人強力反對任何種類的基因工程。有部分反對意見出於宗教或意識形態原因，但大多數則來自於實際的

擔憂。基因工程無疑會對大眾健康與生態穩定帶來危害。若要避免這些危害，就必須嚴格規範基因工程工具組的應用。正如李查·普雷斯頓（Richard Preston）在著作《試管中的惡魔》（*The Demon in the Freezer*）[2]所示，對恐怖分子而言，微生物基因工程是個非常好用的工具。任何大眾可以使用的工具組，絕對不能具備有處理微生物的實質能力。政府當局將來很有可能會決定全面禁止這類工具組。若是有那麼一天，業餘愛好者被禁止使用專業人士才能使用的工具，那對生物學而言將是悲慘的一天。不過，我們應該將這一切留給後代子孫去決定。[3]

　　當我們觀看科學領域之外的更廣泛社會時，會看到業餘愛好者幾乎在人類活動的每個領域，都扮演著重要角色。業餘音樂家創造了讓專業音樂家可以蓬勃發展的文化。業餘運動員、業餘演員與業餘環保人士，改善了自己與他人的生活品質。珍·奧斯丁（Jane Austen）與塞繆爾·皮普斯（Samuel Pepys）這類業餘作家，與查爾斯·狄更斯（Charles Dickens）及費奧多爾·杜斯妥也夫斯基（Fyodor Dostoevsky）等專業作家一樣，都盡可能地在探索人類體驗的高度和深度。在人類所有責任中，最重要的就是養育我們的子子孫孫，業餘愛好者承擔了其中大部分的工作。業餘愛好者幾乎在各行各業中，都擁有進行實驗與創新的更大自由度。業餘愛好者佔總人口的比例，是衡量一個社會自由度的良好指標。費里斯向我們展示了業餘愛好者如何為現代天文學帶來

---

2. Random House, 2002.

3. 我的另一本書會進一步討論業餘生物學的這個議題，書名為《*A Many-Colored Glass: Reflections on the Place of Life in the Universe*》, University of Virginia Press.

新風貌。我們或許可以期許，未來世紀的業餘愛好者可以使用握有現代科技的新工具，來探勘與復興所有的科學。

第17章

全新的牛頓

　　那個箱子跟那個人牽扯上關係，讓人感覺好生奇怪。那是一個裝滿牛頓手稿的大金屬箱，是牛頓在世時藏起來的東西，之後二百年間都沒人看過裡面的東西。而那個人是個身穿卡其短褲的紅髮年輕胖男人。那個人趾高氣揚地站在英國法西斯聯盟（British Union of Fascists）的舞台上。當牛頓在一六九六年離開劍橋前往倫敦時，他自己打包了這個大金屬箱。那時他要離開自己在劍橋孤軍奮鬥了三十五年的研究生涯，進入他接下來三十年在倫敦所追求的公眾人物及啟蒙時代守護神那樣的角色。

　　那位年輕的胖男人是朴茨茅斯伯爵家族的利明頓爵士（Lord Lymington, Earl of Portsmouth）。他是牛頓姪女凱瑟琳・巴頓（Catherine Barton）的直系後代。凱瑟琳・巴頓為牛頓打理倫敦住家，並在牛頓死後繼承了他的手稿。凱瑟琳・巴頓的女兒嫁給了某一任的朴茨茅斯伯爵，成為那位年輕胖男人的家族前人。於是那位年輕胖男人就繼承了那個大金屬箱。當他繼承大金屬箱時，裡面的手稿仍完好無缺。

　　二次大戰期間，我還是個中學學生，我在那時遇到了這位年輕胖男人，我非常討厭他。當時，在農地工作的成年人多被徵召

從軍，所以我們去協助採收農作物，好讓英國得以生存下去。中學學生在農地裡努力工作，享受拉丁文與數學課被借走所獲得的度假時光。但我們工作農地的地主就是那位年輕胖男人，他向我們訓話，宣揚納粹口號「鮮血與祖國」和戶外生活的神奇美好。他曾經拜訪過德國，他的朋友希特勒在那裡策動學生們去田地工作，這個運動稱為「歡樂帶來力量」（Kraft durch Freude）。

　　在德國，有個女性手風琴家會跟著學生們，演奏音樂一整天，好讓學生以正確的節奏工作。那個年輕胖男人說，他也會為我們找一個手風琴家，然後歡樂就會為我們帶來力量，我們就可以工作得更好。幸好手風琴家從來就沒有出現過，我們能以自己的節奏工作。我們知道，這個年輕胖男人在英國法西斯聯盟中的地位僅次於奧斯瓦爾德・莫斯利爵士（Sir Oswald Moseley），如果他的朋友希特勒成功入侵英國的話，他有可能會成為我們的大區長官（Gauleiter；納粹德國的官銜）。我們做為在英國長大的有教養孩子，都很有禮貌地聽年輕胖男人說話，從未露出鄙視的眼神。

　　當我下鄉聽到那個年輕胖男人說話時，我並不知道他是牛頓手稿的擁有者。幾年後，我才從經濟學家約翰・梅納德・凱恩斯（John Maynard Keynes）那裡知道這件事。我那時是劍橋三一學院（Trinity College）的學生，而凱恩斯則是國王學院（King's College）的一員。凱恩斯是英國政府的首席經濟顧問，在我們國民生產毛額及所有外滙超過一半都花費在戰爭之際，肩負起讓英國經濟免於困頓的大部分責任。他勞心勞力，搭機往返倫敦與華盛頓，應付一次又一次的金融危機。雖然以謹慎的學術精神去閱讀牛頓手稿是他的興趣，但他從來沒有時間做這件事。他很少拜訪劍橋，有一次他以「牛頓那個人」（Newton, the Man）[1]為題，

到三一學院做了一場的演講，而我也很幸運的能夠在場聆聽。地
點在一個寒冷陰暗房間中，在場的聽眾並不多，我們全都擠在凱
恩斯的身旁，而疲憊不堪的他則躺在躺椅上，平靜地講述那個大
金屬箱及裡面的東西。凱恩斯在四年後死於心臟衰竭，因為過勞
及戰時辛苦搭乘慢速螺旋槳飛機反覆橫越大西洋所導致。

　　凱恩斯告訴我們，一九三六年時，那個年輕胖男人因為需
要金援英國法西斯聯盟，所以將大金屬箱帶到倫敦的蘇富比拍賣
會，將內容物分成三百二十九個品項拍賣。凱恩斯在拍賣會的前
幾天就提出警告，他還參加了拍賣會，並自掏腰包能買多少算多
少。他告訴我們：「他的這種不智之舉讓我煩心，我設法一步步
地將其中一半重新統整，好將它們帶到劍橋，並且希望這些手稿
能永遠留在劍橋。其中包括了幾近完整的自傳。其餘的我買不到
手，大都被一個財團搶走了，他們可能希望在美國以高價售出。」
凱恩斯搶救的手稿，目前保存在國王學院的圖書館中。其餘的手
稿被零碎地賣給各個收藏家，分散到世界各地。那個年輕胖男人
連推銷這樣無可取代古物的能力都沒有，他的這項不智之舉，也
只讓他賺了九千英鎊而已。

　　凱恩斯在演講中提到箱子中的內容物，那是他在拍賣會那時
與之後的紛紛擾擾過程中，盡可能檢視到的內容物。他拯救的手
稿中有一份對於牛頓有第一手描述，這份手稿出自牛頓的堂兄弟
漢弗萊（Humphrey）之手。漢弗萊曾擔任牛頓的秘書長達五年

---

1. John M. Keynes, "Newton, the Man" in Newton Tercentenary Celebrations（Royal
　Society of London, Cambridge University Press, 1947），pp. 27–34. 約翰・凱恩斯於
　1946 年過世，所以在牛頓三百周年慶典上則由他的兄弟傑佛里・凱恩斯（Geoffrey
　Keynes）宣讀他的演講詞。

的時間。這五年包括牛頓撰寫《自然哲學的數學原理》（*Naturalis Principia Mathematica*）的那兩年，這本鉅作引導了物理學接下來兩百年的走向。《原理》總共有三卷，前兩卷建立了物理定律，以及定律結果的計算方法。第三卷以牛頓驕傲的聲明開始：「我現在依然以相同的原理為基礎，展示出世界體系的架構。」第三卷分析了現實世界的各種現象：太陽、月亮、行星、衛星及彗星的運動、地球自轉軸的進動、潮汐的漲退，還展示了它們就按他原理所預測的那樣精準發生。牛頓的友人愛德蒙・哈雷（Edmond Halley）一六八六年帶到倫敦出版的那份《原理》手稿，後來由漢弗萊保管。

　　漢弗萊對牛頓在劍橋生活的記錄，是在多年之後寫的。牛頓花費大半時間在實驗室中，他在自家花園中的一棟木頭建築裡進行煉金術實驗。以下為漢弗萊描寫牛頓進行煉金術實驗的段落：

　　特別是在春天與秋天落葉之際，他通常會在實驗室中待上六個星期左右，無論是白天還是夜晚，煉金的大火從沒熄過，他整夜不睡（有時是我守夜），直到他完成他的煉金術實驗為止，他精準、嚴格並確實地進行實驗。我無法理解他的目標是什麼，但他在那段實驗時間中表現的痛苦與勤奮，讓我認為他的目標超越了人類藝術與工業之所及。

　　凱恩斯在三一學院的演講中引用漢弗萊的文字，並附加自己的解讀：

　　牛頓顯然瘋狂地沉迷其中……他幾乎是全心全意去嘗試讀懂傳

統奧祕,而不是認真去進行實驗。這是為了尋找神祕經文的意義,去模仿據說是過去幾個世紀創立但其實絕大部分是幻想出來的實驗。牛頓過世後留下大量有關這些研究的記錄。我相信大部分是他對已有書籍及手稿的翻譯與抄寫。但其中也有大量的實驗記錄⋯⋯這些實驗一腳踏到中古世紀的領域,一腳又在前往現代科學的路徑上,牛頓花費了人生的第一個階段在這些混雜各個方面的不尋常實驗上,那是他在三一學院從事所有真正研究的時期⋯⋯當他人生的轉捩點到來,他將魔術書籍放回箱子裡。他輕而易舉地將十七世紀拋諸於腦後,轉變成為十八世紀認知的傳統牛頓⋯⋯我猜想,當他離開劍橋後,他很少去翻看那只箱子。所有曾在他房間、花園以及大門與小禮堂間的實驗室裡出現過,並且佔據吸收他強烈熾熱精神的證據,都被他打包進箱子裡了。

　　自凱恩斯在劍橋發表演講以來的六十年間,藏在大金屬箱的手稿甚至帶出了更多的文學作品。目前蒐集到的牛頓數學論文,已經出版了八卷,而蒐集到的信件也出版了七卷。理查・韋斯特法爾(Richard Westfall)所著的牛頓傳記《永不停歇》(Never at Rest)[2]內容超過了九百頁。還有大量更專業的書籍與論文致力於研究牛頓的數學、光學、物理學、煉金術與神學,也研究他的科學爭論、宗教信仰與後來擔任鑄幣廠廠長這個官職的生涯。

　　詹姆斯・格雷克(James Gleick)的新牛頓傳記現在也已出版[3]。對於牛頓生活與工作有濃厚興趣的讀者,我建議可以去閱

---

2. Cambridge University Press, 1983.

3. *Isaac Newton*(Pantheon, 2003).

讀格雷克的牛頓傳記，這是一本很好的入門書籍，它有三個重要優點：精準、易讀且簡短。它的份量大約是韋斯特法爾的牛頓傳四分之一，而且仍然對牛頓與其想法有相當完整的描述。以煉金術這個主題為例，牛頓的煉金術活動在韋斯特法爾牛頓傳中佔據了四十六頁（第八章與第九章各半），在格雷克的牛頓傳中則只有八頁（名為「萬物皆會腐敗」〔All Things Are Corruptible〕的第九章）。格雷克的版本更著眼於本質問題，像是牛頓這樣敏銳且具有邏輯的心智，怎麼可能同時應用遠古煉金術與物理定律來找尋自然界的奧祕。對於這個問題，格雷克的回答是：

是上帝讓物質有了生命，激發出它的許多結構與過程……對於他無法解釋的東西，他並沒有放棄，反而試著去更深入了解……自然界中有些力量是他無法經由撞球或旋渦這類機械原理來理解的，那些是生命的力量、植物的力量與性的力量，通通都是看不見的精神吸引力。後來，牛頓比任何哲學家都能更有效率地清除科學對於神祕特質的需求。但他在當下需要它們。

在拍賣之後的幾年間，除了凱恩斯以外，還有兩位學術收藏家也在慢慢地蒐集一九三六年散落的手稿。這兩位是美國股票分析師羅傑・巴布森（Roger Ward Babson）與出生在中東且後來進入耶魯大學的東方學家亞伯拉罕・亞胡達（A. S. Yahuda）。幸運的是，這三位收藏家的興趣，並沒有大幅重疊。凱恩斯主要對煉金術的手稿有興趣，巴布森對重力相關的論文有興趣，而亞胡達則對神學的論文有興趣。巴布森蒐集的牛頓手稿，目前收藏在美國麻州衛斯理學院（Wellesley）裡的巴布森學院圖

書館（Babson College Library）。而亞胡達蒐集的牛頓手稿，則收藏在耶路撒冷的猶太國家與大學圖書館（Jewish National and University Library）。這個結果與凱恩斯害怕的情況恰巧相反，去到美國的手稿成了開放給學者們閱讀的公開收藏，而少數不得其門而入的手稿則大多收藏在法國與瑞士。

亞胡達蒐集的手稿，讓我們對牛頓的宗教思想有深入的了解，這份思想跟他對於煉金術與數學物理學的思想一樣強烈且獨特。牛頓清楚的認知到，三位一體的正統基督教教義在聖經中，並沒有穩固的基礎。牛頓是一神論者，從聖經的證據中推論出存在的只有上帝天父。神只有一位而非三位。耶穌是祂的兒子，聖靈是祂的喉舌，但不等同於祂。終其一生，牛頓在古代典籍與自然研究中尋找真理。他認為自己的一神論，跟自己的數學物理學，有著同樣穩固的基礎。

但物理學與神學之間有個實質的分別，對於物理學，他可以暢所欲言，但對於神學就不是這麼一回事了。劍橋大學與三一學院都有嚴格遵守正統教義的宗教原則。若是牛頓的異端見解廣為人知的話，他就不能保住自己的大學教授與學院研究員的職位。幸運的是，性情崇尚自由的國王查理二世（King Charles II）簽署了一個特許條款，讓牛頓免除大學教授必須是英國國教會神父的一般規定。若要成為神父，牛頓必須申明自己對教會三位一體正統教義的信念，這是他永遠做不到的事情。實際上，國王採用了「不問，不說」的政策，而牛頓也確實履行了這項協議，將自己的神學相關手稿都藏進了大金屬箱中。

格雷克在以「異端、褻瀆、偶像崇拜」為名的出色短篇章節中，描述了牛頓的神學，不過他不像牛頓對聖經研究的微妙難解

之處那麼熱衷。他贊同並引用韋斯特法爾對《古代王國編年史修訂版》（*The Chronology of Ancient Kingdoms Amended*）的看法，這本編年史是牛頓年老時寫的，但在他死後才出版。

　　韋斯特法爾說這本編年史是「碩大乏味的作品」。任何想要對牛頓的宗教研究（依據亞胡達蒐集且目前收藏於耶路撒冷的牛頓手稿為基礎）有更同理且更詳細解析的讀者，請去閱讀法蘭克・曼努爾（Frank Manuel）寫的《牛頓的宗教信仰》（*The Religion of Isaac Newton*）[4]。就我所知，曼努爾的這本書是唯一沒有出現在格雷克參考書目中的牛頓相關重要著作。

　　在《原理》於一六八七年出版後的幾年間，牛頓深入參與了國家政治。一六八八年的「光榮革命」是英國憲法歷史上的一個轉捩點，這對英國的重要性與一七七六年的革命對美國的重要性一樣。一六八八年，英國人民起義反抗代表王權的詹姆士二世，並將他流放海外。威廉三世從荷蘭被找來取代詹姆士二世。這個交易的關鍵部分是威廉要施行君主立憲，遵守英國議會訂定的本國法律。

　　當詹姆士二世在一六八七年引發憲法危機時，牛頓是代表劍橋大學的國會議員。詹姆士二世當時解雇了大學行政機構中身為新教徒的人員，還安插天主教徒的人手進去。這直接威脅到大學的獨立性。牛頓強力反對國王，他在一份給大學的備忘錄中寫到：

　　「因此要有勇氣，堅守法律。若讓一個天主教徒成了主導者，那接下來還會有一百個……在這些事情上擁有誠實的勇氣，將確保

---

4. Oxford University Press, 1974.

一切安全，讓法律站在我們這一邊。」

在成功拉下詹姆士二世後，牛頓即力勸劍橋大學，只要威廉三世維護英國法律，就效忠於他。一六八九年，牛頓在一封給朋友的信中表示，大學裡的領導者們已經同意。他在信中一如既往地明白表達了憲政的基本原則：

1. 宣誓效忠國王，不過僅限於英國法律規定國王能享有的那種忠誠及服從。若是信仰與忠誠的程度超過法律要求的，那麼我們就是在宣誓自己是奴隸，要絕對服從國王了。然而儘管發了誓，在法律之前，我們都是自由之人。因此，當法律規定的效忠義務終止時，那個誓言也就失效了。

我在普林斯頓的同事莎拉・瓊斯・尼爾森（Sarah Jones Nelson），最近在牛津大學莫德林學院（Magdalen College）的資料庫中，發現另一份出自牛頓之手或是抄寫員（為加快工作進度而雇用的）代寫的手稿。語文學家羅伯特・威廉・查普曼（R.W. Chapman）在一九三六年的蘇富比拍賣會買下這份手稿，並將它收入資料庫中。不過，似乎沒有其他人知道這份手稿的存在。內文中有證據顯示，手稿寫於一六八七年或一六八八年，它概述了反對詹姆士二世的法律案件，同時也對科學知識、法律與道德之間的關係提出建議。

看來牛頓當時正在尋找物理定律與道德法則的共同基礎，認為這兩種定律及法則是同個神聖智慧的表現。在牛頓到倫敦參加議會會議的期間，他碰到哲學家約翰・洛克（John Locke），洛

克是提倡政府需有民意基礎的主要人物。洛克分享他在神學與政治上的興趣。他跟牛頓一樣，私底下是一神論者。洛克在寫給另一個朋友的信中提到：「牛頓先生是無價之寶，因為他不僅在數學上有精湛見解，連在神學上也是，他對聖經的淵博知識，難有人能望其項背。」

根據尼爾森所述，在莫德林學院找到的手稿，包含有關公民不服從的道德與法律理論，這也出現在洛克的《政府二論》（*Second Treatise of Government*）中。洛克的政府論在一六九〇年出版，是憲法的經典著作之一。借用凱恩斯的話，在這裡我們看到，這個男人成為「理性時代的聖人與君主……十八世紀的牛頓爵士，與十七世紀前半出生的那位兒童魔術師已相距甚遠」，他也是建起公民自由架構的創造者之一。對於牛頓而言，爭取政治自由的奮鬥與對上帝有正真理解的努力，從來就未曾分開。

格雷克版的牛頓傳中，最好也最具有獨創性的部分，是前五章中對於牛頓年輕時期的描寫。格雷克對牛頓在劍橋學生時期的手記進行詳細研究，而他對牛頓的描述也立基於此。手記裡記錄了牛頓在理解自然定律的摸索過程中，有過許多錯誤的起點與偏題。在這些手記中，我們看到牛頓還未有可以表達力量與動量這類概念的詞彙（這讓他可以用公式精確表現定律），也還未掌握微積分這類數學工具（這讓他可以推導定律的結果）。為了獲得可以表達自然定律的基本能力，他在猜測定律的同時，還發明了微積分這個數學語言來進行表達。這些手記記錄當下的成功與失敗，那時還未能根據後來的發現再行解讀。

我們很幸運，因為牛頓獨自研究，沒有朋友，沒有與人合作，也沒有跟人分享他的智慧旅程。他沒有將自己的想法告訴朋

友，只寫在手記上。我們在手記中看到他緩慢露出曙光的理解過程，接續的一連串快速發現引領出一六六五年及一六六六年的突破。在瘟疫期間，牛頓為了躲避瘟疫而離開劍橋，留在伍爾索普（Woolsthorpe）的家中。牛頓在伍爾索普的這段期間，年約二十四歲，他將碎片拼湊起來，組成了他的新宇宙視野。

從一六六一年牛頓在劍橋就學，到一六六六年他在伍爾索普獨自有收穫為止，這五年的故事，格雷克說得要比韋斯特法爾更清楚。格雷克回歸到最初的手記上，並生動地描述出來。

一六六七年，牛頓成為三一學院的一員，回到劍橋重新過著他的孤獨生活。他購買儀器及材料來進行煉金術實驗，這些實驗在接下來的二十年間，佔據他大多數的時間。他沒有告訴任何人他的煉金術實驗，也幾乎沒有人知道他在物理學上的發現。對他而言，煉金術與物理學以及神學是單一計畫的各個部分，尋找上帝放在他手中唯一知識的三個面向。因為他無法自由談論自己的神學，所以他也沒有理由去談論自己的煉金術或物理學。若不是他的朋友哈雷（Halley）在一六八四年來到劍橋，求他發表自己所知的東西，牛頓可能完全不會談到他的物理學。然而，一旦他開始按照邏輯順序寫下自己的物理發現，便欲罷不能地寫到三卷《原理》完成才停手。

十七世紀初期，現代科學在兩位科學家的宣告下誕生，這兩位是英國的培根與法國的笛卡兒。培根與笛卡兒對於要如何追求科學，有很不一樣的觀點。培根認為，科學家應該要自由進行實驗，蒐集世界萬物的事實，直到時機成熟，累積的事實才能釐清大自然的行為模式。從事實累積出來的寶庫中，科學家將可以推導出自然定律。

　　笛兒卡則認為，科學家應用純理性來推導自然定律，從數學公理以及我們對上帝存在的認知開始。做實驗只是為了去確認自然定律的邏輯推導是否正確而已。十七世紀時，英國的科學界傾向於遵循培根的作法，倫敦皇家學會（Royal Society in London）收集各種事實，從有兩顆頭的小牛到從天而降的青蛙，以及魚等等皆有之。法國的科學界則遵循笛卡兒的方式，並被笛卡兒的旋渦理論所主導。此理論認為，地球與天空中的空間應該都充滿了卡氏旋渦，這種旋渦會推動天體在天空中的軌道運行。在牛頓有了發現的當時，英國的博學人士幾乎都採取培根的經驗之道來研究科學，但他們之中的多數人卻也相信卡氏旋渦理論，因為那是當時唯一可以獲得的理論。

　　牛頓骨子裡就是笛卡兒，他就像笛卡兒那樣試圖單純以思考來獲得他對自然萬物的見解。當牛頓開始撰寫《原理》時，非常具有笛卡兒的風格，以命題與定理的形式來陳述他的結論，並用純幾何學的方法來證明。但他與笛卡的不同之處在於，他也是個實驗派，了解精準實驗對驗證定理的重要性。因此，在《原理》中，他出色地應用笛卡兒的方法來推翻笛卡兒的定理。在《原理》的前兩卷中，牛頓建立了宏大的數學，這比笛卡兒提供的任何理論都還具有一致性。接著在第三卷中，他給出了致命的一擊，以大量的觀察事實，來證明大自然是按它的節奏翩然起舞。《原理》一經出版並廣為流傳後，卡氏旋渦理論就已死亡。

　　牛頓是技術精湛的戰士，總是為勝利而戰。他享受打敗笛卡兒與詹姆士二世的勝利，他也享受打敗的羅伯特・虎克（Robert Hooke）的勝利，因為虎克宣稱自己比牛頓先發現萬有引力。還有，牛頓也享受打敗萊布尼茲的勝利，因為萊布尼茲也宣稱自己

比牛頓先發現微積分。牛頓身為鑄幣廠廠長，熱衷於起訴偽造錢幣者，不理他們的哀求，拒絕從寬處理，一定將他們送上絞刑台。他不只用盡全力擊敗對手，還要摧毀並羞辱他們。

我會想像，無論牛頓的靈魂現在身處天堂或是地獄的世界中，他最終都將享受打敗利明頓爵士的勝利。利明頓爵士試圖從牛頓的手稿中獲利，讓手稿散落各處卻只獲得了少少的九千英鎊。利明頓爵士這不智之舉的最終結果是，他如同猶大背叛耶穌那般的形象深烙人們的記憶中，而牛頓的手稿則以前所未有的規模，受到眾多學者的保存與研究。

後記（2006 年）

這篇書評獲得許多迴響，研究牛頓的學者大量來信，他們對牛頓的了解遠勝於我。我更正了他們發現的錯誤。

英國倫敦帝國學院（Imperial College in London）牛頓手稿計畫主任羅伯特‧伊利夫（Robert Iliffe）告知我，巴布森蒐集的牛頓手稿，目前已半永久性地借給麻省理工學院的迪布納研究所（Dibner Institute），那兒比較方便取閱。

我也要感謝尼爾森向我展示了她在牛津大學莫德林學院資料庫中找到的「莫德林 MW 432」手稿，她在二〇〇一年《莫德林學院紀事》（*Magdalen College Record*）的第 102 ～ 104 頁中，簡要說明此篇手稿。

第18章

鐘錶科學

今日，幾乎每一個人都知道愛因斯坦的大名，而亨利・龐加萊（Henri Poincaré）的名字卻默默無聞，這情況在一百年前恰巧相反。那時愛因斯坦百般努力但找不到教職，只能成為伯恩（Bern）瑞士專利局裡新僱用的三流技術專員，負責審查專利申請文件。而龐加萊是法國科學機構中的主導人物之一，他能負有盛名不只因為他是偉大科學家，也因為他是暢銷書籍的作者。龐加萊的著作在二十世紀初期被翻譯成多國語言，持續讓公眾了解科學在當時的戲劇性進展。

一九〇三年，愛因斯坦與龐加萊都在努力解決一項科學核心問題，試圖找到正確的理論，來描述快速粒子在電磁場中的行為。龐加萊當時針對此問題發表了數篇論文。愛因斯坦可能讀過，也可能沒有，但他那時還沒有發表過什麼。

兩年後，一九〇五年，龐加萊與愛因斯坦同時對這個問題有了解答，龐加萊在巴黎的法國科學院（French Academy of Sciences），報告了研究成果的總結。同一時間，愛因斯坦將他的經典論文「論動體的電動力學」（Electrodynamics of Moving Bodies）投稿到德國期刊《物理年鑑》（*Annalen der Physik*）。這

兩個版本的解答，在本質上幾乎一模一樣。兩者都立基於相對原理上，也就是說，同樣的自然定律在移動觀察者與靜止觀察者上皆適用。兩者實驗觀察到的快速粒子行為一致，而且對於未來實驗結果的預測也是一樣，那麼，為何愛因斯坦後來因為發現相對論而全球知名，但龐加萊卻沒有？龐加萊久負盛名是因為他在其他科學領域的發現，而非他在相對論上的研究。後人將相對論的發現完全歸功於愛因斯坦，都沒有提到龐加萊，這是否公平呢？我之後會再回頭來談談這些問題。

　　《愛因斯坦的時鐘與龐加萊的地圖：時間帝國》（*Einstein's Clocks, Poincaré's Maps: Empires of Time*）[1] 的作者彼得・加里森（Peter Galison）是歷史學家，而非審判者。他寫這本書的目的，是想要了解龐加萊與愛因斯坦獲得各自見解的過程，不是要大家去讚美或指責。他對兩人有廣泛的描寫，詳細敘述了他們的生活與年代。在書的開頭，他抱怨傳記作家對兩人的不公平態度：「可以確定的是，愛因斯坦的傳記太多，而龐加萊的傳記太少。」

　　龐加萊是偉大人士，生活充實且多元，愛因斯坦所受到的大量關注，至少有一小部分該分給他。對於有興趣想要更了解龐加萊的讀者，我推薦班傑明・揚爾德（Benjamin Yandell）寫的簡短傳記，這是加里森沒有提到的一本著作。

　　揚爾德的著作《特優班：希爾伯特的問題與解答》（*The Honors Class: Hilbert's Problems and Their Solvers*）[2] 是一本數學

1. Norton, 2003.

2. A. K. Peters, 2002.

家的傳記選集。書中的數學家解決了希爾伯特在一九〇〇年巴黎國際數學家大會中列出的二十三個著名問題，而龐加萊解決了其中的第二十二個問題。「龐加萊傳」是這本書中最好的篇章之一，它在三十頁的篇幅中，生動描寫了龐加萊的數學家生涯，與加里森的版本幾乎沒有重疊。

　　加里森的版本中沒有出現任何一個方程式，任何對歷史有興趣的人都可以讀讀看，書中提到的內容大多有關科學應用，而不是科學本身。應用，指的是每個人都能理解的東西，像龐加萊的就是地圖，而愛因斯坦的就是時鐘。龐加萊與愛因斯坦在研究相對論的同時，也深入電子通訊與機器的現實世界中。書中對於從他們實際思考中所出現的科學理論，只有簡短描述，沒有提到任何數學或技術性的專有名詞。全書有六個章節，中間四個章節篇幅較長，而開頭與結尾兩個章節則較為簡短。前後兩個簡短的章節，架構好舞台，並統整了結論。這本書對於相對論的細節著墨不多，而且絕大部分都集中在這兩個簡短章節中。該書主要結論為，在促成相對論的發現中，哲學思考與技術發明密不可分。

　　四個長篇章節則包含了一系列的故事，描寫電力如何在十九世紀後半改變了全世界。這是個特別的故事，一八八〇年，為了決定康乃狄克州的火車要按照波士頓時間或紐約時間運行，在康乃狄克州哈特福市（Hartford）出現了一場政治角力。這是哈佛天文學家倫納德・瓦勒度（Leonard Waldo）與紐約至哈特福鐵路公司間的角力。瓦勒度不只是天文學家，他同時也是企業家。他的天文台經營一項事業，販售經由電報發送給客戶的準確時間訊號。他的客戶包括鐵路公司與城市消防部門、鐘錶製造商與零

售商,以及擁有好錶並想要檢查錶是否準時的一般公民。瓦勒度在哈特福市議會大力宣傳,強調波士頓時間超級精準。但紐約至哈特福的鐵路公司是以紐約時間運行,而且不肯做出改變。最終,鐵路公司贏得了這場角力。

另外一個故事,講述了一八八三年美國如何讓全世界採用統一的時區系統,也就是相鄰時區相差的時間正好就是一個小時的系統。這是鐵路公司的另一個勝利。決定時區系統命運的關鍵大會,在密蘇里州的聖路易斯(St. Louis)舉行。投票結果不是經由投票的人數來決定,而是根據投票人代表的鐵路里程長度來決定。投票最終結果為贊成票79041英哩,反對票1714英哩。此後,各個城市的時間被迫按照鐵路時間,而非當地時間,來設定。甚至連紐約市都放棄自己的當地時間,改以西經75度的天文時間來設定。

第三個故事,講述法國經度局(French Bureau of Longitude)如何在一八九七年成立委員會,想將公制擴展到時間的計量上。這個想法是要把原先分成小時、分鐘與秒鐘的老舊時制淘汰,改以一天分成十個單位、千個單位、十萬個單位的方式,取而代之。新的秒鐘將是一天的十萬分之一,而新的小時將是一萬秒鐘。新的時間單位就像公克、公斤、公尺與公里一樣方便好用。這樣的話,我們將時間從幾天轉換成小時、分鐘及秒鐘時,就只需要移動小數點即可,也就毋須在24及60的乘除計算中掙扎。對於一百年前法國大革命時期的公制創建者而言,這將是他們心中夢寐以求的復興。經度局的一些委員提出一項折衷方案,保留舊制小時,做為時間的基本單位,再將其劃分成一百份及一萬份。龐加萊擔任此委員會的祕書一職,他對這件工作十分認真,

也為此寫了好幾篇報告。他堅信全球應該要共同使用公制系統，但他在這場角力中出局。全世界其他地方都不支持法國委員會的提案，而法國政府也不打算要單獨採用。經過三年的艱苦努力，委員會還是在一九〇〇年解散了。

上述這些和其他許多故事，都是用來說明加里森的論點。加里森認為，整合時間訊號是十九世紀後半人民與政府主要關切的議題。因此，時間訊號的整合，在相對論中具有核心地位絕非偶然。在龐加萊與愛因斯坦生活的歷史時期中，時間訊號傳訊成為蒸蒸日上的產業，兩人對此也都有專業參與。

龐加萊曾在經度局任職，而經度局負責繪製法國領土在全球中的位置。為了正確繪製地圖，經度局需要確立出正確的經度。為了確立像達喀爾（Dakar）或海防（Haiphong）這類遙遠地區的經度，就必須將當地時間（由當地天文測量獲得）與巴黎時間（在巴黎收到的準確時間訊號）做比對。因此，地圖的準確性，取決於時間訊號長距離傳輸的準確率。時間訊號先是經由陸地上的電報線路和海底的電纜傳輸，後來改用無線電傳訊，要進行傳訊得要克服困難的技術問題。訊號會因傳輸的損耗而減弱，並因為環境噪音而走樣。必須精確計算出傳輸的延遲，以便能從接收到訊號的時間來正確推斷出巴黎時間。記錄儀器產生的其他延遲，也必須測量出來，並給予代償。想要有高精準的時間訊號傳輸，理論工程與實踐工程都得要精通。

龐加萊在實踐與理論上一樣精通。他的職業生涯以礦業工程師開始，負責探測法國北部煤田的礦坑。他最早的工作之一，是調查一場造成十八名礦工死亡的嚴重爆炸。他在那些屍體還有餘溫時，就進到礦坑尋找線索。他發現一盞採礦燈上的金屬絲網有

個方形破洞，這顯然是被鎬打出來的。

漢弗萊・戴維（Humphrey Davy）在六十五年前發明了金屬絲網，這種設備可以在礦坑中避免燈內的火焰點燃燈外的爆炸氣體。絲網讓空氣可以流通，但會阻止火焰從內部流竄到外面。當絲網破損時，火焰就會自由流竄，造成災難。龐加萊冒著生命危險找出事因，寫了一篇報告，詳盡分析礦坑的氣體流動。

愛因斯坦生長在一個電氣工程師的家庭中。他的父親與叔叔雅各布（Jakob）在慕尼黑經營事業，生產與銷售電氣測量設備。雅各布有個跟時鐘電子控制設備有關的專利。愛因斯坦早年對電機的通曉，幫助他取得在瑞士專利局的工作，也讓他得以勝任這份工作。他一開始工作，就碰上許多與電子鐘有關的專利申請，還有經由傳送電子時間訊號來整合電子鐘時間的專利申請。一九○四年，那時相對論還在醞釀中，伯恩辦公室批准了十四項這類專利。至於被駁回的申請數量就沒有被記錄了。

當時瑞士已經成為精密鐘錶製造的世界領導者，全球各地心懷希望的發明者，大批湧入申請瑞士專利。對愛因斯坦而言，分析與了解這些發明，不只是支付租金的便捷方法，他喜歡專利局的工作，也發現這在智力上具有挑戰性。他在後半輩子中曾經說過，技術專利的構想，對他在物理學上的思考具有重要的刺激作用。

在過去半個世紀的歷史學家裡，有兩個主要思想學派。這兩個學派的領導人分別為湯馬斯・孔恩（Thomas Kuhn）與彼得・加里森。孔恩在一九六二年出版的經典著作《科學革命的結構》（*The Structure of Scientific Revolutions*）中，將科學的發展描繪成一種斷續平衡（punctuated equilibrium），就像是生物史

中的物種演化一樣。演化的多數進程都是緩慢或停滯的，物種對
自己的環境適應良好，這時天擇會讓牠們避免產生快速變化。然
後，當環境受到干擾，新的生態區位開啟，天擇就會傾向於快速
變化，小部分的幸運個體變化得夠快，足以形成新物種。因此在
科學中，事物的正常狀態是變化緩慢的平衡狀態，會有個主要的
正統理論可以解釋觀察到的現象，而且此理論不會受到嚴重質
疑。只要常態科學一直盛行，科學家的工作就是，解決從公認教
條中產生的不重要疑問。但在罕見時刻，會有新發現或新想法，
對公認教條產生質疑，其後就可能發生科學革命。要引發科學革
命，新發現就必須強大到足以推翻主流理論，而且必須準備好一
套新想法來取而代之。孔恩認為，是新想法驅動了科學革命，驅
動科學進程大步向前的就是想法。

　　加里森在他一九九七年出版的經典著作《影像與邏輯》（*Image
and Logic*）中，認為粒子物理學的歷史是工具的歷史，而非想法的
歷史。這恰與孔恩相反。根據《影像與邏輯》一書，驅動科學進
程的是工具。粒子物理學的工具有兩種，光學的與電子的。光學
工具是像雲室（cloud chambers）、氣泡室（bubble chambers）與
感光乳膠（photographic emulsions）這類工具，可以經由影像展
現粒子在視覺上的交互作用。影像記錄粒子的軌跡。有經驗的實
驗者可以立即從影像中，看出粒子有什麼不尋常的情況。光學工
具更有可能引領出定性的新發現。

　　另一方面，電子工具則更適合解答定量方面的問題。像蓋格
計數器（Geiger counter）這樣可以量測舊屋地窖輻射量的工具，
則是以邏輯為基礎。程式編碼讓計數器每次偵測到一顆粒子時，
就會問出簡單的問題，並記錄問題的答案為是，還是否。計數器

能偵測到每秒發生數百萬次的粒子碰撞，將它們分類到是與否的兩種答案中，並分別計算是與否兩種回答的次數。

粒子物理的歷史可以分為兩個時期，較早的時期大約在一九八〇年結束，那時光學偵測器與影像是主流；而較晚的時期，則是電子偵測器與邏輯運算為主流。在過渡時期之前，科學經由新粒子的定性發現及粒子間的新關係而進步。過渡時期之後，隨著已知粒子的種類大致變得完整之際，科學則經由愈來愈能精確量測粒子的交互作用而進步。在前後兩個時期中，推動科學展的動力都是工具。

孔恩派歷史學家強調想法，而加里森派歷史學家則強調工具，這兩派間的爭論如火如荼地持續對持。受過理論科學訓練的歷史學家，偏向孔恩派。而受過實驗科學訓練的歷史學家，則偏好加里森派。一位歷史學家著重想法還是工具，其實在某種程度上是個人喜好問題。雖然我受過理論訓練，但我比較傾向加里森派。但正如學術界學者經常發生的爭執一樣，在這場爭論中，兩派的跟隨者都比領導者更執著於教條。

我曾參加過一場會議，會中孔恩的追隨者以極端誇張的形式，介紹他們的觀點。位在會議廳後方的孔恩打斷了他們，大喊說：「你們需要理解一件事，我不是孔恩派的。」

孔恩相信想法至上，但並不排斥其他一切東西。而加里森則在他的新著作中告訴我們，他相信工具至上，但並不排斥其他一切東西。當我閱讀他著作的最後一章時，我幾乎可以聽到他大喊著：「你們需要理解一件事，我不是加里森派的。」

加里森使用了臨界乳光（critical opalescence）一詞，來概括一九〇五年發現相對論的故事。臨界乳光，是水在高壓下加熱到

攝氏374度時會產生的現象。攝氏374度被稱為水的臨界溫度。在這個溫度下，水不用沸騰就能持續轉變成蒸氣。在臨界溫度與壓力下，水與蒸氣難以區分，它們成了單一流體，難以確認是氣體，還是液體。在臨界狀態下，流體持續在氣體與液體間變動，這種變動會產生可以看得見的閃亮彩色光芒。這種閃亮彩色光芒被稱為「乳光」。因為在具有類似多彩幅射的蛋白石首飾中，也可以看到這種光。

　　加里森以「臨界乳光」來隱喻，一九〇五年春天，在龐加萊與愛因斯坦心中，浮現的技術、科學與哲學的融合。龐加萊與愛因斯坦都埋首於時間訊號的技術工具中，但引領他們有所發現的，並不是工具本身。他們都專注在電力學的數學想法中，但引領他們有所發現的，也不是想法本身。他們也都沉浸在時間與空間的哲學中。

　　龐加萊曾撰寫一本《科學與假設》(*Science and Hypothesis*) 的著作，深入挖掘知識的基礎，並對牛頓關於絕對空間與絕對時間的見解提出質疑。愛因斯坦也研究過這本書。但引領他們有所發現的，並不是哲學本身。誕生相對論所需的是臨界時刻，讓工具、想法與哲學反思相互碰撞，並融合成一種新的思維方式。

　　加里森想要結束孔恩派與加里森派間的爭執，所以在這本書中，他一直保持中間立場：「專注在臨界乳光這種時刻，提供了一個方式去終結對於歷史看法的無止盡擺盪，一個是『認定歷史最終就是想法』的看法，另一個是『認定歷史根本上就是物質』的看法。」

　　加里森以臨界乳光做為隱喻，沒有回答到的一個問題是，為何愛因斯坦發現了相對論（就如我們所知），而龐加萊卻沒

有。龐加萊與愛因斯坦發現的理論在操作上相當，也有著同樣的實驗結果，但兩者有個關鍵性的差異；其差異之處就在於「以太（ether）」一字的使用。光波的理論與電磁力的理論是在十九世紀建立出來的，這些理論都立基在以太的構想上。

詹姆斯・克拉克・馬克斯威爾（James Clerk Maxwell）在一八六五年統一了光與電磁場的理論，他堅信以太的存在。在具有適當剛性與強性的固體介質中，電磁力會像機械應力那般作用。因此，大家相信必定有種固體介質存在，其遍布整個空間，並帶有電磁應力。在同樣的彈性介質中，光波必定是剪力波（shear waves）。而遍布整個空間的固體物質被命名為「以太」。

龐加萊和愛因斯坦在本質上的區別為，龐加萊性情保守，而愛因斯坦傾向創新。當龐加萊尋找新的電磁理論時，他會盡可能地試圖保存舊的知識。他喜歡以太，也持續相信它，即使他自己的理論也顯示出這是觀察不到的。他的相對論是拼湊而成的被子。對於局部時間取決於觀察者運動的新想法，是建構在絕對時間與空間的這個古老架構上，而這又是由剛性且固定不動的以太所定義出的。

另一方面，愛因斯坦認為舊框架既麻煩又不必要，所以很高興地拋棄它。愛因斯坦的相對論更簡單，也更優雅。沒有絕對的空間和時間，也沒有以太。所有將電磁力視為以太彈性力的複雜解釋，和仍然相信它們的著名老教授們，都一起被丟入歷史的廢墟中。所有局部時間都具有同等效用。要計算愛因斯坦的相對論，你只需要知道，將一個局部時間轉換成另一個局部時間的規則。在這場爭取大眾認可的競爭中，愛因斯坦立論簡單明瞭，因此有了壓倒性的優勢。

　　龐加萊與愛因斯坦只在一九一一年布魯塞爾的研討會中，見過一次面。這次會面的情況不佳，愛因斯坦後來表示他對龐加萊的印象是：「整體來說，龐加萊是個負面的人，雖然他極為聰明，但對局勢卻一無所知。」

　　對愛因斯坦而言，龐加萊跟以太一樣都歸在歷史的廢墟中。但愛因斯坦低估了龐加萊，他不知道龐加萊當時才剛寫了一封信，推薦愛因斯坦去擔任蘇黎世聯邦理工學院的教授。

　　以下為龐加萊對愛因斯坦的評價：

　　首先，我們必須要欽佩的是，他適應新觀念的能力，以及他知道要如何從中獲得成果的能力。他不拘泥於古典原理，對於現存的物理學問題，迅速設想出所有可能性……愛因斯坦先生的價值，在未來將會愈來愈顯著。能想方設法留下這位年輕大師的大學，必定會從中獲得巨大榮耀。

　　龐加萊對於他的年輕對手一點也不懷恨，他依然保有跟當年一樣的衝勁，就是那份衝勁讓他在三十二年前趕赴馬格尼（Magny）的煤礦坑。與愛因斯坦在布魯塞爾會面的一年後，龐加萊就過世了。愛因斯坦從來沒有看過龐加萊的信，也不知道自己誤判了他。

　　回顧這段歷史，我不認同加里森的結論。我不認為臨界乳光是愛因斯坦獲勝的決定性因素，我認為龐加萊與愛因斯坦在當代技術的掌控上平起平坐，他們對於哲學思辨的熱愛也相當，只有在接受新想法上有差異。想法，是決定性的因素。愛因斯坦在相對論的世界中大躍進，因為他熱切地想要拋棄舊觀念，並帶入

新想法。龐加萊在緊要關頭猶豫不決，就沒有產生大躍進了。至少在這個例子上，孔恩是對的。驅動一九〇五年科學革命的是想法，而非工具。[3]

---

3. 關於這篇書評的主題「在 1905 年革命中，主導的是工具還是想法」，在我的著作《太陽、基因與網際網路》（*The Sun, the Genome and the Internet*, Oxford University Press, 1999）的「科學革命」這一章節中有較為廣泛的討論。我得出的結論是，大多數的革命是由工具所驅動，而 1905 年的革命是著名的特例之一。

第 19 章

弦上的世界

　　一次大戰前是英國自由黨的黃金年代，那時的赫伯特・阿斯奎斯（Herbert Asquith）是貴族首相，而溫斯頓・丘吉爾（Winston Churchill）則是狂妄的政治家。在下議院的質詢時間，丘吉爾常常以挑釁言語及尷尬問題來挑戰阿斯奎斯。有次在面對丘吉爾的抨擊之後，阿斯奎斯感嘆地說：「我希望自己對所有事情的了解程度能像那位年輕人一樣多。」

　　布萊恩・格林（Brian Greene）以《宇宙的結構：空間、時間與現實的本質》（*The Fabric of the Cosmos: Space, Time, and the Texture of Reality*）這本具有說服力的著作，向我們展示了他對宇宙的視野。在閱讀完這本書後，我跟阿斯奎斯有些類似心情，阿斯奎斯精準表達了我對這本書的感受。

　　對於任何想要了解最新理論物理的非專業讀者，我會推薦格林的這本書，內容用字淺白，任何人都可以理解。我的疑問和不確定，對非專業讀者不重要；格林的宇宙圖片是否在技術上具有精確性也不重要；重要的是，他的描繪清楚連貫，與最近的觀察結果一致。即使其中許多細節後來被證實有誤，但他的描繪仍是邁向理解的一大步。科學的基礎，常建立在原先有錯，但後來予

以糾正的理論上。犯錯要比模稜兩可來得好。格林的這本著作向非專業讀者，解釋了現代科學的兩個重要主題。首先，它描述了觀察與理論的歷史路徑，從十七世紀的牛頓與伽利略，一直來到二十世紀的愛因斯坦與史蒂芬・霍金（Stephen Hawking）。然後它向我們展示思想的風格，那些在愛因斯坦與霍金之後流行的今日理論。無論流行的理論是否一直存在，歷史與思想風格都是真實存在的。

　　格林在一九九九年出版的著作《宇宙的琴弦》（*The Elegant Universe*）中，對弦論有更詳盡的技術性說明。他在物理學家的職業生涯中，對弦論貢獻了諸多心力。《宇宙的琴弦》非常成功地將弦論深奧且抽象的想法，轉化為易懂的文字。而他在《宇宙的結構》一書的前面部分，也對於自己在《宇宙的琴弦》闡明的弦論做了簡單概述：

　　超弦理論就從對一個老問題提出新答案開始，這個問題就是：最小且不可以分割的物質結構是什麼？數十年來，傳統答案都是：物質是由粒子所組成，這些粒子（電子與夸克）在模型中被視為不可分割的點，沒有大小也沒有內部結構。傳統理論主張且實驗結果也證實，這些粒子會以各種方式結合產生質子、中子及各種原子與分子，來組成世間萬物。

　　超弦理論則提出了一個截然不同的答案。它沒有否定電子、夸克與其他各種粒子具有的關鍵角色，這些都已經由實驗展現出來，但超弦理論主張這些粒子不是點。相反地，根據超弦理論，每個粒子都是由微小的能量線所組成，這些比單一原子核還要小千億億倍的能量線（比我們目前能探測的大小還要小得多了），其形狀像是

條小小的弦。正如同一條小提琴琴弦會以不同的模式振動，而且每個振動模式都會產生不同的音調一樣，超弦理論中的細線也能以不同的模式振動，但這些振動不會產生不同的音符。這個理論驚人的宣稱，這會產生不同的粒子特性。以某種模式振動的細小弦，會具有電子的質量與電荷。根據這個理論，這個會振動的弦，就是我們傳統上稱為電子的東西。細小的弦以不同的模式振動就會產生夸克、微中子與任何其他粒子在定義上的必要特性。各種粒子在超弦理論之中被統一了，因為它們都是由同樣的基本實體執行不同的振動模式所產生。

　　這是萬有理論的良好開端，而且這可能是對的。一個科學理論要有效，不一定要是正確的，但必須能夠被測試。我對弦論的疑問來自於這個理論目前還無法測試。格林在這本書的第十三章與第十四章中，討論了弦論進行實驗測試的前景。他提到的實驗必定會為理解大自然打開新的一扇門，即使這無法解答弦論是否正確。

　　《宇宙的結構》涵蓋的範圍要比《宇宙的琴弦》更廣闊，並以更寬廣的筆觸描繪。兩本著作中重疊的部分不多。只有《宇宙的結構》中的第十二章，因為概述了《宇宙的琴弦》的內容，給予我們弦論的概要重點，所以重疊較多。格林本人建議，讀過《宇宙的琴弦》的讀者可以略過《宇宙的結構》中的第十二章。除了第十二章外，這兩本著作涵蓋的主題不同，可以單獨閱讀，毋須先讀其中一本再讀另一本。《宇宙的結構》較容易上手，比較合適先讀。困在《宇宙的琴弦》一書中的讀者，可能會發現《宇宙的結構》比較容易理解。

在科學的歷史上，改革派與保守派之間、夢想家與腳踏實地者之間，都存在著緊張的關係。正常的緊張關係是存在於年輕改革命派與年老保守派之間。現在的情況是如此，八十年前量子革命發生時的情況也是如此。我是個典型的年老保守派，與新想法脫節，周圍都是年輕的弦論學家，我也不假裝聽得懂他們的談話。一九二〇年代是量子論的黃金時代，那時身為年輕改革派的海森堡與狄拉克，在二十五歲有了重大發現，而身為年老保守派的歐內斯特・拉塞福（Ernest Rutherford）以著名的言論進行駁斥：「他們以自己的符號來玩遊戲，但我們可是驗證了自然的真正事實。」拉塞福是位偉大的科學家，被自己曾協助引發的革命拋在後頭。這是正常的情況。

五十年前的我，比現在的格林還要年輕，那時的情況卻有所不同，正常的情況被翻轉了。在一九四〇年代末期與一九五〇年代早期，改革派的年紀較長，而保守派的年紀卻比較輕。年長的改革派計有愛因斯坦、狄拉克、海森堡、馬克斯・波恩（Max Born）、薛丁格等。他們每個人都有一套自認是可以理解萬物關鍵的瘋狂理論。愛因斯坦有統一場論，海森堡有基本長度理論（fundamental length theory），波恩有名為互易定理（reciprocity）的新版量子論，薛丁格有命名為最終仿射場定律（Final Affine Field Laws）的新版愛因斯坦統一場論，而狄拉克則有每個狀態機率為 +2 或 -2 的奇特量子論版本。

在一般正常的定義中，機率為介於 0 至 1 之間的數值，而這個數值展現的是，我們對事件發生的信心程度。機率為 1，代表事件必會發生，機率為 0，代表事件絕不會發生。在狄拉克的夢想世界中，每個狀態發生的機率都要比「必會發生」來得多，或

是比「絕不會發生」來得少。這五位年長學者都認為，物理學需要另一場革命，就像他們在二十五年前年所領導那場具有深度的量子革命。他們每個人都相信，自己偏愛的想法會是走向下個重大突破的關鍵第一步。

　　像我這樣的年輕人，看到這些著名長者出盡洋相，就變得保守了。當時年輕派的主角是美國的朱利安・施溫格與理查・費曼，以及日本的朝永振一郎。任何知道費曼的人都會驚訝地聽到他被歸類在保守派，但這個歸類是正確的。費曼的風格充滿了熱血且絕妙的原創性，但他科學的本質是保守的。他與施溫格及朝永振一郎都知道，他們從量子革命所繼承下來的物理學有多棒。這個物理想法在基本上是正確的。他們毋須重啟另一場革命。他們只需去拾起現有的物理理論，並理出細節。我協助他們進行後期的整理。我們努力的成果，就是現代量子電動力學理論（modern theory of quantum electrodynamics），這個理論正確描述了原子與輻射的作用方式。

　　這個理論是保守派的勝利。我們採用狄拉克與海森堡在一九二〇年代發明的理論，以最小幅度的修改讓這個理論前後一致，且方便運用。大自然為我們的努力喝采。測試這項理論的新實驗得出的結果，與理論推導的數據，到小數點後十一位皆一致。但年長改革派仍然不相信。在首次實驗結果公布後，我莽撞地找上狄拉克，問他對於自己二十五年前創造的理論所取得的重大成功是否感到開心。

　　狄拉克一如既往地沉默了一陣子後才說：「如果這些新想法不那麼醜陋，我可能會認為它們是正確的。」這段談話就此結束。

　　愛因斯坦對我們的成功也沒什麼感覺。在普林斯頓高等研究

院的年輕物理學家全心全力建立新的電動力學時，愛因斯坦就在
同一棟樓中工作。他每天在研究院來來去去時，都會經過我們的
窗戶，但他從未參加我們的專題研討會，也從未問過我們的研究
內容。愛因斯坦直到生命盡頭，依然忠於他的統一場論。

　　回頭看這段歷史，我今日不會以身為保守派為恥。我屬於
一個視保守為勝利的世代，我仍然忠於自己的想法，就像愛因斯
坦仍然忠於他的想法一樣。但現在我的這個世代正要離開這個舞
台，我很好奇下一輪的歷史會帶來什麼。在弦論的革命派老去之
後，下個世代會怎麼看待他們？會出現另一個年輕革命派的世代
嗎？或是我們應要再次翻轉正常情況，出現一批年輕保守派的新
世代，來對抗弦論的年長先驅人士嗎？我們這一代將看不到這些
問題的答案。

　　格林著作中的主題之一，就是切斷愛因斯坦廣義相對論與量
子力學間的關係，這兩項發現在二十世紀初期改革了物理學。愛
因斯坦的理論主要是重力理論，將重力場描述時空曲率，並將蘋
果的掉落描述為，地球質量引發之時空曲率對蘋果的影響。愛因
斯坦的理論認為，蘋果與地球是古典物體，具有定義精準的位置
與速度，不用理會量子力學中提到的不確定性。因為蘋果與地球
夠大，所以可以忽略量子的不確定性。

　　另一方面，量子力學描述原子與基本粒子的行為，而量子的
不確性對此有重大影響，倒是重力可以不用理會。因為原子與粒
子夠小，它們引發的任何重力場都可以忽略。這兩個理論將之間
的物理世界毫無重疊地劃分開來，廣義相對論應用在從蘋果到星
系之類的大型物體上，而量子力學則應用在從分子到光子的小型
物體上。廣義相對論在天文學與宇宙學上非常重要，而量子力學

則在原子物理學與化學上非常重要。對世界的這種劃分適用於任何實際情況，因為單一原子或粒子的重力效應極其微小。

　　格林理所當然地認為：將物理學依據物體大小劃分成不同的理論，是無法接受的，而絕大多數的物理學家也同意他的觀點。廣義相對論立基的想法認為，時空是個被物質推拉的彈性結構。量子力學立基的想法則認為，時空是由觀察所建造的固定框架。這兩個理論在數學上不相容。格林相信，急需找到一個可以同時應用在大型與小型物體上的量子重力論。量子重力論代表著某種統一場論，其可以像廣義相對論那般應用在大型物體上，也可以像量子力學那般應用在小型物體上。儘管有許多人前撲後繼地努力研究，但在弦論出現之前都沒有找到具有一致性的量子重力論。弦論最先也最大的勝利，就是它成功結合了廣義相對論及量子力學。這項成功讓它的發現者在某種程度上可以正大光明的宣稱，弦論可能是種「萬有理論」。弦論仍有不一致的地方，而且離實際應用也還很遠。但原則上，它確實提供了我們一個量子重力理論。

　　身為保守派，我樂於接受物理學可依據物體大小劃分成不同的理論。我對於過去八十年有兩種理論的局勢狀態感到滿意，能夠接受恆星與行星的古典世界理論，以及原子與電子的量子世界理論同時存在。我並不堅持要在教條上統一，反而比較想要問個問題：萬有理論是否具有任何實質物理意義？任何量子重力論的本質是，存在一種被命名為重力子的粒子，它是一個具有重力的量子，就像光子是一種光的量子一樣。在量子重力中必須要有這樣的粒子存在，因為能量是由被稱為量子的離散小封包所攜帶，而且帶有重力能量的量子會像粒子那般運作。

我在這裡要問的問題是：是否有任何可能的方式，能讓我們偵測到個別重力子的存在？要偵測到個別光子很簡單，就像愛因斯坦展示的那樣，經由觀察在金屬表面的入射光激出電子的行為，就可偵測得到。光子與重力子的差異在於，重力子的交互作用，遠比電磁交互作用小得多了。如果你想要經由在金屬表面的入射重力波激出電子的行為，來偵測個別重力子，你會發現必須等待比宇宙年齡更久的時間，才能看到重力子。我研究各種偵測重力子的可能方式，但沒有發現到任何一種有用的方法。因為重力交互作用極弱，所以目前所想像的任何重力子偵測器，必定質量巨大。如果偵測器的密度正常，那它的絕大部分就會離重力子的源頭太遠，而無法作用；若是被壓縮成高密度，圍繞在源頭周圍，那麼它就會塌陷成黑洞。這好像是大自然的陰謀，不想讓偵測器能夠運作。

因此我提出一個待需驗證的假設：原則上，無法觀察到個別重力子的存在。我並沒有說這個假設是正確的，只是表示我目前找不到駁斥這項假設的證據。若這為真，那麼量子重力論在物理學上就沒有意義。若個別重力子無法在任何可行的實驗中觀察到，那麼它們就沒有物理實體，我們也可以認為它們不存在。它們就像十九世紀時，科學家想像空間充滿的彈性固體介質乙太一樣。電磁場被認為是乙太中的張力，而光則被認為是乙太的振動。愛因斯坦建立了沒有乙太的相對論，並表示乙太若是存在，也觀察不到。他很開心地擺脫乙太，而我對重力子也有相同的感覺。

根據我的假設，愛因斯坦廣義相對論所描述的重力場，是個沒有出現任何量子行為的純古典力場。重力波存在，而且可以偵

測得到。但它們是古典的波動，不是重力子的集合。若是這個假設成立，我們有兩個由不同理論描述的分隔世界：重力的古典世界與原子的量子世界。這兩個理論在數學上截然不同，無法同時應用。但使用這兩種理論不會產生不一致的情況，因為它們預測出的任何差異，實際上都無法偵測得到。

格林著作中的另一個重要主題，是量子力學的解析與量子糾纏的怪異現象。他花了「糾纏空間」及「時間與量子」這兩個長篇章節來談論這個主題。他勇敢地想要去釐清這個惡名昭彰又不清不楚的主題，但他堅持量子力學必須包含所有一切，所以讓他的任務更加艱難。他沒有認真地對量子力學的二象性進行任何解析討論，就駁斥了有兩個分隔世界這樣的想法，他不認為存在有各自依循自己規則的古典世界與量子世界。二象性的觀點將量子力學限制在定義明確的實驗情況中，讓解析的問題要簡單許多。

量子力學的二象性解析表示，古典世界是事實的世界，而量子世界是機率的世界。量子力學預測什麼可能會發生，而古典力學則是記錄下什麼真的發生了。對於世界的這種劃分法，是由尼爾斯・波耳（Niels Bohr）所發明。波耳是愛因斯坦時代的偉大人士，他主導了量子力學的誕生。同時代的另一位偉大人士羅倫茲・布拉格（Lawrence Bragg）以更簡單的說法來描述波耳的想法：「萬物在未來都是波動，而萬物在過去則都是粒子。」既然我們知識中的絕大部分都是過去的知識，所以波耳的劃分法，將量子力學的範疇限制在科學中的一小部分。我喜歡波耳的劃分法，因為它道出了重力子或許不存在的可能性。若是量子定理應用的範疇受到限制，那麼這個定理就可以合理排除重力。但格林不會接受這樣的限制，他在簡短描述了波耳的觀點後說：

幾十年來，這種觀點大行其道。雖然它對陷在量子定理中掙扎的人們有安撫的作用，但人們還是不禁會感到，量子力學奇妙的預測力，意味著它在運用一種支撐宇宙運作的隱藏現實。

我偏好波耳對人們有安撫作用的觀點，而格林則傾向於隱藏的現實。格林在第一章中向我們展示了他所謂的隱藏現實是什麼：

超弦理論將廣義相對論與量子力學結合成單一且一致的理論……而這似乎還不夠，超弦理論還揭露了，將所有自然力與所有物質併入同一理論之中的必要廣度。簡而言之，超弦理論是愛因斯坦統一場論的主要候選理論。

若這些偉大的主張是正確的話，那將代表著人們向前邁出了重要的一步。但超弦理論最驚人的特質，也是我相信愛因斯坦會對其心動不已的原因，就是這個理論對我們理解宇宙結構的深層影響……超弦理論以九個空間維度與一個時間維度，取代了一般感受到的三個空間維度與一個時間維度……由於我們看不到這些額外的維度，所以超弦理論正向我們表示，我們到目前為止只瞥見了小小的一部分現實而已。

倒數第二章「瞬間移動機與時光機」，是一個令人愉快的小插曲，描述了量子糾纏與廣義相對論某些具有可能性的工程應用。瞬間移動機是個可以在某一處掃描物體後，將物體在遙遠的另一處精準複製出來的機器，這種機器利用量子糾纏來確保複製

的準確性。好消息是，這樣的機器原則上是可行的。壞消息是，它無可避免地會破壞它要複製的物體。時光機則是一個通道，這個通道經由超空間來連接存在於我們世界中，不同地點與時間的兩個出入口。若你可以找到一個在時間上較晚的入口，你就可以經由通道回到自己的過去。好消息是，這樣的通道在廣義相對論的方程式中是有解的。而壞消息是，這個通道要大到可以走過的話，就必須用上比太陽總能量輸出還要大的能量，才能讓它維持通暢。瞬時移動機與時光機，都不太可能對我們後代的福祉有什麼大貢獻。格林恰當地將科學的精確性與諷刺性融合起來描述這些幻想。

二○○一年一月，我受邀參加在瑞士達沃斯（Davos）的世界經濟論壇（World Economic Forum），格林也受邀參加。大會請我們就「人們什麼時候才會知道這一切？」為主題進行公開辯論。這個問題換句話說就是：科學的最後一批重大問題，什麼時候可以獲得解決？

在場的聽眾，主要是工業界與政治界的巨擘。我們的辯論旨在娛樂他們，而非認真為他們上一堂科學課程。為了增添趣味性，大會請格林站在「很快就有解答」的極端立場，而要我站在「絕對不會有解答」的另一個極端立場。

我從瑞士回來後，才從我不可靠的記憶中，憑印象回憶起格林的開場白。他說這個世代的科學家們非常幸運。在幾年或幾十年內，我們將會發現大自然的基本定律。基本定律將會是組有限的方程式，像是馬克斯威爾的電動力學方程式，或愛因斯坦的重力方程式，一切萬物都會遵循這些方程式。一旦有了基本方程式，我們就一切底定了。倘若我們的才智不足以發現方程式，那

麼就把它留給我們的子孫去解決。無論是哪條路，都距離基本科學的終點不遠了。

　　格林說他相信我們有能力發現基本定律，這是立基於自然定律是簡單美好的奇妙事實之上。物理學的歷史顯示，對於我們過去發現的所有定律而言，這確實是成立的。我們不需要進行無窮無盡的實驗去發現定律。我們尋找方程式來猜測定律，而這些方程式都具有數學最簡單美好的特性。然後只需要進行少量實驗，來驗證方程式，並確認我們的猜測是否正確。這樣的事情一次又一次地發生，首先是牛頓的運動與重力定律，然後是馬克斯威爾的電磁方程式，接續又有愛因斯坦的廣義及狹義相對論，再接下來則是薛丁格與狄拉克的量子力學方程式。現在因為有了弦論，這場遊戲已經接近終點。這個定理的數學之美是如此耀眼，所以它必然是正確的，倘若它真的正確，它就可以解釋從粒子物理學到宇宙學中的每個事物。

　　因為我是從記憶中拼湊出格林的論點，有可能誇大了他對理論物理學的主張。我記得很清楚的一句話是：「我們就一切底定了。」我耳邊仍然響起他以勝利已成定局的語氣說著：「我們就一切底定了。」

　　我在開始回應時說，沒有人會去否認理論物理學在過去四百年的驚人成功，沒有人會去否認愛因斯坦勝利之言裡的真理：「創造原則就在數學之中。因此，我在某種程度上相信純思想可以抓住現實，就像古人夢想的那般。」物理學的方程式確實簡單美好，我們也有理由相信，待發現的方程式還將更簡單美好。但將其他科學簡化成物理學是行不通的，化學有它自己的觀念，無法歸進物理學之中。生物學與神經學也有它們自己的觀念，無法

簡化成物理學或化學。想要去了解活生生細胞或活生生大腦，不該是把它視作原子的集合。無論物理學的情況如何，化學、生物學與神經學都會持續進化，並產生新的基礎發現。在理論物理學狹小的範圍之外，新科學的範疇會會持續擴展。

理論科學大致可以分成兩個部分：分析性的與綜合性的。分析科學將複雜的現象簡化成更簡單的組成部分。綜合科學則是用較為簡單的部分來建立複雜的結構。分析科學由上而下地去發現基本方程式。綜合科學則由下而上地去發現意想不到的新解答。想要了解原子的光譜，你需要分析科學給你薛丁格的方程式。想要了解一個蛋白質分子或是一個大腦，你需要綜合科學從原子與神經元中建立出結構。格林說，只有分析科學才是基本的。相反地，我要說，一門好的科學，必須在分析性與綜合性工具中取得平衡，並讓綜合科學隨著我們知識的增加，而變得更富有創造性。

我認為科學是永無止境的另外一個理由是哥德爾定理。數學家哥德爾在一九三一年發現了這個定理，並加以證明。哥德爾定理顯示，在數學上給定任何一組有限的規則，都會存在有無法確定的陳述。這些數學陳述無法運用這些規則，來證明或駁斥。哥德爾以正常的邏輯與算術規則來舉例，證明確實存在有無法確定真假的不確定陳述。他的定理意味著，純數學是無窮無盡的。無論我們解決了多少問題，總是會出現無法以現存規則解決的其他問題。因為哥德爾定理，所以我主張物理學也是無窮無盡的。物理學定律是一組有限的規則，其中也包括數學演算規則，所以哥德爾定理也適用於此。這個定理意味著，即使在物理基本方程式的範疇中，我們的知識永遠不會完整。

最後我說，我對科學是無窮無盡的這件事感到歡欣鼓舞，而且我希望不是科學家的聽眾也會感到歡欣鼓舞。科學有三個始終保持開放的前瞻新領域，其中一個是數學新領域，感謝哥德爾讓這個領域永遠保持開放。另一個是複雜新領域，它會一直保持開放，因為我們正在研究的對象，複雜度不斷提升，例如：分子、細胞、動物、大腦、人類與社會等等，還有一個是地理的新領域，這也會一直保持開放，因為無論是在時間還是空間上，我們還未探索的世界都不斷地在擴大之中。我的希望與信念是，永遠不會出現一個我們會說「我們就一切底定了」的時間點。

在格林的開場與我的回應之後，這場在達沃斯的辯論，就在我們其他的評論與觀眾的提問中持續進行著。格林的新著作與我的書評，就是那場辯論更進一步的延續。如同在辯論那時一樣，我在這篇書評中強調的，也是我與格林意見不同之處。這裡沒有篇幅可以列舉我與格林諸多相同的觀點，對我們倆而言，過去二十年間最重要也最讓人興奮之事就是，宇宙學成為一門可以觀察的科學。

在過去五年間，我在普林斯頓的朋友大衛‧威爾金森（David Wilkinson）設計的軌道電波望遠鏡「威爾金森微波各向異性探測器（Wilkinson Microwave Anisotropy Probe；WMAP）」衛星，為我們提供了關於宇宙歷史與結構的詳細精確資訊，這些資訊的數量遠勝於過往所有望遠鏡能提供的全部資訊。

觀察宇宙學現在進入了黃金時代，有著威爾金森微波各向異性探測器持續掃描天空，還有各式各樣更靈敏的望遠鏡也在建構之中。在接下來的十年當中，我們將比今日擁有更多關於宇宙的知識，我們將可能發現新的奧祕，取代我們應該會解決的那些奧

祕。格林與我都同意，只要探測器持續探索，宇宙學將持續加深我們對自己所處位置與未來情況的理解。

後記（2006 年）

在這篇書評發表之後，格林和善地回信給我，謝謝我寫了這篇書評。但他也說，我對於他在達沃斯辯論中所持觀點的記憶有誤。由於我不想要把錯誤的部分一直留著，所以我在這版書評中，將他認為有誤的部分都刪除了，然而餘下的部分無法有力陳述出他的觀點。因此，為了更直接表達出他的觀點，我在這裡引用了他信中的文句：

「我在達沃斯時說的是，對於構成宇宙之基本要素，以及對於掌控其互動之最深定律進行的探索，也許有一天會劃下句點。我們看得越深，定律就會越顯簡單與統一，而這個過程可能終將有極限。但是，實現這個目標只是意味著，我們完成了人類探索中非常有趣，但有所極限的篇章，也就是尋找基本結構與基本定律的部分而已。」

第20章

身為科學家、管理者及
詩人的奧本海默

一、身為科學家的奧本海默

我將這一章分成三個部分，第一部分是身為科學家的奧本海默，第二部分是身為管理者的奧本海默，第三部分是身為詩人的奧本海默。要把奧本海默的故事講得完整，其實還要加上身為政治家的奧本海默，但那部分的篇幅會跟這一整章一樣長。我不會嚴格遵照這三部分的區別，也會盡可能地讓奧本海默為自己發聲。這一章中最精采的部分，是直接引述奧本海默與其他人士的言談內容來告訴我們，他們所見的奧本海默生平故事。

我以羅伯特‧塞爾伯（Robert Serber）說的一則故事做為開場，這裡的塞爾伯與電影《復核之後》（*The Day After Trinity*）裡出現的塞爾伯是同一人。我是從德州的一位朋友大衛‧特魯洛克（David Trulock）那裡聽到這則故事的。故事發生在一九三八年九月，那時塞爾伯與奧本海默（他們兩人的名字都是羅伯特）都參加了在溫哥華舉辦的一場理論物理學家的會議。會議期間的娛樂活動包括在離島之間乘船遊覽。那天有霧，在島嶼之間行船得仰賴駕駛吹口哨與聽迴音。有人問，如果這艘載著理論物理

學家的船沉了，會對物理學帶來什麼影響。奧本海奧馬上回應：「這不會帶來什麼永遠的好處。」

　　一年後，在一九三九年九月一日，希特勒入侵波蘭，第二次世界大戰就此展開。同一天，《物理評論》（*Physical Review*）第五十五卷的第五期出刊，裡面有兩篇具有重大歷史意義的論文。第一篇名為「核分裂機制」的論文，是由波耳與惠勒執筆，共二十五頁，對於九個月前才在德國發現的核分裂過程，進行完整徹底的理論解析。第二篇名為「關於持續性重力收縮」是由奧本海默與史奈德執筆，篇幅只有四頁，對我們現在稱為黑洞的東西做了同樣徹底的理論解析。

　　以下為奧本海默與史奈德的論文摘要（略去了某些太過專業的細節部分）：

　　當所有熱核能源耗盡時，夠重的恆星會塌陷。在本篇論文中，我們研究了可以描述這個過程的重力場方程式解。恆星的半徑會漸漸接近於它的重力半徑。恆星表面發出的光逐漸變紅，可逃脫的角度範圍愈來愈窄。對於一個與恆星物質共同運動的觀察者而言，塌陷的時間是有限的，一般恆星質量大約是一天左右。外部觀察者會看到恆星逐漸收縮到重力半徑。

　　這篇論文跟摘要一樣，都不走聳動文風。奧本海默與史奈德在論文結尾處，並未說：「一切都難逃我們的法眼，這些塌陷物體可能在宇宙的動力與演化中扮演重要角色。」而這幾乎就是克里克與華生在十四年後，對於一篇類似論文所下的結論。

　　黑洞對於現代天文學家是再熟悉不過的天體了。我們知道，

在我們整個銀河與其他星系中央，都存在有黑洞。我們將黑洞視為X射線的來源，當氣體因自身強大重力掉入黑洞中，並被加熱到數百萬度時，就會發出X射線。在我們銀河的中心，我們看到一個有著數百萬太陽質量的黑洞，被大質量恆星像飛蛾繞著燭火那般地圍繞旋轉。黑洞並不罕見，也不是宇宙偶發的裝飾品。黑洞是宇宙演化的基本動力。黑洞是主要的能量來源。每消耗一盎司的物質，黑洞就可以產生超過核融合與核分裂反應十倍以上的能量，光是核融合與核分裂，就可以造就出太陽的光芒與氫彈爆炸。對於現代的天文學家來說，沒有黑洞的宇宙是無意義的。

對於現代物理學家來說，黑洞也是絕美之物。黑洞是宇宙中，唯一展現愛因斯坦廣義相對論全部力量與榮光的地方。只有在這裡，時間與空間會失去自我，合體為愛因斯坦方程式精確描繪的極扭曲四維結構。若你想像自己落入黑洞之中，你對時間與空間的感受，將會與從外界觀察你之人的時間空間感受有所不同。當你覺得自己平順且毫無減速地落入黑洞之際，外界觀察者則是看到你在黑洞的視界中停住，並永遠保持自由落體的狀態。永遠的自由落體，是個只存在於時空扭曲之中的狀態。而這樣的時空扭曲，是由愛因斯坦的理論預測出的。

這是奧本海默在科學家生涯的主要矛盾。他對黑洞的理論預測，是他至今最偉大的科學成就，是相對論天文物理學（relativistic astrophysics）現代發展的基礎，但他對進一步研究黑洞從未展現過絲毫興趣。據我所知，他從未想要知道黑洞是否真實存在。有時我會試著與他談論觀察黑洞，並驗證此理論的可能性。他會不耐煩地改變話題，改談別的事情。我也不時會在布魯克黑文國家實驗室（Brookhaven National Laboratory）遇到史奈德，他的大半

輩子都在這裡渡過。他對黑洞也一樣沒興趣。他曾是出色的加速器設計師。

　　我們現在知道奧本海默及史奈德的計算正確，也描繪出大質量恆星在生命盡頭會發生的情況。它解釋了為何黑洞的數量如此之多，也順帶證實了愛因斯坦的廣義相對論是正確的。然而，奧本海默對此仍然沒有興趣。問題仍在於：他怎麼會對自己最偉大發現的重要性，視而不見？對此疑問，我沒有答案。它依然是這位天才人生中的一個矛盾。若是奧本海默及史奈德的計算，沒有碰巧與波耳和惠勒的核分裂理論以及二次大戰開打同時出現，奧本海默或許會更重視它。

二、身為管理者的奧本海默

　　關於身為管理者的奧本海默，我沒有太多的親身接觸。這裡的主要見證者是蘭辛·哈蒙德（Lansing Hammond），他是我在哈克尼斯基金會（Harkness Foundation）工作的朋友。一九四七年，當我從英國來到美國時，哈蒙德負責聯盟基金會研究員（Commonwealth Fund Fellows）的計畫與安置。聯盟基金會研究員指的是，獲得基金會資助到美國大學研讀的英國年輕人，我是其中之一。哈蒙德安排我先到康乃爾大學，然後再去普林斯頓高等學術研究院。三十年後，也就是一九七九年，哈蒙德寫了一封信給我，談到了奧本海默。我回覆他：「令人遺憾地，在奧本海默的官方紀錄中，沒有任何支字片語為奧本海默的行動留下美好印象。我希望將來有機會可以公開你所說的故事。」哈蒙德在幾年後過世。以下是他所說的故事：

　　那時我剛收到申請一九四九年獎助學金的文件，共有六十份。對我而言，其中有四到五份處在理論物理學與數學之間的模糊地帶。我在普林斯頓待了幾天，尋求各方協助。我盡可能鼓起最大的勇氣，約好在第二天去見奧本海默，並將相關文件留給他的祕書。見面時，奧本海默親切地向我打招呼，問了不少我在哪兒唸過書的問題，好讓我放鬆。他最初的其中一段話讓我感到吃驚，他說：「你在耶魯大學以約翰遜的時代（Age of Johnson）拿到十八世紀英國文學的博士，你的指導教授是汀克（Tinker）還是波特（Pottle）？」他怎麼會知道？

　　然後我們談論到申請文件上的問題。不到十分鐘的時間，我就有了足夠的事證，可以試著說服申請人Z，柏克萊比哈佛更合適他個人的興趣；他在這裡會受到歡迎，也能進展順利，但柏克萊會是更好的選擇。我盡快記下筆記，偶爾會有個專有名詞讓我皺起眉頭。奧本海默就會露出了解的笑容，為我拼出那個詞，並說：「這可以讓你省下一些時間及麻煩。」

　　當我滙整文件並感覺自己已經佔用這位偉大人士太多時間時，他溫和的問道：「如果你還有幾分鐘的時間，我想要看看你手上其他領域的申請文件，看看今年這群英國年輕人有興趣在這裡研究什麼？」

　　我照著他的話，給他看了其他申請文件。接來下他所說的話讓我大吃一驚：「嗯，美國本土音樂，羅伊‧哈里斯（Roy Harris）正是他需要的人，他會對哈里斯的課程感興趣。哈里斯去年在史丹佛大學，不過現在剛到納什維爾（Nashville）的皮博迪師範學院（Peabody Teachers' College）任教。社會心理學，他把密西根大學列為首選，嗯，他想要全面性的整體經驗。他在密西根大學可能會

被安置在一個團隊中，可能學到比較多的是其中一方面而已。我會建議他看看范德堡大學（Vanderbilt），人數較少，他比較有機會得到他想要的東西。」（這位申請人被說服先去范德堡大學試讀一個學期，若他不滿意仍可選擇轉到密西根大學。結果他在范德堡大學專心就讀了兩年，並且獲益良多。）

「符號邏輯，哈佛、普林斯頓、芝加哥或柏克萊都可以。讓我們來看看他想著重在哪方面。哈！你的領域，十八世紀英國文學。耶魯顯然是個選項，不過也不要排除在哈佛的貝特（Bate）教授。他雖然年輕，但不容忽視。」（這是我的領域，但我甚至沒聽過貝特。不過我下次到波士頓劍橋市時，有特別跑去見他並與他談談。）

我們至少花了一個小時，翻閱了六十份申請文件。奧本海默知其所言，對於兩三個罕見課程，也明白表示自己不知道。他建議的每個位置，都適得其所。因此，當我最後要離開時，就忍不住說，若我可以賄賂他，我想要每年來找他重覆一次同樣的過程，這樣可以省下我數個月的費力工作。他由衷地笑了起來。「這對你不公平，哈蒙德博士。這會剝奪你與其他許多人交談，及自己發現答案的滿足感與興奮之情。」

我開心的離開，腦子嗡嗡運作，我的多數問題都解決了。我之前沒有與這樣的人打過交道，以後也再沒有過。他完全沒有刻意要留下印象，沒有這個必要。奧本海默對所有知識領域都懷抱著真誠的興趣，對於美國大學與研究中心的最新情況，有著令人難以置信的了解，他單憑直覺就能點出某某人按興趣最適合哪個位置，也樂於為急需此項幫助的人士提供協助。

　　哈蒙德在一九四九年早上所見到的奧本海默，與五年前在洛

斯阿拉莫斯控管氫彈計畫細節的奧本海默,是同一人,他為麾下的每位科學家與工程師,都分派了最適當的任務。他對十八世紀與二十世紀的文學世界及科學世界也一樣在行。

　　一九四二年是奧本海默人生中的轉捩點,他突然從左派的學術知識分子,轉變成為務實出色的管理者。當他在一九四二年接受了籌組洛斯阿拉莫斯氫彈實驗室的工作時,他似乎自然而然地就接受自己得要聽命於美國陸軍萊斯利・格羅夫斯將軍(General Leslie R. Groves)。其他頂尖科學家則不想讓實驗室受到軍方管控,哥倫比亞大學的伊西多・拉比(Isidor Rabi)是最強烈反對為軍隊工作的科學家之一。奧本海默在一九四三年二月曾寫信給拉比,解釋他為何想要追隨格羅夫斯將軍:

　　我在華盛頓做了一個強烈且極端痛苦的嘗試,想要將我們的計畫轉移到為此,而建立的特別委員會。我連第一步都踏不出……我不知現在大略提到的這種安排是否可行,因為這首先需要不少優秀物理學家的良好意願與合作,但……我願意用盡一切努力讓事情順利進行。我認為,若你我都相信,這個計畫是「物理學三個世紀以來的巔峰」,那麼我就該採取不同的立場。對我而言,這主要是在戰爭時期發展具有某些效果的軍事武器。我認為,納粹並沒有給予我們不進行這項發展的選擇。我知道你有很好的個人理由,不想要加入這個計畫,而我也不是要你加入。就像托斯卡尼尼(Toscanini)的小提琴家那般,你不愛音樂。

　　這封給拉比的信,是奧本海默書信中唯一一封有明確說明,為何他要推動氫彈的建造,並願意將命運交到軍隊之手。

　　後來在一九四四年，洛斯阿拉莫斯計畫成功推進，民間與軍方參與人士之間的緊張攀升。那時在奧本海默麾下擔任副主任的美國海軍上校帕森斯，在一份書面備忘錄中向奧本海默抱怨，民間科學家對科學實驗的興趣更勝於武器研發。奧本海默將備忘錄轉給格羅夫斯將軍，並附上一封信表明自己的立場：「帕森斯上校在備忘錄中提到，有人認為在控制下進行測試，是該實驗研究的最重要事項。他覺得這樣的想法是種謬論，這我完全同意。這個實驗室是在生產武器的命令之下才運作的：這個指令有被嚴格遵守，將來也會嚴格遵守。」因此，在三位一體核彈測試與廣島之間，本來可能還有停頓反思的機會，現在也沒有了。帕森斯上校依照老派軍事領導的優良傳統，親自安裝了廣島的原子彈，並隨其飛往日本。

　　之後幾年，我將奧本海默拿來與阿拉伯的勞倫斯（Lawrence of Arabia）相比較，發現了奧本海默人格特質的關鍵。勞倫斯與奧本海默在許多方面都很類似，都是在戰爭洗禮中脫穎而出的學者，都是具有魅力的領導者與天才作家，然而卻無法調整自己愉快適應戰後和平時期的來臨，並因某些不經意的不當行為而受到指責。

　　勞倫斯的著作《智慧七柱》（*The Seven Pillars of Wisdom*），微妙生動地描述了阿拉伯反抗土耳其統治的傳奇歷史。這場反抗行動，是勞倫斯巧妙融合了外交、演藝與軍事的技巧所演繹而出。《智慧七柱》以一首奉獻詩歌開場，其中的詩文或許可以告訴我們，驅動奧本海默成為洛斯阿拉莫斯實驗室中那個男人的力量是什麼：

我愛你，因此我引來一波波人潮為我所用
並在滿天繁星中寫下我的心願，
為你贏得自由，那棟有著智慧七柱的房屋
這樣當我們到來時，你的眼睛將為我而發亮，

還有表達出他後續所受之苦的詩文：

人們祈禱我將大家的成果，也就是那棟完美無瑕的房屋
做為對你的紀念，
但為了成就適切的紀念遺跡，我未完工就粉碎了它，
而現在
那些小碎片爬出來將自己修補成小屋，
就在你禮物破碎的陰影下。

三、身為詩人的奧本海默

奧本海默在某種程度上也是詩人，最能發現奧本海默詩人氣息的地方，就是《奧本海默：信件與回憶》（*Robert Oppenheimer: Letters and Recollections*）[1]，這是奧本海默私人信件的選集，以及他朋友提供的回憶錄。這些回憶錄由編輯愛麗斯・史密斯（Alice Smith）與查爾斯・維納（Charles Weiner）記錄滙整。我引用其中的三段文字，讓你們對年輕時期的奧本海默有個印象。第一段文字是他十九歲就讀哈佛大學二年級時，以西莉

---

1. Edited by Alice K. Smith and Charles Weiner （Harvard University Press, 1980）.

亞（實際上是他自己）的視角寫給林佩小姐（實際上是他少年時期的朋友保羅‧哈根〔Paul Horgan〕）的信中內容，其中描述了西莉亞兒子亨利（實際上也是他自己）的搞怪行為。這封信以亨利搞怪模仿詩人艾略特剛出版的《荒原》（*The Waste Land*）詩句做為結尾：

　　這是什麼意思？
　　年老色衰的醜老太婆
　　身著黯淡華服展現潑辣模樣
　　墮落到喧鬧的男性單身派對中
　　吹噓著自己只穿著馬甲的胴體
　　花了不少錢吧，亨利，阿斯克特
　　這不是惡作劇吧
　　不，這不是它的意思。

　　四年後，奧本海默以創紀錄的時間，在哥廷根大學馬克斯‧波恩門下拿到博士學位，並回到哈佛大學擔任博士後研究員。那時二十三歲的奧本海默，以「渡河」為題，發表了一首自己的詩。詩中描寫了他喜歡的墨西哥風景：

　　當我們來到河邊已是傍晚
　　一輪明月低懸沙漠上空
　　我們在山中失去明月的踪影
　　遺忘了它的存在
　　這是因為天氣寒冷，我們又渾身是汗

再加上山脈擋住天空。
當我們再次發現它時，
是在半乾河邊的枯黃山丘上，
那裡的熱風向我們襲來。
碼頭那裡有兩株棕櫚，
還有絲蘭花盛開著，
遙遠的岸邊有盞燈與檉柳。
我們靜靜地等了好久。
然後我們聽到划槳的聲音。
之後，我記得船夫呼喚我們。
我們就再沒有回頭去看山了。

　　我的第三段摘錄自奧本海默寫給弟弟法蘭克（Frank）的信件。奧本海默那時二十八歲，在加州教授物理學，同時也著手建立一流的研究學府。法蘭克比奧本海默小八歲，那時是約翰·霍普金斯大學的大學生。以下是身為兄長的奧本海默給弟弟的一些忠告：

　　紀律對心靈的好處，遠比任何打造心靈良善美德的基礎都還更重要……但因為我相信，從紀律中所獲得的回報，大過於其直接目標，所以我不希望你認為沒有目標的紀律是可行的：就本質而言，紀律牽涉到去服從心靈裡某些可能比較不重要的目標，而且若要紀律不空泛，那個目標就必是真實的。因此我認為所有引發紀律的事物：研究、我們對人與國家的責任、戰爭、個人難關，甚至是對生存的需求，我們都應該以深切的感激之情來迎接。唯有如此，我們

才能擁有起碼的超然態度，也唯有如此，我們才能了解和平。

在我們應該要感激的事情中，看到「戰爭」這個少見的字眼讓我嚇了一跳。這可能有助於解釋，奧本海默在十年後何以輕而易舉地成為一名好軍人。

這些信件讓我們對於奧本海默的人格特質有些了解，見識到讓他人生最終走向悲劇的缺憾。他的缺點就是閒不下來，一種無法讓自己休息的天性。要創造出高水準的工作成果，穿插一些休息空檔可能是必要的。據說，莎士比亞習慣在創作戲劇之間留有休息空檔。而奧本海默則幾乎是不曾閒著。在他早年哈佛時期的信件中，就已經可以看出他停不下來的特質，當這個年輕人已經無話可說時，他還是無法停筆，滔滔不絕地寫著。他給弟弟信中提到對紀律的渴望，正是源自於本身這種無法停止的特質。停不下來的特質驅策他取得最高成就，沒有休息或反思空檔，完成了洛斯阿拉莫斯的任務。若是他沒有這種停不下來的特質，洛斯阿拉莫斯的步調或許會慢一點。二戰或許會有機會在日本投降，但廣島與長崎倖免於難的情況下，悄悄結束。

奧本海默很清楚自己的缺點。在之後的人生中，他從未直接談及自己，但他偶爾會經由引用的詩文拐彎抹角地表達自己的內心想法。特別是引用他最愛詩人喬治・赫伯特（George Herbert）的詩。在我的奧本海默檔案中，有封來自烏蘇拉・尼布爾（Ursula Niebuhr）的信件，她比我更了解奧本海默。她是著名神學家萊因霍爾德・尼布爾（Reinhold Niebuhr）的妻子，而尼布爾受奧本海默之邀，來到研究院並成為其中一員，長駐於此。以下是烏蘇拉的信件內容：

　　最後的評論是有關於喬治·赫伯特的。那是在另外一次的午餐時間，這次是在奧本海默家中，那是個美好的春日，凱蒂在家中擺放著大量的水仙花。我們與肯南一家受邀來此。奧本海默展現出最為迷人好客的一面。午餐後，我們來到原先位於低樓層的舊客廳處喝咖啡，陽光灑落在水仙花上，房裡還飄著炭火的氣味。後方的黑色書櫃中則擺放著奧本海默最喜歡的書籍。不知怎麼地，奧本海默發現喬治·肯南不知道喬治·赫伯特。他回頭向我說：「但妳當然知道。」我的父親就名為喬治·赫伯特，跟那位兩百年前的喬治·赫伯特有某種遙遠的關係，至少我那虔誠的祖母是這麼說的。奧本海默走向書櫃，抽出了一本相當不錯的舊版赫伯特詩集，並以感性的語氣唸出「滑輪」這首詩：

當上帝最初造人時，
手握著一杯祝福，
祂說：「讓我們盡情地倒在他身上；
讓散布在世界各處的貴重之物集中到這個軀殼中。」

還有你必會記住的結尾幾行詩句：
讓他保留其他的，
但保留這些，也帶來了無盡抱怨；
讓他富有又疲憊，至少
若美德無法領導他時，
疲憊或許能將他拋到我的胸膛上。

奧本海默說：「好了，我們得要看看喬治·肯南是否讀懂了喬治·赫伯特。」

當奧本海默在一九六七年過世時，他的妻子凱蒂打電話請我一同討論追悼會的安排。除了播放音樂和讓奧本海默的朋友悼念其生平與工作之外，她還希望能朗誦一首詩，因為詩一直是奧本海默人生中很重要的一環。她知道自己想要朗誦哪一首詩，就是喬治·赫伯特的「衣領」，這是奧本海默最愛的詩歌之一。她發現這首詩特別適合描述奧本海默對於自我的感受。

後來她改變主意了。她說：「不要好了，這太私人了，不適合這樣的公開場合。」她有充份的理由害怕在公開場合，表露出奧本海默的心靈深處。她從過去的痛苦經驗中得知，報紙會如何處理這類報導。她已經可以想見，出現「著名科學家，原子彈之父，在最後的病痛中轉向宗教求助」這樣的頭條標題，而其下的報導內容，則會嚴重扭曲奧本海默的真正感受。

最後，追悼會上沒有朗誦任何詩歌。

第21章

看見肉眼看不見之物

　　每個原子幾乎都是由真空所組成，裡頭還有稱為原子核的微小物體，以及圍繞在原子核周圍飛行且體積甚至更小的電子。在英國曼徹斯特從事研究的年輕紐西蘭科學家歐尼斯特・拉塞福（Ernest Rutherford），在一九〇九年發現這些關於原子的事實。他用快速粒子撞擊金箔，並觀察粒子反彈的方式。粒子反彈的模式，直接在底片上展示了原子的內部結構。

　　發現微小原子核，讓拉塞福與其他人都大吃一驚。「大教堂中的蒼蠅」這句話形容出拉塞福所發現的東西。

　　那個蒼蠅就是原子核，而大教堂是原子。拉塞福的實驗顯示了，原子的所有質量與所有能量幾乎都在原子核中，而原子核只佔了原子不到一萬億分之一的體積。

　　拉塞福的發現，是後來被稱為「核物理學」這門科學的開端。在發現原子核的存在後，拉塞福繼續以快速粒子撞擊它們並觀察結果，藉此方法來研究它們的特性。他用來探索原子核的小彈丸，是鐳衰變時產生的粒子。鐳是一種天然的放射性金屬，在一八九八年由瑪麗・居里（Marie Curie）所發現。那些粒子是鐳原子衰變時，以高速散射來的氦原子核。這些粒子彼此非常相

似，而且已知其所帶有的能量，所以是探索原子核的極佳探針。從最初在曼徹斯特，到後來在劍橋，這二十年間，拉塞福與他的學生及同事，運用天然粒子成功了解到原子核的行為方式。他們發現在極少數情況下，可以經由增加或減少粒子，將某一種原子核轉變成另一種原子核。從一九〇九到一九二九的二十年間，是桌上型核物理學的時代。那時的實驗規模小到在桌面上進行即可。簡單的小型實驗，就足以建立出核物理學的基本定律。

到了一九二〇年代末期，核物理學碰上了瓶頸，主要的謎團依然未解。沒有人知道原子核是由什麼所構成，也不知道其各個部分是如何組成的。使用當時僅有的工具，很難想像能做得出什麼令人興奮的新實驗。新一輪的實驗，都是對已經完成的實驗進行微調而已，用這種實驗方式似乎無法解出原子核結構的奧祕。一九二七年，拉塞福在倫敦的一場公開演說中表示，若核物理學要向前邁進，就需要有新的工具。沒有新的工具，核物理學的研究將停滯不前，再也吸引不到年輕的物理學家。最有前景的新工具會是粒子加速器，這是一台可以製造人工加速粒子的電動機器，可以取代由鐳所產生的天然粒子。人工加速粒子比天然粒子更好的方面有三項，它們可以大量製造、可以具有較高能量，可以讓實驗設計更有彈性。從天然粒子來源轉換到加速器，為科學的歷史開啟了新的時代：加速器物理學的時代。

《大教堂中的蒼蠅》（*The Fly in the Cathedral*）[1] 一書講述了加速器物理學的時代如何開始的。這是個戲劇性的故事，而且布

1. Brian Cathcart, *The Fly in the Cathedral: How a Group of Cambridge Scientists Won the International Race to Split the Atom*（Farrar, Straus and Giroux, 2004）.

萊恩‧卡斯卡特（Brian Cathcart）講述得很精采。卡斯卡特不是科學家，而是位記者，但他有足夠的科學知識，準確了解其中細節。他透澈研究原始文獻，閱讀了參與者寫的論文與信件，並訪談仍然在世的參與者。這個故事從一九二七年拉塞福決定去探索加速粒子的可行性開始，到一九三二年建立出第一台加速器，並成功分裂原子結束。

加速器物理學的時代，始於一九三二年，到目前都還未結束。在美國伊利諾州與加州，以及瑞士與日本的強大加速器，目前正在探索大自然的基本力量，而這些加速器都是直接傳承自一九三二年所建機器的新世代機種。

第一台加速器的故事不只是科學歷史上的重要篇章，它還是由國家榮譽及科學好奇心所驅動的國際賽事。許多國家都有拉塞福的對手，最厲害的對手在美國，包括：華盛頓卡內基研究所的梅爾‧圖夫（Merle Tuve）、麻省理工學院的羅伯特‧范德格拉夫（Robert Van de Graaff）與柏克萊加州大學的歐內斯特‧勞倫斯（Ernest Lawrence）。拉塞福知道這些對手，也尊敬他們，但他決心要打敗他們。身為科學家的拉塞福，是國際社群中的一員；但身為老派紐西蘭人的他，對英國與皇室忠心耿耿。他了解科學是項國際性的企業，當國家之間為此目標競爭時，科學最能蓬勃發展。

實際建造出第一台加速器的是約翰‧考克勞夫（John Cockcroft）與歐內斯特‧沃爾頓（Ernest Walton），他們是在劍橋卡文迪許實驗室（Cavendish Laboratory）中由拉塞福指導的研究生。考克勞夫於一九二四年從約克郡來到實驗室，而沃爾頓則是一九二七年從愛爾蘭來的。當沃爾頓從都柏林來到實驗室時，他向拉塞福提出

了自己的研究生計畫，他想要開始建造加速器，但他不知道拉塞福早已宣布要這麼做了。拉塞福很高興地批准他的計畫。考克勞夫在來到劍橋之前，曾在英國頂尖電氣工程公司都城-維克斯公司（Metropolitan-Vickers）中工作過，所以他對於處理重型設備與高電壓有些經驗。拉塞福安排沃爾頓全職執行加速器計畫，並讓考克勞夫兼職協助這項計畫的工程事宜。他們有五年的時間，都在努力創建可以在實驗室桌面運用大型機器的技術。就像當初萊特兄弟努力在腳踏車店中，創建飛行器的技術一樣。

　　考克勞夫與沃爾頓必須要克服的障礙不只是技術，還有文化。若他們想要建造大型機器，他們顯然需要更多空間，但蓋一座新建物來擺放新機器的想法，在卡文迪許實驗室的文化中是連想都不敢想的。拉塞福是出了名的小氣，總將所有支出都降到最低。卡文迪許實驗室是一棟歷史建築，所以也無法翻修。因此，考克勞夫與沃爾頓建造的每個東西，都必須要能夠放入現有房間中，還要可以通過現有的門口。這樣的結果就是，任何商用電力設備，只要擠不過卡文迪許實驗室歷史悠久的哥德式大門，就無法使用。他們得要花上好幾個月的時間，設計與測試他們自己的設備。

　　卡文迪許實驗室有著強烈的父執輩文化，拉塞福像父親那般照顧學生，並強制要他們遵守工作時間的限制。每天傍晚六點，實驗室就會關門，所有工作都必須停止。每年有四次，實驗室會因假期關閉兩個星期。拉塞福相信，若是科學家能在晚間放鬆地與家人共處並經常享受假期，他們就會更有創造力。他可能是對的。按照他規矩的工作結果，就是他的學生拿到諾貝爾獎的比例高得驚人，這當然也包括了考克勞夫與沃爾頓在內。

他們保有十九世紀紳士科學家的文化，這類科學家除了科學之外，還會從事學術性的休閒活動。但這種短工時與充份休閒的文化，與建造重型機器難以結合。考克勞夫與沃爾頓花費數年拼湊出真空系統，費力地封起漏洞，試過各種處理高電壓的設備，卻發現這樣還不夠。

考克勞夫與沃爾頓花費了五年的時間，建造出可以使用的機器。一九三二年四月，他們終於有了一台能以約五十萬伏特能量，產生穩定氫原子核束的機器。他們小心量測核束的品質，不急著開始進行核子實驗。四月十三日的早上，拉塞福進到實驗室看見他們正在做的事，就大發脾氣。他告訴他們不要再浪費時間，要做點科學的東西。隔天，考克勞夫忙著做其他事情，只有沃爾頓一人在實驗室，準備好進行第一次實驗，使用他的氫原子核束撞擊以輕金屬鋰做的標靶。實驗結果驚人。鋰原子核被分為二，分裂為成對的氦原子核。氦原子核的能量，是原先氫原子核的三十倍。沃爾頓跑到拉塞福辦公室，告訴他這個消息。在這一天接下來的時間中，拉塞福都高興地充當沃爾頓的助手，檢查結果及整理細節。從那天起，桌上型核物理學的時代結束，大型機器與大型計畫的時代開始了。

美國的對手緊追在拉塞福之後，只有幾個星期處於挨打的局面。范德格拉夫發明了一台在諸多方面都優於考克勞夫-沃爾頓機器的靜電加速器，而勞倫斯則發明了在各方面性能都更佳的迴旋加速器（cyclotron）。他們沒有超過傍晚六點就不能工作的限制，但他們也一樣要克服阻擋考克勞夫及沃爾頓的類似文化障礙。美國學界的管理者，因為受到一九三〇年代經濟蕭條的嚴重打擊，所以幾乎跟拉塞福一樣小氣。圖夫與范德格拉夫在華盛頓

卡內基研究所，打造了一台出色的機器，但機器放在戶外的草地上，灰塵與昆蟲會干擾機器的運作。他們被迫將其拆除，因為實驗室沒有足夠的空間可以擺放它。

　　甚至是幾年後成為大型機器物理學主要推手的勞倫斯，在他開始建造迴旋加速器時也有過類似的問題。一九三一年，勞倫斯為他最新的迴旋加速器取得重達八十五噸的巨大磁鐵，但他沒有足夠的空間可以容納這些，所以這台加速器沒有完成。范德格拉夫與勞倫斯是兔子，拉塞福是烏龜，而烏龜贏得了這場競賽。

　　一九三二年後，拉塞福在人生的最後幾年中，欣然接受著新機器帶來的核物理重生。他在卡文迪許的學生持續探索原子核的世界，與美國與歐洲的探索者有著友好的競爭關係。

　　一九三八年在柏林發現了鈾核子的分裂，這個發現將核物理轉換成為大型產業與戰爭武器。拉塞福在此前一年過世。而沃爾頓於一九三四年就回到都柏林，以物理學教授的身分平和地度過餘生。考克勞夫則在卡文迪許實驗室待到一九三九年，然後轉向戰爭研究，在戰後英國原子能研究院於哈威爾（Harwell）設立後，就擔任該研究院的院長。在哈威爾的研究院，主要關注於科學研究與核電產業上的反應爐發展。

　　當我在一九五〇年代參訪哈威爾時，考克勞夫帶我四處參觀。哈威爾研究院最著名的特點，就是連接實驗室與國家電網的大量高壓電纜。考克勞夫笑著對我說：「大眾支持我們的主要原因就是，他們以為電是從實驗室流出來的。其實，電當然是流進實驗室裡的。」

　　卡斯卡特在這本書的結尾，討論了「這場以加速器分離原子核的競賽中，為何烏龜打敗了兔子」這個問題，他的結論是：拉

塞福之所以得勝的主要原因是，他不是建造機器者。范德格拉夫
與勞倫斯都是出色的發明家，他們因對機器的熱愛，而產生建造
機器的動力。他們在建造的過程中，對於機器要拿來做什麼並不
是很在意。但對拉塞福而言，機器只是一種工具，他對機器的細
部設計不感興趣，也相信考克勞夫與沃爾頓會顧好細節，對他而
言，重要的是科學。

　　拉塞福一生都在探索原子核，而驅動他的熱情，就是想要深
入研究原子核的這份執著。這就是為什麼他會確認重要實驗有經
過小心準備，事先準備好鈾原子核，等著機器一完工，就可以馬
上進行分裂。美國科學家有更好的機器，但拉塞福更加專注在科
學目標上。

　　在贏得這場競賽的兩個月後，拉塞福對《每日先驅報》（Daily
Herald）的記者解釋說，為何他這麼想要分裂原子核。拉塞福說：
「我們就像孩子一樣，想看看手錶是怎麼運作的，就一定得要把
它拆開來。」

　　艾倫·萊特曼（Alan Lightman）的《神秘感》（A Sense of the
Mysterious）[2] 一書則講述了截然不同的故事。他的著作沒有索引，
所以我無法確定拉塞福在書中被提及幾次。我相信他只有被提到
過一次，是在第133頁上，那頁列出了在二〇〇二年（也是這本
書撰寫的那一年）時已過世的著名人士。我們提到的這兩本書
籍，旨在讓非專業讀者了解物理世界本質的研究方法，而其中一
本的主角在另一本之中幾乎沒有被提到。這讓我非常驚訝，講述
同一門科學的兩種版本，在風格與內容上，為何會有如此多方面

---

2. Pantheon, 2005.

的差異？

　　卡斯卡特是愛爾蘭的記者，也是科學的業餘愛好者。萊特曼是美國人，接受過理論物理學家的訓練，他在中年時從科學研究轉職到寫作。卡斯卡特的著作直接明瞭地敘述了史實。而萊特曼的著作則是論文、演說與書評的集結，多數文章都在描述個別科學家與他們的想法。卡斯卡特有興趣的主要是實驗，而萊特曼則是理論。卡斯卡特認為，科學的進展主要受到新工具所驅動。而萊特曼則認為，科學進展是受到新觀念所驅動。卡斯卡特的故事，是一齣由三位英雄且無反派所主演的簡單戲劇，是人類韌性克服了技術與文化障礙的勝利。萊特曼的篇章，則是對人類處境的思考，從對角色亦正亦邪的勾勒來描繪。

　　萊特曼故事中的主要角色都是理論物理學家：愛因斯坦、泰勒、費曼，與觀測天文學家維拉・魯賓（Vera Rubin）。書中不只沒有提到拉塞福，幾乎所有的實驗科學家都沒有提到。唯一出現在萊特曼舞台上的實驗科學家是約瑟夫・韋伯（Joseph Weber），一個耀眼的悲劇人物，他的實驗後來被證實是錯誤的。那時的主流實驗科學家探索尚未完全現身的粒子與場的世界，繼續把玩拉塞福的遊戲，將手錶拆開好看看它是怎麼運作的，然而這些實驗科學家在萊特曼的書中完全都沒有出現。萊特曼著作的書名《神祕感》及其副標題「科學與人類精神」，都無法解釋他對實驗科學家的忽略。畢竟，拉塞福跟愛因斯坦一樣對大自然的奧祕都有深層感觸。人類的雙手跟人類的心智一樣，都能強力表現出人類的精神本質。拉塞福是至高無上的實驗科學家，而愛因斯坦是至高無上的理論科學家，但他們兩人對彼此都深表尊敬。他們兩人都知道，當雙手與心智合作無間時，人類的精神才能發揮最大作用。

　　理論學家喬治‧伽莫夫（George Gamow）對拉塞福的想法
有著重要的影響，他是位出色的俄國年輕人，在一九二八年時來
到德國，並在二十四歲那年掀起了一場核物理學的革命。他是第
一個知道要如何將量子論應用在原子核上的人，那時量子論才剛
剛出現三年而已。他運用量子論來計算鐳或鈾之類的放射性原子
核衰變速度有多快，並發現該理論與觀察到的衰變速度相吻合。
然後他又邁出決定性的一步，運用量子論計算帶電粒子，從外部
進入原子核之中的難易程度。他知道同樣的量子定律雙向皆適
用，容易進去的，就容易出來。若根據量子定律，粒子可從放射
性原子核中逃脫出來，那麼同樣根據量子定律，從外部發射的粒
子就也可以穿入原子核中。

　　當拉塞福聽到伽莫夫的想法時，他馬上就看到了這能大幅
增進他計畫建立加速器，進行重要科學研究的前景。拉塞福並沒
有假裝自己了解量子力學，但他知道伽莫夫的方程式可以帶給他
的加速器關鍵優勢。即使粒子被加速後所帶的能量，比從鐳中自
然發射出來的粒子還要低得多，這樣的粒子還是能進入原子核之
中。拉塞福在一九二九年一月邀請伽莫夫來到劍橋。五十八歲的
實驗科學家與二十四歲的理論科學家成為摯友，而伽莫夫的見解
也帶給了拉塞福動力，讓他能全心全力地建造加速器。

　　三年之後，實驗科學家與理論科學家相互欽佩的情況再次重
現。在考克勞夫與沃爾頓成功後，過了幾天，愛因斯坦恰巧到劍
橋參訪。愛因斯坦堅持要看分裂原子的加速器。沃爾頓花了一個
早上向愛因斯坦介紹這台機器，並解釋其中的操作細節。之後愛
因斯坦寫了一封信，表達對自己所見之物感到「驚奇與欽佩」。
而向來處之淡然的沃爾頓，在寫信給身在愛爾蘭的未婚妻時也提

到：「他（愛因斯坦）似乎是個非常好的人。」

　　這種理論與實驗之間的互相欽佩及自在結合，在一九三〇年代似乎非常自然且有其必要，然而為何在萊特曼眼中這部分的物理學卻消失了？不知為何，拉塞福與愛因斯坦的繼任者，在二十世紀後半分道揚鑣。這不是物理學家的錯。而是因為加速器的大幅增長及理論大量激增所致。加速器與用於偵測粒子的附屬設備，變得既龐大又複雜，以致於每個實驗都像是軍事行動那般，需要數百名高度專業技術人員來執行事先就準備多年的計劃。理論學家同樣也變得高度專業化，有些專精於加速器的設計，有些專精於粒子的相互作用，有些專精於廣義相對論，還有些專精弦論。不同專業的理論科學家都很難溝通了，更不用說要跟實驗科學家溝通了。在二十世紀末期，加速器物理學逐漸放慢腳步，每個實驗大約需要十年的時間去規劃與準備。萊特曼是富有想像力的理論科學家，他會盡量避免範圍狹窄的專業分工，所以他會覺得實驗對他沒有吸引力。萊特曼依著自己的美感，自然而然地就離開了實驗物理學，轉向天文學的懷抱。

　　目前為止，天文學家已經脫離了壓倒物理學家們的過度專業分工。望遠鏡很巨大，但不像加速器那麼複雜。使用大型望遠鏡進行觀察，只需幾個小時，不用到幾年的時間。天文學家可以技術熟練的進行觀察，同時也可以專精於所觀察之物的理論。這就是為何天文學家維拉・魯賓在萊特曼的著作中備受讚揚。

　　魯賓是伽莫夫移居美國後所收的學生，而魯賓的專業生涯也是從此開始的。她在接下來的職業生涯中，全心投入觀察星系與研究星系的動力學。她發現星系中之可見物質的重量，不足以解釋其內部運動的速度。她從自己的觀察中推斷，星系中充滿了望

遠鏡無法看見的暗物質。沒有人知道暗物質是什麼。那是另一個仍待探索的深奧謎團。我們只知道它就在那裡，而且它的重量比我們可見的所有物質都還要重。

魯賓除了發現與探索暗物質之外，她還養育了四個小孩，並公開投身於提高女性在科學中地位的運動。我最近成為一個委員會的主席，此委員會籌劃了一場科學研討會，邀請多位傑出科學家參加。魯賓極為不滿地寄了封信給我，她問為何我們的名單上沒有女性科學家。她向我提供了一份我們應該要邀請的女性科學家名單。我回信道歉並感謝她提供名單，雖然我不太可能再有機會擔任其他委會的主席。但若有機會，我必會使用這份名單。

萊特曼談到愛德華‧泰勒的那一章，是篇對泰勒回憶錄的書評。萊特曼認為泰勒整體而言算是個邪惡的角色，這與他對愛因斯坦與費曼認同的描述天差地別。泰勒那一章的標題為「百萬噸之男」，特別強調了泰勒對氫彈的痴迷，泰勒也因為氫彈而出名。萊特曼認為泰勒有兩面，他寫道：「有一個溫暖脆弱且真誠矛盾的理想派泰勒，還有一個危險瘋狂且步入歧途的泰勒。」但他對泰勒的描寫多是展示了黑暗那一面。

我很了解泰勒，並與他愉快工作了三個月，一同設計安全的核子反應爐。我認識的泰勒是溫暖的理想派泰勒。我們幾乎在所有事情上都抱持不同的意見，但我們仍是朋友。他是我有史以來最能合作無間的科學家。我認為萊特曼對泰勒的描述不公正，我在自己對泰勒回憶錄的書評中已解釋了原因。[3]

將卡斯卡特書中所描述的拉塞福，與我回憶中的泰勒擺在一起，我發現了驚人的相似之處。拉塞福與泰勒都是移民，他們都充滿愛國情操，非常捍衛收留他們的國家。兩人的行為舉止都像

個大孩子，會對瑣事發脾氣，之後又會以和善的微笑回復平靜。兩人對待學生的方式就有如父親，同時關照學生的私人問題與專業教育。在科學上，兩人對於策劃的興趣都大過細節作法。拉塞福決定要用加速器來探索原子核，並將加速器的細節部分留給考克勞夫與沃爾頓處理。泰勒決定要建造氫彈或是安全的反應爐，然後就將細節部分留給他人去處理。這兩人的一生都奉獻在科學上，但比起從事自己的實驗，他們花費更多時間在幫助年輕人。

　　泰勒以「諸多人士的工作成果」為題，發表了他的氫彈故事。考克勞夫與沃爾頓的名字出現在寄給《自然》期刊公布他們發現的信件中，拉塞福的名字卻沒有出現。我的名字出現在核反應爐的專利中，但泰勒的名字卻沒有出現。

　　萊特曼書中最具獨創性且簡單扼要的章節就是「科學中的譬喻」，這原先是一篇刊載在一九八八年《美國學者》（*The American Scholar*）上的文章。萊特曼引用了從牛頓到波耳等偉大物理學家的話語來闡明他的論文，探究出譬喻對他們思想的重大影響。隨著科學變得愈來愈抽象，也愈來愈遠離日常生活，譬喻在我們對世界的描述中也變得愈來愈重要。就像伽利略早就指出的那樣，大自然所說的語言是數學。而一般人所說的語言是譬喻，

---

3. 請見第 15 章。泰勒在回憶錄中描述了他自己唯一見過拉塞福那次的情況。拉塞福在 1934 年的演說中，指責任何認為核能具有實際用途的人都是瘋子。這場演講是在倫敦舉行，就在泰勒以難民身分來到英國不久後。泰勒就在聽眾之中，但對拉塞福沒留下什麼好印象。之後，他得知激怒拉塞福的瘋子就是他的朋友利奧・西拉德（Leo Szilard）。西拉德試圖說服拉塞福，中子連鎖反應或許實際可行，也可能具有危險，但拉塞福不信這一套。這不禁讓人猜想，若是拉塞福認真看待西拉德的警告，上個世紀的歷史會有多不一樣。

尤其是我們之中不擅長數學的那一些人。萊特曼以另一個譬喻總結他的討論：「我們都是盲人，想像著我們看不見的東西。」這是對理論物理學的極佳描述。

第 22 章

天才的悲劇

　　諾伯特・維納（Norbert Wiener）在年輕與年老時都頗有名氣。但在進行出色研究的中間三十年期間，他卻較為不知名。他小時候就是出了名的神童，父親李奧・維納（Leo Wiener）是哈佛大學聘用的第一位猶太教授，專精斯拉夫語。李奧是極端的虎爸，以無情的方式驅策諾伯特。李奧在家親自教授諾伯特希臘語、拉丁語、數學、物理學與化學。五十年後，諾伯特在自傳《前神童：我的童年與少年時期》（*Ex-prodigy: My Childhood and Youth*）[1] 中，描寫了他這個神童是如何被培養出來的：

　　他一開始會用輕鬆語氣與我交談討論，直到我犯下第一個數學錯誤為止，然後那個溫和慈愛的父親搖身一變，成了一個跟我有深仇大恨、要來對付我的人……父親大發脾氣，我大哭，母親則盡力維護我，然而她終究是失敗了。

　　諾伯特十一歲時，李奧讓他去就讀塔夫茨大學，他十四歲時

1. Simon and Schuster, 1953.

就在這裡拿到數學學士的學位。諾伯特隨後成為哈佛大學的研究生，並於十八歲時在哈佛取得數學邏輯的博士學位。當他長大並試著逃離塔夫茨大學及哈佛大學神童這個討厭的名號時，李奧卻在報紙與大眾媒體上大肆宣傳諾伯特的成就，讓事情變得更糟。李奧特別強調自己的兒子並不是天才，而諾伯特之所以優於其他孩子，全是因為他訓練得當。「當這些話用墨水以無法去的方式印刷出來後，」諾伯特在《前神童》中說：「它就是向大眾宣告，我失敗了，是我自己的問題；但我成功了，卻是我父視的成就。」

　　神奇的是，經過李奧十年的訓練及七年有如酷刑的青春期，諾伯特成人之後，竟可以過著安然的生活。他在麻省理工學院任教，成為一位成果豐碩的數學家。他在麻省理工學院爬升到正教授的位置，並在那裡度過餘生。大概從二十歲到五十歲之間的三十年裡，他從大眾的視野中消失。不過他個人的怪癖，讓他在麻省理工學院的圈子裡仍頗負盛名。他思考時喜歡大聲說出來，他也需要聽眾來聽聽看他在思考什麼。他養成了一個習慣，就是在校園四處閒逛，並跟偶遇的任何同事或學生長篇大論一番。大多數時候，聆聽者都不是很清楚他在說什麼。因此，重視自己時間的同事及學生，學會了一看見他就躲起來。但他們同時也尊敬他的成就，以及他如百科全書般的各類知識。

　　維納是個非凡的數學家，因為他對純數學與應用數學同樣在行。他因為發明了「維納測度」（Wiener measure）這類概念，而在純數學上頗有名氣。維納測度的概念已經成為數學主流。維納測度首次為數學家提供了一種嚴謹的方式，來談論波浪曲線及柔性曲面的整體行為。維納持續在數學邏輯與分析的抽象領域發表論文的同時，他還喜歡與工程師及神經生理學家交流，他們都

是他在麻省理工學院和哈佛大學的鄰居。他深深沉浸在他們的文化中，並將工程與神經生理學上的問題，轉用數學的語言描述出來，自己也樂在其中。

維納與大多數的純數學家不同，他不認為將自己的技術，用於解決現實世界中混亂的實際問題，會降低自己的格調。他成為一名成功的應用數學家，協助設計在戰爭及和平時期，可用的機器與通訊系統。他比任何人都更清楚地了解到，現實世界中的混亂，正是他的數學派得上用場的地方。身為應用數學家的他，發展出一套控制系統與回饋機制的通用理論，他稱其為「控制論」（cybernetics）。控制論是一種關於混亂的理論，讓人們得以找到一種最佳方式，來應付充滿未知原因與無法預料事件的世界。控制論的原文「cybernetics」一字源自希臘文中的「舵手」一字，指的是在驚濤駭浪中駕著單薄船隻穿過險惡礁岩的人。

二次大戰期間，維納與工程師朋友朱利安・畢格羅（Julian Bigelow）設計了一套防空炮的最佳控制系統。這個控制系統的設計，是控制論中的基本練習。維納跟他在麻省理工學院的同事一樣，樂於參與有助於贏得戰爭的工作。要擊落飛機，就必須要事先預測出飛機飛到防空炮時的位置，而能用的資訊，只有飛機在預測產生之前所行經的路徑。在預測產生與飛機抵達之間的空檔，飛行員可能會為了閃躲而改變航道，這就只能經由統計的方式來進行估算。為了最大化摧毀飛機的機會，控制系統必須考慮多種飛機可能會行進的蜿蜒路徑。

維納測度的概念成了一種工具，讓他可以將這個去發現最佳預測的問題，轉換為精準的數學語言。他與畢格羅賣力地將問題的數學解答，再轉換到電子與機械的硬體設備中。可惜的是，美

軍無法等到維納-畢格羅的硬體設備生產測試那時，軍隊需要儘快取得可以大量生產，並在戰場部署的防空控制系統。美軍選擇了可以較快取得，但較為簡單的控制系統，那是由競爭對手貝爾實驗室的一組工程師開發的。

貝爾系統投入了實戰運作，而維納-畢格羅系統則從未派上用場。最終，選擇使用貝爾系統對戰爭的進程，沒有產生什麼影響。防空科技的重大突破，是近發引信（proximity fuse）的發明，這是一種由雷達控制的引信，可以在沒有打中飛機的情況下，啟動炮彈爆炸，並摧毀鄰近的飛機。無論是貝爾系統，還是維納-畢格羅系統，都不夠精準。若是沒有近發引信，都無法有效地擊落飛機。在一九四四年近發引信出現後，貝爾的系統就夠用了。

當戰爭於一九四五年以在廣島與長崎投下原子彈的方式結束時，維納非常憤怒。在他眼中，政府犯了危害人類罪，而那些創造原子彈的科學家，因為放任政府將他們的科技應用在邪惡的目的上，所以也難辭其咎。原子彈確認了多年來一直在他心中滋長的信念，他協助創造的通訊與控制科技，根本就是危險的。他視原子彈為科學與科技可能會造成災難的明顯案例，若是科學家祕密為軍隊或產業等當權人士工作，就會造成這種情況。他害怕電腦與自動化機械這類新興科技，若依然掌握在祕密軍隊與產業組織手中，就會導致重大災難。所以他從那一刻起，就不再與政府及產業扯上關係。他決定投入大量時間去教育大眾，協助他們有智慧地應用新興科技。

一九四七年一月，維納在《大西洋月刊》（*The Atlantic Monthly*）中發表了一篇名為「一位科學家的反叛」的文章，有力的陳述

他拒絕與政府合作的想法。「我不希望再發表任何研究成果，」他寫道：「這些東西若掌控在不負責任的軍國主義者手中，可能會造成傷害。」

　　這篇文章立即讓當時五十二歲的他與神童時期一樣出名。在他接下來的人生中，他持續以政治運動家的身分為人所知，他撰寫的文章與書籍受到廣泛閱讀。他也前往許多國家，會見政治領袖和關心此議題的民眾。就如同他在第二本自傳《我是數學家：神童之後的人生》（ *I Am a Mathematician: The Later Life of a Prodigy* ）[2] 中解釋的那樣：「因此我決定從最機密的位置，走向最公開的位置，去引發大眾對於新興發展帶來的所有可能性與危機，能有最大程度的關注。」

　　在人生的最後十年中，維納成了一位先知，他有力地談論並寫下，關於人類會被自動化機械取代的前景。他認為自己的發明很有可能會造成這類取代。但他以同樣有力的論點表示，若人類能善用自動化機械，就會帶來好處，可以讓貧窮的社會變富裕，讓貧窮的國家，從農業經濟過渡到工業經濟的期間，不用忍受十九世紀工業化時的恐怖情況。他出版了兩本暢銷書，一本是一九四八年的《控制論：或關於在動物和機器中控制和通訊的科學》[3]，另一本是一九五〇年的《人有人的用處：控制論與社會》[4]。在現代電腦出現之前，這些著作在某種程度上就準確預測出，電腦科技對人類社會的經濟與政治影響。

2. Doubleday, 1956.
3. John Wiley, *Cybernetics, or Control and Communication in the Animal and the Machine*.
4. Houghton Mifflin, *The Human Use of Human Beings: Cybernetics and Society*.

「我們面臨著，」他寫道：

　　另一種對善惡具有前所未有重要性的社會潛在力量出現了……它為人類提供了一群最有效用的新機械奴工們，貢獻出它們的勞力……然而，任何勞工只要接受了與奴工競爭的條件，就是接受了奴工的條件，本質上就成了奴工……解決這個問題的答案，當然就是要有一個以人類價值，而非買賣，為基礎的社會。

　　他引用了中世紀的詩人「克魯尼的伯納爾德」（Bernard of Cluny）的一句話來結束他的論述：
　　「時間很晚了，然而善惡的選擇卻在敲著我們的門。」
　　維納跟其他眾多先知的命運一樣，在國外受到的讚譽勝過國內。他在印度與俄國最受到讚譽。他曾幾次前往印度，並受到尼赫魯（Nehru，印度第一任總理）與其他印度領導人的歡迎。他進行巡迴演講，並向印度政府提供產業政策上的建議。他提倡建立技術學院，並鼓勵發展本土科技產業。他的建議在五十年後產生了成果，今日的印度已經成為一個資訊科技的主要中心，美國的業務還外包到印度。
　　維納也前往俄羅斯，在當地同樣受到官方的大力歡迎，但卻讓人較不自在。他告訴俄國人，科學必須擺脫政治意識形態的束縛。他發現馬克斯主義的意識形態，跟資本主義自由市場的意識形態一樣，都破壞了人類的價值。蘇聯政府忽視他對科學自由的訴求，但卻積極支持控制論。
　　俄國對控制論的狂熱，著重在哲學，而非實用上，這可能產生某些深遠影響。這或許對俄國成為一個電腦讀寫社會，以及俄

國本土軟體產業的興起有所貢獻。

　　一九六四年，六十九歲的維納受邀前去瑞典講授控制論，他的想法也在當地受到廣大支持。抵達瑞典的第二天，他就因肺栓塞而猝死在瑞典皇家理工學院的台階上。

　　《資訊時代的黑暗英雄》[5]是與維納有關的第三本傳記，除非還有我沒注意到的其他傳記。首先是由史帝夫・荷姆斯（Steve Heims）於一九八〇年出版的維納與數學家約翰・馮諾曼（John von Neumann）聯合傳記：《約翰・馮諾曼與諾伯特・維納：從數學到生死的科技》[6]。還有一本是由佩西・馬薩尼（Pesi Masani）於一九九〇年出版的《諾伯特・維納1894–1964年》[7]。出這本新維納傳記的主要理由是，它與其他兩本傳記著重的，分別是不同面向的維納生平與個性。荷姆斯的傳記著重在政治，主要關注的是維納在人生最後三分之一的時間中，做為一位社會批評者的行動。荷姆斯的傳記將馮諾曼與維納的平行人生，呈現為黑白之間的簡單奮鬥，馮諾曼是為戰爭努力的邪惡天才，而維納是為和平努力的善良天才。

　　新傳記的作者時常引用荷姆斯著作的內容，但不會完全沒有質疑，就接受他的看法。他們依照歷史檔案中的內容，呈現馮諾曼與維納之間的關係，那是一份建立在共同利益與彼此深度尊重的友誼基礎上。馮諾曼與維納在二戰後分道揚鑣，因為馮諾曼願

5. Flo Conway and Jim Siegelman, *Dark Hero of the Information Age: In Search of Norbert Wiener, the Father of Cybernetics*（Basic Books, 2005）.

6. MIT Press, *John von Neumann and Norbert Wiener: From Mathematics to the Technologies of Life and Death*.

7. Birkhäuser, *Norbert Wiener 1894–1964*.

意接受美國政府對於他研究的金援,而維納不要。至此之後,他們幾乎沒有見過面,但彼此之間的敬重仍然存在。

當馮諾曼於一九四六年在普林斯頓開始建造電腦時,維納推薦了與他合作過的畢格羅去負責硬體設備。帶著維納祝福的畢格羅,成為馮諾曼的首席工程師。

從學術的角度來看,三本傳記中寫得最好的是馬薩尼那本。馬薩尼是專業數學家,他在印度出生,並且定居美國。他與維納合作過,並在一九五〇年代一同發表了幾篇重要的論文。維納過世後,馬薩尼將維納的論文集結後編輯出版。馬薩尼非常熟悉維納研究中的每一項細節,所以馬薩尼所著的維納傳,是唯一一本以職業數學家的角度來描述維納的傳記。任何一本去掉數學的維納傳記,對於維納的思考方式,都只能給出模糊的印象。馬薩尼在書的起頭就開宗明義的表示:「本書試著追溯數學天才與歷史的互動,隨機宇宙的概念就是由此而生。」

馬薩尼十分清楚地解釋了維納的數學想法,他發現並再現了其他傳記作者錯過的歷史文獻。馬薩尼完整重現的一個別具啟發性的文件就是,一九四六年十一月馮諾曼寫給維納的一封友好長信,信中討論到人類大腦的奧祕,以及探索奧祕的各種可行辦法。

「我非常急切需要你對這些建議給予回應,」馮諾曼寫道:「我感覺到我們彼此急需進行廣泛討論。」

馮諾曼的信件表現出,他對未來會走向分子生物時代的預想有幾分把握,雖然他未能活到親眼見證。馮諾曼與維納對於生物學都有熱切的興趣,兩人都認為,他們探索電腦與資訊科學的終極目標,就是要對生物學有更深入了解。

荷姆斯的傳記描寫了維納的政治,而馬薩尼的傳記描述了

維納的數學，那之後的第三本傳記還有什麼可寫的呢？第三本傳記，則是對維納具有人性的一面，有全新且深入的描繪，也同時描寫了他與朋友及家人之間的糟糕關係。弗洛‧康威（Flo Conway）及吉姆‧西格曼（Jim Siegelman）在歷史方面研究得很透澈，訪談了大多數還活著的見證者，也詳細參考了公開與非公開的論文、信件與訪談資料，來驗證聽到的內容。

《資訊時代的黑暗英雄》這本書的書名，點出了他們關注的要點。他們的目的在於，探索維納終生抑鬱與常有怪異行為的根源。他們之所以能對維納進行詳細描繪，是因為他們有幸能與維納的女兒芭芭拉（Barbara）及佩琦（Peggy）合作，她們同意讓康威和西格曼觀看維納的私人文件及家庭紀錄。

佩琦在一封信中曾經寫道：「父親的生活以及與同事間的關係，仍然存在著嚴重的未解問題。完整講述整個故事是非常重要的。」芭芭拉也同意這個看法。維納的妻子瑪格麗特（Margaret）於一九八九年過世，享年九十五歲。隨著瑪格麗特的過世，全面披露維納生活的主要障礙也消失了。

維納個人戲劇性的一生，始於他身為神童的那些日子，當時他飽受他才華洋溢但專橫的父親所折磨。或許是因為他父親的訓練，也或許是由於遺傳性向，維納在整個人生中都持續經歷著劇烈的情緒波動。若他看過現代的精神科醫生，可能會被診斷為躁鬱症。他會周期性的深陷在好幾個月的憂鬱之中，其間穿插著躁動與創造活動的時期。當他待在家裡時，經常容易陷入憂鬱之中，這也是為何他會花費大量時間旅行的原因之一。離家在外，公開演講以及持續與朋友和仰慕者對談，會分散他的注意力，讓他的精神保持抗奮。

　　這本傳記的另一個主題，是維納的婚姻。他的妻子瑪格麗特是他父親的學生，而這場婚姻是由他的父母所安排。瑪格麗特被選中去接手維納父母照顧及安排他生活的工作。她將這份工作打理得極好，勤儉持家，並為維納及孩子提供了舒適的家。瑪格麗特在結婚初期曾對朋友說過：「維納做數學，而我做打算。」她應付他的心情，並養育女兒們。

　　但瑪格麗特在某些方面甚至比維納更加瘋狂。她十四歲時，從德國移民到美國。她是希特勒的狂熱崇拜者，並一直在臥室的顯眼處擺放著兩本《我的奮鬥》（*Mein Kampf*；希特勒的自傳），一本德文版的，一本英文版的。她毫不掩飾自己的政治傾向，這讓維納有強烈的不滿，因為維納是猶太人，而且有許多朋友遭到納粹迫害。當女兒們十多歲開始交男朋友時，她竟以根本沒發生過的性行為來指責女兒，讓她們過著痛苦的生活。當女兒與女性朋友外出並穿耳洞回家時，瑪格麗特勃然大怒，並指責她們企圖要勾引自己的父親。由於她的莫名指控，兩個女兒一有能力之後就逃離家裡，幾乎跟她與維納不再連繫。

　　維納一生中最悲慘的一幕發生在一九五一年，當時他五十一歲，熱衷於與朋友沃倫・麥卡洛（Warren McCullough）以及一群他稱為「男孩們」的年輕同事合作。麥卡洛是一位神經生理學家，他從伊利諾大學來到麻省理工學院與維納共事。他們計畫探索維納的回饋控制理論與活神經元及大腦功能間的關聯。「男孩們」是個出色的團隊，其中包括了後來成為頂尖實驗生物學家的傑羅姆・萊特文（Jerome Lettvin）。瑪格麗特瘋狂地嫉妒麥卡洛與男孩們，並決意要破壞他們與維納的友誼。在墨西哥的一場同事聚餐中，她向維納說，麥卡洛的男孩們在他們女兒芭芭拉住在

麥卡洛家時，勾引了她。這個故事是聚餐同事多年後，才告訴萊特文的。

　　這件事情實際上沒有根據，但維納相信了。他對於這項指控，沒有試圖求證，還馬上寫了封憤怒的信給麻省理工學院的校長，斷開他與麥卡洛團隊間的所有連繫。從那天起，到維納的人生結束，他們沒有再連繫過。麥卡洛一直都不知道原因。這個裂痕對麥卡洛及男孩們是嚴重打擊，對維納的影響也很深遠。他涉足生物學，希望能將控制論與生物學結合，但一切都結束了。瑪格麗特達到目的，切斷維納與朋友的關係，讓自己獨自擁有他。

　　維納與麥卡洛之間裂痕所造成的個人戲劇性發展，是這部傳記的核心部分，其餘的故事情節，都是圍繞著這件事打轉。也許作者的主要目的，是要將維納家族的祕密攤在大太陽底下，藉此消除維納家的詛咒。維納是黑暗英雄，瑪格麗特是黑暗反派角色。這本書不像傳統的傳記，比較像是本小說。然而身為書評家的我，免不了會懷疑這個故事的真實性。受到指控的瑪格麗特，永遠也沒有機會為自己反駁。她從未與作者交談過，身後也沒有留下任何會為她說話的朋友。指控瑪格麗特的證據有文件為證，似乎令人信服。

　　不過，我仍然有疑慮，證實瑪格麗特有說出勾引一事的消息來源只有一個，就是已故的阿圖羅・羅森布魯特（Arturo Rosenblueth），他在事情發生的十年後，才將這則故事講給萊特文及其他人聽。這不是在法庭上可以讓殺人兇手俯首認罪的那種證據。一九七〇年過世的羅森布魯特，雖然不像是個別有用心會虛構故事的人，但無法排除這個可能性。

　　這本傳記的風格是最近很流行的一派，著重於揭露家庭祕

密,以及展現人性弱點。突然之間,有大量的書籍揭露了愛因斯
坦、居里夫人與其他科學英雄的人性弱點。若這些書給予我們的
是,融合了人類生活戲劇性與科學本質的平衡報導,那就值得一
讀。但是許多這類書籍都沒有試著要平衡報導,只給予我們沒有
經過科學調和的故事與醜聞。這本書的作者成功地生動描寫出,
維納身為科學世界頂尖人物及家庭悲劇英雄的人生故事。他們展
現維納原有的模樣,維納是伽利略與奧塞羅(Othello;莎士比
亞筆下的悲劇人物)的綜合體。不過因為作者不懂數學,所以無
法向讀者詳細介紹維納實際上做了什麼,但他們回答了關鍵的問
題:控制論是什麼,維納想要將控制論應用在什麼上,以及控制
論為何在維納死後,似乎就從台面上消失了。

　　維納將控制論定義為:「控制與通訊整個領域的理論,無論
是有關機器的,還是有關動物的。」通訊理論的語言是數學。要
了解控制論的歷史,很重要的是要先了解數學通訊有兩種語言,
就是所謂的類比與數位。類比通訊,以電壓及電流這類持續變量
來描述世界,電壓及電流是可以直接測量出來的。數位通訊,則
是以0與1表現世界,每個0或1都代表一個介於兩個離散方案之
間的邏輯選項。類比通訊是分析的語言,數位通訊是邏輯的語言。

　　維納精通兩種語言,並想要用控制論概括這兩種語言。他在
一九四〇年寫了一份備忘錄,詳細解釋為何數位語言更適合應用
在電腦上,他已經預見到電腦的出現。但他自己對於通訊理論的
貢獻,卻恰巧都是用類比語言寫成。這有四個原因:首先,身為
純數學家的他,大部分的研究都以分析為主。其次,他在防空預
測的實際經驗,都是關於類比測量與類比回饋機制。第三,他與
神經生理學家的交流,讓他相信,人類與動物大腦中的感覺運動

回饋訊號，用的是類比語言。第四，大腦經由化學激素來傳送訊號即可證明，大腦活動至少有部分為類比的。基於這四個原因，維納總結了自己一九四八年想法的著作《控制論》，是以類比語言撰寫。他在人生的最後十年，周遊列國提倡控制論，他在這段期間幾乎完全使用類比語言。雖然他的初衷是要概括兩種語言，但控制論最後卻變成了類比過程的理論。

同樣是在一九四八年，克勞德・夏農（Claude Shannon）在《貝爾系統技術期刊》（*The Bell System Technical Journal*）發表了兩篇名為「通訊數學理論」的經典論文。夏農的理論是數位通訊理論，其運用了許多維納的想法，但將這些想法應用在新的方向上。夏農的理論具有數學的優雅、清晰，且容易應用在通訊的實際問題上。它比控制論更易於使用，成為「資訊理論」這門新學科的基礎。在接下來的十年間，數位電腦開始在全球運作，類比電腦很快就被淘汰。電子工程師學習夏農倡導的資訊理論，這是他們基礎訓練中的一部分。而控制論則被遺忘了。

無論是維納、馮諾曼、夏農，或一九四〇年代的任何人，都沒有預見到微處理器的出現，將會讓數位電腦變小變便宜，成為一般市民可以取得的可靠工具。沒有人預見到，會出現網際網路與無所不在的行動電話。一般民眾大量擁有數位電腦的結果，使得維納認為少數大型電腦會決定人類社會命運的負面看法，並沒有實現。但維納對於未來的其他看法，則正在成真。正如他所預料的，我們看到，數百萬名有技能的工人被機器取代，而陷入貧困。我們看見，國家財富的基礎，從產品製造轉移到資訊處理。我們看見，理解人類大腦奧祕的開端。我們仍然可以從維納的觀點中獲益良多。

後記（2006 年）

　　每次我在《紐約書評》上發表評論時，都會得到兩極化的迴響。首先是非專業的讀者來函表示，他們有多喜歡這篇書評。接下來是專家讀者來函，糾正我的錯誤。我對這兩種迴響都心懷感激，但我從第二種迴響中獲益良多。我在撰寫非自己專門的領域時，無可避免地會犯錯，我得仰賴專家們來糾正內容。

　　這篇書評讓我收到非常豐富的兩種迴響，我要特別感謝那些來函糾正我錯誤的讀者，我已刪去內容中不正確或不公平的陳述與判斷，以回應讀者們的批評指教。

第23章

智者

　　偉大的科學家分為兩類，以賽亞・伯林（Isaiah Berlin）稱一類是狐狸，另一類刺蝟，這是他引用自西元前七世紀詩人阿爾基羅庫斯（Archilochus）的說法。狐狸技倆很多，而刺蝟只懂一種。狐狸對一切都有興趣，能輕鬆從一個問題轉移到另一個問題。刺蝟只對一些他們認為是基本的問題有興趣，並在同樣的問題上，執著數年或數十年之久。偉大的發現，大多數來自刺蝟。微小的發現，主要則來自狐狸。科學需要刺蝟與狐狸兩者，才能健全發展，刺蝟會深入研究事物的本質，而狐狸則會探索奧妙宇宙的複雜細節。愛因斯坦是刺蝟，而費曼是狐狸。

　　許多讀者有印象的可能不是身為科學家的費曼，而是講故事的費曼，例如《別鬧了，費曼先生》（Surely You're Joking, Mr. Feynman!）[1] 一書中的費曼。應該沒有多少人讀過他的偉大教科書《費曼物理學講義》（The Feynman Lectures on Physics）[2]，這是物理學家間的暢銷書，但不適合一般大眾閱讀。現在我們有了

---

1. Norton, 1985.
2. Addison-Wesley, 1963–1965（three volumes）.

費曼女兒蜜雪兒（Michelle）編選的費曼信件選集[3]，這些信件並沒有告訴我們，太多有關費曼科學上的事情。對於沒有科學背景的讀者而言，了解狐狸跟刺蝟一樣具有創造力是很重要的。費曼年輕時恰巧碰上了狐狸有許多機會的年代。愛因斯坦與其追隨者等刺蝟，在二十世紀初期深入研究，並為物理學找到新的基礎。當費曼在二十世紀中期躍上舞台之際，基礎已經很穩固，宇宙也敞開大門讓狐狸去探索。

這本信件選集中，討論費曼科學的信件只有一些，其中一封是費曼寫給他以前的學生真野光一（Koichi Mano）。信中描述了狐狸工作的方式：

> 我已經研究過無數你會認為沒什麼大不了的問題，但我樂在其中，也感覺良好，因為有時我會有一部分的成功……爆炸時衝擊波的產生、中子計數器的設計……如何摺紙做成某種童玩的通用理論（這種摺紙理論稱為flexagons）、輕量核子中的能階、亂流理論（theory of turbulence；我花費數年研究，但沒有成功），再加上所有量子論的「重大」問題。
>
> 只要我們能做些什麼，就沒有任何問題是太小，或沒什麼大不了的。

量子論的「重大」問題，只是費曼長串研究列項中的一項而已。

---

3. *Perfectly Reasonable Deviations from the Beaten Track: The Letters of Richard P. Feynman*, edited and with an introduction by Michelle Feynman（Basic Books, 2005）.

「量子論的『重大』問題」這句話指的是，費曼榮獲一九六五年諾貝爾獎的偉大成果：發明出他稱為「時空方法」的自然圖示觀點。這項研究從一九四七年的一項小工程開始，當時只是要去準確計算氫原子的細項，以便於與哥倫比亞大學進行的一些新實驗結果做比對。為了進行計算，費曼發明了一種描述量子過程的新方法，就是使用圖示取代方程式，來代表相互作用的粒子。費曼為了特定計算，而發明的「費曼圖」，在物理學界掀起了一場革命。費曼圖不只是有用的計算工具，也是了解自然的新方法。費曼的基本想法，是簡單且通用的。若我們想要計算一個量子過程，我們只需畫出所有可能發生之交互作用的簡化圖示，依據某些簡單的規則來計算每張圖示的相對應數字，然後再將數字加總起來。因此，量子過程只是一堆圖片，每張圖片都描述了這個過程發生的可能方式。

費曼圖為我們提供了量子過程簡單的可見圖示，而且這不只適用於氫原子的量子過程，還可用於宇宙萬物的量子過程。這些圖示在被發明的二十年內，已經成為全世界粒子物理學家的工作語言。如今很難想像，在沒有這種語言之前，我們是如何來思考場及粒子的。

麻省理工學院歷史學家大衛・凱撒（David Kaiser）的新著作《畫出理論：費曼圖在戰後物理學中的散播》[4]，生動掌握了費曼圖散播的情況，描述這些圖示如何傳遞到世界。這些圖示就像流感一樣傳播，每個新世代的年輕科學家都感染了費曼疾病，

---

4. *Drawing Theories Apart: The Dispersion of Feynman Diagrams in Postwar Physics*, University of Chicago Press, 2005.

然後又去感染了與他們有接觸的人。費曼傳染病比流感持續的時間更長，因為潛伏期是以年為單位，而不是日。雖然許多年長科學家對此仍然免疫，但隨著這種新語言變得普及，他們的影響力也逐漸減弱。

在完成費曼圖的工作後，費曼過了一年才發表他的工作成果。他願意也渴望向任何願意聆聽的人，分享自己的想法，但他發現自己不喜歡寫正式論文，所以能拖就拖。若不是他到匹茲堡與他的朋友伯特‧科爾本和穆萊卡‧科爾本夫婦（Bert and Mulaika Corben）待了幾天，根本就不會寫出「量子電動力學的時空方法」（Space-Time Approach to Quantum Electrodynamics）[5]這篇論文。當費曼在科爾本家時，他們就催促他坐下來寫論文，但費曼用盡各種理由來逃避這件事。穆萊卡是位思想開放且個性堅強的女性，她覺得有必要採取嚴厲的措施。她是少數意志力可以跟費曼相抗衡的人。她將費曼鎖在房間裡，直到論文寫完之前，都不讓他出房門。這是穆萊卡之後告訴我的故事。跟費曼的其他故事一樣，這個故事可能有加油添醋，但對於任何認識穆萊卡與費曼的人而言，都會相信這是真的。

當費曼的這本信件選集問世時，認識費曼的同事或朋友都感到吃驚，我們從未想過費曼會寫信。他是知名的偉大科學家與偉大傳播者，但他傳播給公眾的方式是用講的，而不是用寫的。他說起話生動活潑不拘謹，他也宣稱自己沒有能力寫出文法正確的英文。他的許多著作並非他本人所撰寫，而是由其他人將他的演講錄音內容，聽寫編輯而成的。科技方面的書籍是他講課內容的

5. *Physical Review*, Vol. 76, No. 6（September 15, 1949）.

記錄，而暢銷書籍則是他所講故事的記錄。他偏好以講課，而非論文的形式，來發表他的科學發現。

　　這本書現在揭露了費曼另一面，他跟另一位偉大的傳播者美國前總統雷根（Ronald Reagan）一樣，私底下都偷偷寫信給各式各樣的人。其中只有少數的信件是寫給他專業上的同僚。許多信件都是寫給家人，也有許多是寫給他不認識也從未見過的人，他只是回答這些人寫信來問他的科學問題。雖然他假裝自己英文不好，但這些信件都是以清楚易懂且文法正確的英文所寫。信中很少提到身為創新科學家的他所做的工作，也沒有提到他正在進行的研究。我們在這些信中所看到的費曼，是一位老師。他將一生中的許多時間都花在教學上，他對教育熱情投入的程度不下於研究。他之所以寫這些信，是因為他想要幫助誠心想要了解問題的人。他偏好回覆的信件，是信中的問題，他可用簡單語言解釋的信件。這些問題通常都很基本，而費曼會以對方看得懂的程度來回答。他沒有要展現自己的聰明，他的目的是要清楚回答。

　　每一封信，都是針對個人情況而給予回應的。他回應人們的個人所需，以及他們的問題。我們前面提過，他曾回信給真野光一，這裡我們就以這封信的最後一段，來做為他回應個人情況的例子。真野光一對自己的科學家人生並不開心，因為他研究的不是基本問題。費曼回覆說：

　　你說自己是個無名小卒，但對你的老婆及孩子而言，可不是這樣。若你目前的同事到你辦公室求助時，你可以回答他們的簡單問題，那你對同事來說也不再是無名小卒。對我而言，你絕非無名小卒。不要一直看輕自己——那樣活著太可悲了。了解自己在世界上

的定位並公平的評價自己，不要用自己年輕時的天真想法來評價，也不要錯誤想像你老師所認為的理想模樣。

祝你幸福快樂，

理查・費曼上

蜜雪兒在這些信件加註了一些短評，還寫了篇序言，描述身為費曼的女兒是什麼樣的心情。當她在費曼過世十六年後發現這些信件，並開始閱讀時，她跟其他人一樣吃驚。十六年來，這些信件一直都藏在加州理工學院資料庫的文件櫃中，夾雜在大量的科技論文與課堂講義之間。她一讀這些信，就決定要與全世界分享。這些信件展現出費曼全新的一面，過去大眾視費曼為偉大的科學家與知名的小丑。

我在一九四七年曾於康乃爾大學見過費曼，見過他的一個星期後，我在寫信給父母時，提到他是「半個天才與半個活寶」。在信件選集中的費曼，不是天才也不是活寶，而是一位明智的輔導老師，他關心所有人，也回答他們的問題，並竭盡所能地幫助他們。

蜜雪兒的序言以費曼的一張手記做為結束，這張手記是跟資料庫信件一起被發現，是費曼在瑞典為了諾貝爾獎盛會的領獎感言而寫。在最初公開他獲得諾貝爾獎之際，也就是他還沒去瑞典之前，他輕蔑的評論這個獎項及他在瑞典所要忍受的正式儀式。他說他本來決心要拒領這個獎，但他的妻子跟他說，拒領這個獎會得到更多討厭的名聲，倒不如接受它。他厭惡正式的儀式，尤其厭惡跟國王、皇后及皇宮有關的勢利作風。但在他去了斯德哥爾摩並受到瑞典人的熱情歡迎之後，他寫了這張幾乎真實呈現他

當時公開感受的手記。他描述了這個獎所引發出的大量報導：

　　做父親的那些人手握報紙激動地去找妻子報告消息，女兒們在公寓中跑上跑下，按鄰居的門鈴講這則消息。那些不懂科技知識的人像勝利那般地大叫：「我告訴過你……」他們成功的預測只基於信念而已。祝賀紛至，來自朋友、親戚、學生、前任老師、從事科學研究的同事、完全不認識的陌生人……

　　從每個人身上，我都看到了兩個共同的元素。我看到了每個人的喜悅與感動（你看看，在最近幾天，我曾有的謙虛都消失的無影無蹤。）

　　這個獎項是讓他們可以表達感情的訊號，也是讓我學習去了解他們感受的訊號……

　　為此，我感謝阿爾弗雷德・諾貝爾（Alfred Nobel），以及許多努力以這種特殊方式實現他願望的人。

　　因此，擁有榮譽的瑞典人與你們的小號手，以及你們的國王啊，請原諒我。因為我最後才了解到，這樣的事情提供了敞開心靈的入口。交給明智與和平的人們運用，它們就可以在人與人之間產生美好感覺，甚至是愛，即使是在離你遙遠的土地上也能感受得到。我要謝謝你們，讓我學到這一課。

　　這本信件選集的書名《費曼手札：不休止的鼓聲》（*Perfectly Reasonable Deviations from the Beaten Track*；這個書名的引申之意是指「出人意表但完全合理的想法」），是取自費曼寫給加州課程委員會（CaliforniaState Curriculum Commission）的信件，費曼在信中評價了小學使用的教科書。他的兒子卡爾（Carl）當

時三歲，三年後要上小學，學習課本中的內容。費曼花費大量時間與精力閱讀小學課本，並指出它們的缺失。他也檢視教科書所附的教師手冊。手冊應該要解釋課本的內容，好讓老師能夠進行有智慧的教學。費曼對於手冊特別有意見，對某一系列的課本及手冊，他的反應是：

內容尚可，好壞摻半。

在一年級的課本中，遇冷凝結的實驗簡單明瞭，但有關動物的多數內容都只提到牠們表面上的差異（沒有提到牠們成長、孵化與幼年等等的差異）。

在五年級的課本中，有關化學與聲音的內容很好很清楚，但關於天氣與電力的內容可就不大好了。特別是在（天氣與電力）這兩方面，教師手冊沒有意識到可能會出現與預期答案不同的正確答案，而給老師的指示，也無法讓他們可以處理出人意表，但完全合理的想法。還有在這部分內容中，有提到困難度高的實驗可能無法按預期進行，但卻沒有給老師任何頭緒，可能會出現什麼樣的情況，或是要如何處理。

他特別擔心，使用教師手冊的老師們，會處罰那些用原創想法去解決問題的孩子們。多年後，當蜜雪兒唸中學時，這種情況確實發生了。蜜雪兒因為用了出人意表但完全合理的方法，去解代數問題，而被處罰。當費曼到學校去抗議時，老師指責他對數學一無所知。之後，蜜雪兒就留在家裡跟爸爸學代數，只去學校參加考試。

蜜雪兒是兩個孩子中的老么，深受父親寵愛，她也對他回以

敬愛與仰慕之意。她哥哥卡爾與父親的才智較為接近，跟父親在科學與電腦上有共同的興趣。密雪兒曾描述過，當父親與卡爾在談論研究時，她默默跟隨在後的場景。費曼曾向我抱怨過卡爾：

> 我一直以為我是好父親，為我的兩個孩子感到驕傲，不曾試圖強迫他們往任何一個特定方向發展。我不希望他們成為像我這樣的教授。無論他們是卡車司機或是芭蕾舞者，只要他們真心喜歡自己在做的事，我都會很開心。但他們後來總是有辦法反擊你。就說我兒子卡爾吧，他是麻省理工學院的學生，你知道他想做什麼嗎？他想成為天殺的哲學家。

費曼欽佩具有實用技能的人，覺得哲學家沒有用處，還好卡爾對哲學的熱情也很短暫，他很快就回到電腦科學這個領域，可以愉快地與父親分享技術訣竅及想法。

引用信件中的內容，很容易就可以填滿一篇書評。這本信件選集的開頭，是費曼寫給父母的信，其中包括了一個用到直式除法運算的非凡算術難題，這是他在二十一歲時寄給父親的信件內容。他的父親是遊走各地的業務員，雖然沒有受過任何科學訓練，但對科學卻擁有熱情。這道數學難題，必定是父子間持續交流的難題與想法中的一部分而已。多年後，費曼提到父親時是這樣寫的：

> 他告訴我關於星星、數字與電力的迷人之處……在我不會講話之前，他就已經用積木讓我對數學計算有了興趣，所以我一直都是科學家，我一直都很享受科學。謝謝他給了我這麼棒的禮物。

在給父母的信件之後，是費曼與第一任妻子艾琳（Arline）的信件選集，信中描述了從他們結婚到艾琳死於肺結核的那三年間，日復一日注定的艱苦生活。在這三年的多數時間中，費曼都在洛斯阿拉莫斯的原子彈實驗室，為曼哈頓計畫工作。而艾琳則待在六十英哩外要越過崎嶇山路的阿爾伯克基（Albuquerque）療養院中。費曼在一九四五年五月寫信給她說：

> 醫生特別來告訴我說，有種新發展出的鏈黴素（streptomycin），用在實驗室白老鼠身上似乎真的可以治療結核病，這也已經開始試用在人身上，效果還不錯但它非常危險，因為會堵塞腎臟……他說他們或許很快就能克服這個問題，如果可行的話，這個東西很快就可以使用了……
>
> 撐著點，就像我說的，總是會有轉機出現。沒有什麼事情是一定的。我們會幸福快樂的。

鏈黴素對人也有效果，而且很快就普及了，但還不夠快到可以救艾琳。她在一個月後就過世了。

其中有五封信跟其他信件不一樣，那是費曼離家在外時，寫給他的第三任妻子格溫妮斯（Gweneth）。她是卡爾的母親與蜜雪兒的養母。費曼顯然很愛寫信給格溫妮斯，信中充滿了詳細觀察到事物，那是大多數旅行者不會注意到的事情。費曼的天賦之一，就是當他走進從未到過之處時，一眼就能看出發生了什麼事情。正是他的精確觀察力與生動描述力，使得信中的內容令人印象深刻。同樣的，這份天賦讓他在一九八六年挑戰者號太空梭遇難後，成為一位特別敏銳的調查員。當他被請求去擔任調查失事

原因的委員會成員時，他想要拒絕，但格溫妮斯說：

　　如果你不去，那整個小組中的十二個人就只會一起這裡看看、那裡看看。但如果你加入了，整個小組就會只有十一個人一起這裡看看、那裡看看，而第十二個人會跑遍各處，檢查所有不尋常的事物……沒有人可以像你這樣的。[6]

　　他知道格溫妮斯說的對，所以他答應了。費曼的「針對太空梭可靠性的個人觀察」以附錄的形式，附加在委員會正式報告中發表，內容充滿智慧。在仔細端詳多種事故可能發生的原因後，他的結論是，太空梭致命事故的期望發生率為百分之一。二〇〇三年二月一日發生的哥倫比亞號事故顯示，費曼的估計非常接近實際情況。但政治人物與美國航空暨太空總署（NASA）的主管，從未承認費曼是對的。
　　五封寫給格溫妮斯的信，都是在不同的地方所寫：一封是在比利時布魯塞爾寫的，那是一九六一年，他到當地參加物理學研討會。而格溫妮斯那時正懷著卡爾。一封是在波蘭華沙所寫的，那是他於一九六二年去參加另一個物理學研討會。一封是在一九八〇年，費曼到希臘雅典演講時所寫。還有一封是一九八二年，他在瑞士旅遊時所寫。最後一封則是一九八六年，他在華盛頓參與太空梭調查委員會時寫的。
　　每一封信的內容，都有完整的場景，架構完整，寫出時間地

6. Richard P. Feynman, *What Do You Care What Other People Think?*（Norton, 1988）, p. 117.

點的故事，並生動描繪了他所遇見的人。布魯塞爾的故事是在皇宮中上演，費曼被引見給國王及皇后，他戲謔地描述了與皇室交談的僵化與愚蠢。還好皇后的祕書是個友善的朋友，讓費曼得以逃脫皇宮，在祕書的鄉下家中，與祕書及他的太太與女兒一同度過一個愉快的下午。

華沙的故事發生在大飯店的餐廳，費曼在這裡描述出與共產主義官僚打交道的挫折感，他寫道：

理論上，制訂計畫是很好啦，但沒有人搞得清楚政府愚昧的原因，在他們沒有搞清楚原因並找到解決方法之前，所有的理想計畫都只會付諸流水。

雅典的故事描述了希臘教育系統的情況，其過於強調古典希臘的榮耀，因而帶給孩童人生一個糟糕的起點，讓他們知道自己無力達到能與前人相媲美的成就：

當我說歐洲數學最重大的事情，就是塔爾塔利亞（Tartaglia，義大利數學家）發現我們可以解出三次方程式時，他們都感到非常混亂。雖然這很不實用，但在心理層面是件很棒的事情，因為這代表了現代人可以做到古希臘人無法做到的事情，進一步促成文藝復興，從先人的陰影下解放出來。他們在學校中所學的一切，讓他們陷入自己遠不如那些偉大先人的想法之中。

瑞士的故事是最長，也是最精心撰寫的一篇，還有正式的標題「財富的詛咒」。故事描述費曼到一位南美百萬富翁的鄉

間莊園去拜訪。那位富翁「繼承了大筆財富」，他建了一棟媲美威廉・赫茲（William Randolph Hearst）在加州聖西蒙（San Simeon）城堡的宏偉住宅，裡面收集了大量的羅馬、馬雅與波里尼西亞的藝術珍品。費曼的結論是，他最初的良好印象：

> 已經轉變成為超出現實的恐懼景像。當我想像他與太太及女兒三人，坐在未粉刷的長型房廳中孤孤單單地吃飯，在古老燭台僅有的微弱燭光下，還有牆上的羅馬畫作俯看著這幅陰暗景像⋯⋯這個樣子根本就是財富的詛咒。

華盛頓的故事，則是費曼勉強從二次癌症手術中倖存下來時寫的，距離他過世的時間已不到兩年。故事描述費曼與威廉・羅傑斯（William Rogers）一直以來的對立抗爭。羅傑斯是挑戰者號太空梭調查委員會的主席。費曼決心無論如何都要調查事情的真相，而羅傑斯則是決心要緊緊看管費曼，以免他可能發現會造成政治尷尬的事情。費曼仍然刻意對羅傑斯保持禮貌，沒有公開反對他。費曼知道自己可以智取羅傑斯，他在贏得這場鬥智之前寫了這封信給溫格妮斯，信中就已經預見了這場勝利。他解釋了羅傑斯如何運用資料與細節問題，想讓他忙得不可開交。

> 這樣他們就有時間去削弱證物的殺傷力等等。但那沒有用，因為（1）我對技術資訊的交換與了解速度，遠遠超過他們所能想像。（2）我已經嗅到某些絕對忘不掉的線索，因為我就是喜歡線索的味道，它是帶來刺激冒險的源頭。

費曼後來寫信給羅傑斯,捍衛委員會的報告:

我們已經列出事實,完成任務,會有大量的負面觀察結果是因為,美國航空暨太空總署太空梭計畫駭人聽聞的情況所致。這令人惋惜,但事實就是如此,若我們不坦率報告出來,就是幫倒忙的行為。

為什麼我們會這麼關注費曼?他有什麼特別的呢?為什麼他會變成大眾偶像,與愛因斯坦及霍金,並列為二十世紀物理學的三大人物呢?大眾在選擇偶像時,明顯表現出極佳的品味。這三位都是偉大的天才物理學家,擁有耀眼的實質天賦,以及帶來信譽的紮實成就。但要成為偶像,光是偉大科學家是不夠的,有許多其他的科學家,雖然不若愛因斯坦那麼偉大,但都比得過霍金及費曼,但他們沒有成為偶像。狄拉克就是個很好的例子,他是勝過費曼的偉大科學家。只要有機會,費曼總是說,將他引導到粒子物理學的「時空方法」,是直接從狄拉克的論文中借用來的[7]。這是真的。最初的原創想法來自狄拉克,而費曼讓它變成了實用的工具。狄拉克是位更偉大的天才,但他並沒有變成偶像,因為他並沒有想要成為偶像,也沒有娛樂大眾的才能。

要成為偶像的科學家不只必須是天才,還要是個表演家,能對群眾表演,並享受大眾的歡呼。愛因斯坦與費曼,都對侵犯隱私的報紙與電台記者有怨言,但兩人也都給了記者們大眾想要

---

7. 舉例來說,可以去看看《費曼手札:不休止的鼓聲》一書第 159 頁寫給赫伯特・耶勒(Herbert Jehle)的信件內容。

的東西。犀利而機智的言論，就是很好的頭條新聞。霍金也以他
獨特的方式享受大眾的矚目，這是他克服身體障礙，為自己所贏
得的勝利。我永遠忘不了霍金在東京的那個愉快早晨，霍金那時
坐著輪椅在街上遊蕩，在他身後湧入大批日本群眾，他們伸出手
去摸摸他的輪椅。對於分隔他們自己與群眾的那道屏障，愛因斯
坦、霍金與費曼都有能力可以突破。大眾之所以對他們有回應，
是因為他們是同時具有普通人、小丑，以及天才的身分。

　　科學家要成為大眾偶像，所需的第三個特質是，智慧。費
曼除了是著名的小丑及天才之外，他也是位智者，他對嚴肅問題
的回答都很有道理。他對我與其他向他尋求建議的學生們，都講
了真理。費曼跟愛因斯坦與霍金一樣，都經歷過非常痛苦的時
期，他在艾琳病痛的時候，照顧她並眼睜睜地看著她死去，然後
變得更加堅強。在他的巨大熱情與享受生活的背後，是對悲劇的
體認，知道我們在地球上的時光既短暫又不安穩。大眾視他為偶
像，因為他不只是偉大的科學家及小丑，同時也是個偉大的人，
以及受苦受難時的嚮導。其他有關費曼的著作，都將他描寫為科
學奇才及說故事能手。這本信件選集，首次向我們展示了，那位
關照父母的兒子、那位照顧妻兒的丈夫與父親、那位關心學生的
老師，還有那位對於全球各地來信尋求建議者，都同樣盡力關心
並給予回覆的作家[8]。

---

8. 這篇書評只勾勒出費曼眾多面向中的一面而已。關於其他面向的概略描述，請
　參考第 25 章及第 26 章。

第四部
個人與哲學論述

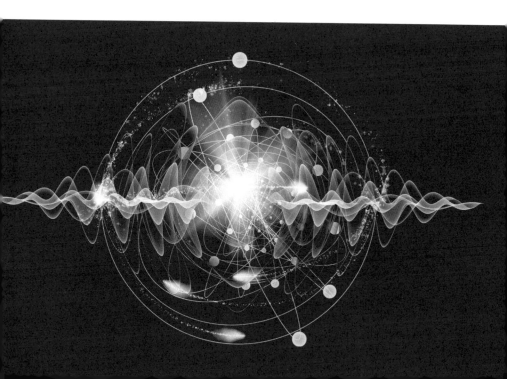

第 24 章

世界、肉體與魔鬼

《世界、肉體與魔鬼：對理性靈魂三個敵人的未來所做的調查》（*The World, The Flesh and the Devil: An Enquiry into the Future of the Three Enemies of the Rational Soul*）是戴斯蒙德・伯納爾（Desmond Bernal）第一本的著作，這是一九二九年他二十八歲時出版的書 [1]。四十年後，這本書再版時，他寫了一篇序言表示：「這本簡短的著作是我寫的第一本書，也是我極為依戀的一本書，因為它包含了許多想法的種子，那些都是我在自己整個科學生涯中，用心闡明的想法。對我而言，書中的內容似乎仍然有用。」他在人生最後幾年因中風而殘疾無能之際，知道自己年輕時期的作品再次被新生代讀者購買與閱讀，對伯納爾而言必定是安慰。

這本書是這樣開場的：「未來有兩種，一種是欲望的未來，一種是命運的未來，而人類理性從未學會分辦它們。」

我不知道還有哪本英文著作的開場白，可以比這個更好。伯納爾謙虛地表示他著作的「內容似乎仍然有用」，這在一九六八

---

1. New edition, Indiana University Press, 1969.

年是這樣，放在一九七二年也是這樣沒錯。從他撰寫此書的一九二九年以來，科學與人類都發生了極大的變化。若是這本書的內容都沒有因為過去四十年發生的事件，而變得過時或被取代，那就神奇了。但令人驚訝的是，事實證明書中內容幾乎沒有出錯，或與我們現在所關注的無關。

伯納爾認為，未來是人類理性本質對抗三個敵人的奮鬥。第一個敵人，他稱為世界，代表著物質缺乏、土地不足、氣候惡劣、沙漠、沼澤，與其他讓大多數人生活在貧困之中的實質障礙。第二個敵人，他稱為肉體，代表著人類生理上的缺陷讓人容易生病、擾亂人清晰的思路，最終因衰老退化而被摧毀。第三個敵人，他稱為惡魔，代表著人類心理本質上的非理性力量，這會凌駕於理性的微弱聲音之上，扭曲人的知覺，讓人因為瘋狂的希望及恐懼而偏離正軌。伯納爾相信，人的理性靈魂最終將戰勝這些敵人。但他並不期待勝利會毫不費力的到手。在這三場奮鬥中，他看見只有在人類準備好採取徹底極端的措施，才有擊敗敵人的希望。

簡單總結，伯納爾所指的徹底極端措施如下：要擊敗世界，大部分的人類將會離開這個星球，去生活在散布於外太空的無數自由漂浮殖民地。要擊敗肉體，人類將學會如何使用人工替代品來取代衰竭的器官，直到我們成為大腦與機器的緊密共生體為止。要擊敗惡魔，我們首先得要按照科學路線重整社會，然後以現在還未發現的科技工具直接介入我們大腦的情感功能，學習運用有意識的智慧控制力，來掌控我們的心境與情緒欲望。這個總結太過簡化伯納爾的論述。他並沒有認為，這些補救方法能為人類的問題，提供最終的解決方案。他很清楚，人類處境的每一次

變化，都會為理性靈魂創造出新的問題及新的敵人。他就在這裡停下腳步，因為無法看見任何更進一步的東西。他在「肉體」一章的結尾處寫道：「這可能是終點，或也可能是起點，但從這裡開始就看不見了。」

我們在一九七二年這個優勢地位上，可以看到多少伯納爾在一九二九年看不到的東西呢？一九二九年與一九七二年之間，最為明顯的首要不同之處是，對於技術在人類事務中所扮演角色的進一步擴張，我們現在會有條理地大力反對。今日的社會先知，將科技視為毀滅的力量，而非解放的力量。伯納爾相信，太空殖民、完美的人工器官與掌控大腦生理，會是人類未來的關鍵。但在一九七二年時，這非常不受時下所認同。順應當代潮流的人們覺得太空不重要，他們認為生態學是唯一一支在道德上值得尊敬的科學。

不過，若是認為伯納爾的想法比較符合一九二九年，而非一九七二年的流行觀點，那就錯了。伯納爾從來就不是一個會跟隨浪潮的人。科技在一九二九年並不受歡迎，因為人們會將科技聯想到一次大戰的毒氣戰，就像科技現在也因為與廣島原子彈及越戰落葉劑聯想在一塊，而不受歡迎。一九二九年時，人們對科技厭惡的聲音並不像今日這麼強大，但實際上的厭惡程度並沒有比較少。伯納爾了解自己對於人類與社會重建的提議，完全沒有顧慮到人類根深蒂固的本能，但他並沒有因此就緩和自己的意見或妥協。他相信理性靈魂最終會接受他對未來看法是合理的，這對他來說就已經足夠了。

他預見人類會分裂成兩支，一支依循他提的科技路線前行，另一支則盡可能地維持古人的自然生活。他認為，這種種族分裂

不會造成無法容忍的衝突與社會崩壞，但先決條件就是，人類要擴展至廣大的太空中。在一九二九至一九七二年間，我們對於科技產生的有害影響有了更廣泛的看法，但這並不會影響到伯納爾論點中的核心部分，受影響的只有細節部分。

　　一九二九年至一九七二年間的另一個明顯區別是，人類已經登上月球。不過這件事對伯納爾觀點的可信度，並沒有什麼影響。伯納爾在一九二九年就預見，人類將會以廉價的方式大量從地球往太空移動。不過他並不知道這要如何達成，而我們也仍不知道這應該要如何達成。以人類一九六九年登陸月球的技術，當然不可能達成。我們知道，要將人類從地球移民到太空中的運輸能量花費，原則上不能高過從紐約到倫敦的交通花費。要將這種「原則上」轉化成現實的要件有二，首先是超音速飛行器的工程技術大躍進，其次是交通流量成長到足以出現大規模經濟體。阿波羅太空船與未來廉價大眾運輸太空船的關係，有可能會像是一九三○年代壯觀的飛船與今日的波音747客機一樣。R101號飛船又大又漂亮，但是既昂貴也脆弱，就像阿波羅土星5號（Apollo Saturn 5）一樣。如果這個比喻恰當，我們將在五十年後左右，以合理的價格運輸至太空中。但我這樣相信的理由，實際上並沒有比伯納爾在一九二九年相信它的理由更穩當。

　　讓我們在一九七二年能看得比一九二九年的伯納爾更遠的決定性變化是，分子生物學的出現。伯納爾是分子生物學的創始人之一。一九三○年代，伯納爾經由X光的技術，掌握了繪製大型分子結構的技術。他了解這門技術將會成為理解生命物理基礎的關鍵。他具有開創性的成果，直接引導了一九五三年雙股螺旋的發現。羅莎琳德·富蘭克林（Rosalind Franklin）在伯納爾位於

倫敦的實驗室中工作，她拍攝出展現DNA具有雙股螺旋結構的關鍵X光片。伯納爾在一九六八年為這本書寫的序言中表示，雙股螺旋是「所有科學中最偉大且最全面的想法」。這項發現帶來的結果就是，讓我們了解活體細胞組織與再生的基本原理。雖然許多謎團仍然未解，但銳不可擋的是，我們應該會在二十一世紀時完全詳細了解生命的化學過程，包括了高等生物的發展與分化過程。我認為銳不可當而且人們由衷希望的是，我們將會為了自己的目標，而學會運用這些過程。二十一世紀將會出現，完全掌握生物學原理的全新技術，就像我們現有技術掌握了物理學的原理一樣。

新的生物科技可能會往三個不同的方向發展，這三個方向可能都會有人追隨，也可能在特定目標產生豐碩成果。第一個是生物學家主要討論的方向，這些生物學家認為，他們對於某項研究影響人類的後果要擔負起責任，他們稱這項研究為「基因手術」。這個想法是，我們能從人類卵子與精子細胞中，讀取DNA的基本序列，接著在電腦上跑這段序列，找出不良基因及突變，然後經由顯微操作，將無害基因插入DNA序列之中，來取代不良基因。另外也可以將帶有各種想要的特性DNA基因，放入個體之中。

這項科技非常困難，也很危險，而其應用將會引發嚴重的道德問題。賈克・莫諾（Jacques Monod）在一九七一年的著作《偶然性與必然性》（Chance and Necessity）中，以一貫武斷的自信，無視關於此的一切想法。他說：「從分子基因當前的進展中，偶爾會出現治療的希望。有些膚淺的人散播了這樣的妄想，這種妄想最好是要消除掉。」雖然我很尊敬莫諾，但我仍要勇敢

地駁斥他的輕蔑說法，我相信基因手術在人類未來會扮演重要角色。但我認同生物學家們的普遍看法，使用人類基因材料介入時一定要非常小心。人類細胞中數千個基因的交互作用極為複雜，所以將基因標記為「好」或「壞」的電腦程式，僅能處理最嚴重的缺陷。有些強大的論點宣稱，基因手術在未來的一百年內會被禁止，或是被禁止到我們對人類基因的了解大幅超過現在為止。

　　拋開基因手術在人類上的應用不談，我還預見了我們將在二十一世紀掌握其他兩種生物科技。這兩種生物科技雖然危險性較低，但仍然具有十足的革命性，可以改變我們的現況。我將這些新興科技視為強大盟友，可以對抗伯納爾那三位敵人的攻勢。我將它們取命為「生物工程」與「自我複製機器」。生物工程指的是，為了達到人類的目標，而設計製造的人工合成生物體。自我複製機器指的則是，以無生命物質來模仿生物的功能與繁殖，像是以電腦程式模仿DNA的功能，以及用微型工廠來模仿蛋白質分子的功能。在我們對於簡單多細胞生物的組織及發展原理，有完整的了解之後，運用這兩種新科技的大道，就會為我們開啟。

　　我預測在生物工程上最先取得，也是最不具爭議的成果，就是工業發酵技術的擴展。當我們可以生產出具有專門酵素系統的微生物時，就可應用這種微生物來進行化學操作，其精緻程度與經濟效益，會遠大於現有工業實作所能允許的規模。舉例來說，煉油廠將會有各式各樣的菌類，這些菌類是專門設計來將原油精準代謝成各種用途所需的烴立體異構體（hydrocarbon stereoisomers）。一個油槽會含有正辛烷菌，而另一個油槽則會含有苯菌，以此類推。所有菌類都內含可將硫代謝成單質形態的酶，因此硫氣體對大氣造成的污染，就可以完全受到控制。要管

理與操作規模如此之大的發酵槽並不容易，但能獲得的經濟與社
會回報極大，因此我有信心我們將可以學會要怎麼做。

在我們掌握了生物煉油廠的技術之後，隨後還會出現運用
相同原理，且更加重要的應用。將會出現某種工廠，可以運用生
物科技，將廉價原料轉變成為特定食物；也會出現某種污水處理
廠，能有效率地將廢水轉化成可用物質及純水。要執行這些操
作，我們將需要整套包含多種微生物的設備庫，裡面的微生物都
經過訓練，可以吸收及分泌適當的化學物質。而且我們會在這些
微生物的新陳代謝中，設計自我清除的特性，這樣一來，當它們
缺乏食物時，就會因為相互吞食而消失。它們不會像今日科技中
用於吞食污水的細菌那樣，留下腐爛的殘骸，那些殘骸只比它們
所吃的那堆東西毒性弱一點而已。

如果這些預期成真，生物科技的進展將會大力幫助建立各種
工業發展模式，讓人類可以健康舒適地過生活。煉油廠不必發出
臭味，河流不必變成污水道。不過，還有許多環境問題，是在封
閉油槽中運用人造微生物無法觸及的。舉例來說，探礦與廢棄車
輛對環境所造成的污染，不會因為建立較為乾淨的工廠而減少。
在封閉式生物科技工廠之後，生物工程的第二步，是讓人造微生
物散布到環境中。無可否認的，這是比第一步更具危險性，也更
有問題的步驟。只有當我們能深入了解微生物會對生態造成什麼
後果後，才能進行第二步。不過，因為人造微生物在環境層面上
具有巨大優勢，以至於我們不太可能永遠不使用它們。

當人造生物散布在地球上時，可以為我們產生採礦與清污這
兩大功能。大自然在沒有人為干擾下所展現的美景，很大程度上
應該要歸功於平衡生態系統中的自然生物，因為它們是出色的採

礦工與清道夫。採礦的主力是植物及微生物，它們從水、空氣及土壤中提取礦物。舉例來說，最近發現地面上的生物，能高效地從空氣中開採出氨與一氧化碳。至於清道夫，我們可以從一個事實中看出，那就是自然森林中死掉的鳥，沒有堆得像我們垃圾場中的報廢車輛那麼高。人類對自然美景所做出的許多危害，正是因為我們採礦與清污的能力不足。自然生物知道在自然環境中要如何有效採礦及清污。在人為環境中，自然生物與我們都不知道要怎麼做。不過，在自然與人工徹底混合的環境中，我們沒有理由無法設計出能為我們收集原料與處理垃圾的高適應性人工生物。

人工生物可以解決問題的簡單例子，就是湖泊的優養化。目前有許多湖泊都被過度生長的藻類所破壞，這些藻類因水中的高濃度氮或磷而過度生長。經由可以將氮轉變成分子形式或將硫轉變成不溶解固體的生物，即可停止這樣的危害。還可以運用其他更好的作法，將生物設計成能把氮及硫轉移至食物鏈，最終讓氮存入某些可口的魚類之中。長遠來看，以這種方式控制與採收湖泊的礦物資源，會比人為維持「自然」荒蕪的狀態更為可行。

人工採礦生物不會像人類礦工那樣運作。它們大多數都是設計來採集海洋中的礦物。舉例來說，牡蠣可以從海水中汲取黃金並分泌出金色的珍珠。另一個比較沒有詩意，但更為實際的可能性是一種人工珊瑚，其可以建造出富含銅或鎂的礁岩。其他採礦生物可能會像蚯蚓一樣鑽入泥土及黏土中，將鋁、錫或鐵的礦砂聚集在體內，並以某些便於人類採收的方式排泄出來。生存所需的每樣原料，幾乎都可以從海洋、空氣或黏土中開採，無需深入挖掘地底下。對於需要傳統採礦的地方，人工生物仍可用於分解及提煉礦石。

　　不用發揮太多想像力，就可以預見人工生物做為清道夫的效用。適合的微生物可以將河川與湖泊中危險的有機汞，轉變成無害的不溶固體。今日地球各處都布滿了聚氯乙烯和類塑膠材料所形成的垃圾，我們可以好好利用喜歡吃這種垃圾的生物。可以想像，我們或許會生產出專門用來嚼爛廢車的生物。但人們可能會希望，現在這種形式的汽車，在需要被納入人工食物鏈之前就已經消失。清道夫生物更重要也更長久的角色，是去清除環境中殘存的放射性。核分裂反應爐產生的三種最具危害的放射性元素，是鍶、銫及鈽。這些元素的半衰期很長，只要人類使用核分裂做為能量來源，就無可避免地會釋出少量的這類元素。若是我們有專門設計的生物，能從水或土壤中吞噬這三種元素，並將其轉變成為不可消化的形式，那麼核能所造成的長期危害將會顯著降低。還好這三種元素對於我們體內的化學作用都不是必需品，因此若讓它們變成不可消化的形式，對我們也沒有什麼損失。

　　我已經描述了生物工程的兩個首要步驟。第一個將會改變我們的產業，而第二個將會改變我們的地球生態學。現在要來談談第三個步驟，也就是太空殖民。生物工程是項重要工具，伯納爾認為這讓人類擴展至太空中的夢想變得實際可行。

　　首先我們必須澄清一些大眾對於太空居住地的誤解。一般都認為行星很重要。其實除了地球之外，其他行星都不行。火星沒有水，而其他行星出於各種原因，基本上也都不適合人居住。一般認為，出了太陽系的行星群，要到達另一個恆星還得跨過幾光年空無一物的太空空間。實際上，太陽系周圍的太空中充滿了大量彗星，在這些直徑只有幾英里的小世界中，富含水及其他生命所需的化學物質。只有在彗星的軌道碰巧出現隨機擾動，造成它

突然靠近太陽時，我們才會看到其中一顆彗星。每年似乎都會有一顆彗星進入太陽附近的區域，最終被蒸發及瓦解。如果我們假設遠處的彗星數量很充足，在太陽系存在的數十億年間都持續不斷地進行這樣的過程，那麼偶爾接近太陽的彗星總數量，必定達到數十億顆。這些彗星的總表面積為地球表面積的幾千幾萬倍。我從這些事實中得出的結論是，太空中最有潛力的生活居住地是彗星，而非行星。如果其他恆星擁有的彗星真的跟太陽一樣多，那麼彗星將會遍布我們整個銀河系。我們沒有證據支持或反對這個假設。倘若這是真的，則代表對星際旅行者而言，我們銀河系是比普遍認知中，更為友善的地方。在太空沙漠裡，可居住綠洲之間的平均距離不會以光年為單位，但大概是以光走一日，或甚至更短的距離為單位。

因此，我樂觀看待銀河系能成為生活居住地。銀河系中有數百萬顆的彗星，可以充份供應活體細胞所需的水、碳與氮等基本成分。當彗星落在太陽附近時，我們看到它們包含了我們生存所需的所有共同要素。它們只有欠缺人類居住所需的兩個基本需求，即是溫暖的溫度和空氣。現在生物工程將會有所幫助，我們將學會在彗星上種樹。

要讓樹在陽光距離遙遠且沒有空氣的太空中生長，基本上就是要重新設計葉子表皮的問題。在每種生物中，表皮都是關鍵部位，必須根據環境需求精心剪裁。在太空中的樹葉表皮必須滿足四個要求。它必須無法被遠紫外線穿透，以保護重要組織不受輻射的傷害。它必須不透水，也必須將可見光傳送到進行光合作用的器官。它的遠紅外線發散率必須要極低，以便於限制熱量散失並避免凍結。具有這種樹葉表皮的樹木，應該可以在任何與太陽

距離木星及土星軌道差不多遠的彗星上，生根並茂盛生長。比土星更遠的地方，因為陽光過於微弱，單一葉片無法保暖，但若是樹木自己可以長出複合樹葉，就可以在更遠的地方生長。複合樹葉會有能行光合作用的部位，這能保持自身的溫暖；還有凸面鏡的部位，讓它本身能夠保持涼爽，並可將太陽光聚焦於行光合作用的部位上。我們應該可以為樹木編寫基因指令，讓它可以長出這樣的樹葉，並正確引導樹葉面向太陽。許多現有植物都擁有比這個更複雜的結構。

　　一旦讓樹葉可以在太空中發揮作用，樹木的其餘部位——樹幹、樹枝與樹根，就不會有什麼大問題。樹枝不能凍結，所以樹皮必須要是極佳的隔熱材質。樹根要能穿透並逐漸融化彗星冰凍的內部，而樹要能從根部吸收的材料中，打造出自己的本體。樹葉製造出來的氧氣，不能讓它散失到太空中。相反的，它要被向下運送到根部，並釋放到在樹幹間的人類居住與休息區域中。還有一個問題就是，在彗星上的樹可以長多高？答案相當驚人。在直徑約為十英里的任何天體上，重力非常微弱，所以樹可以長到無限高。一般樹木的強度，就足以將自身抬離重心至任意距離。這代表著，直徑十英里的彗星可以長出數百英里的樹木，在一定區域的樹木收集到的太陽能，將會是彗星本身相同區域所能收集到的數千倍。從遠方看去，這顆彗星就會像是長出巨大莖葉的小小馬鈴薯。當人類生活在彗星上時，他們會發現自己回到了祖先以樹維生的狀況。

　　我們不僅將樹木帶到彗星上，也將許多各式各樣的動植物帶到彗星上，為我們自己創造出地球上曾經有過的美麗環境。也許我們會教植物產出可以在無垠太空中航行的種子，好在人類未曾

到過的彗星上傳播生命。也許我們將會開啟一波生命浪潮，這將在彗星與彗星之間無止盡地蔓延開來，直到我們讓銀河系都綠化了。正如伯納爾所言，這可能是個終點或起點，但從這裡開始就看不見了。

在我們開發生物工程的同時，可能會經由另一條自我複製機器的路徑，達到同樣強大的工業革命。自我複製機器是具有活體生物繁殖與自組能力的工具，但它們是用金屬與電腦組成，而不是由原生質及大腦所構成。數學家馮諾曼最先證明了自我複製機器在理論上是可行的，並勾勒出其構造的邏輯原理。自我複製機器的基本組成，完全就是仿照活體細胞的基本組成。細胞中，基因物質（DNA）與酵素機構（蛋白質）間的功能區別，完全對應到自我複製機器中軟體（電腦程式）與硬體（工具機）間的區別。

我認為在二十一世紀，藉由模仿生命過程，並去改善這個過程，我們將學會建造自我複製機器。這些機器經過程式設計，將可以像鳥這種高等生物的細胞一樣，精巧地繁殖、分化與協調彼此的活動。在我們建造出蛋機，並提供它適當的電腦程式後，這個蛋與它的後代將會長成一個工業綜合體，能夠執行任何規模的經濟任務。它可以建造城市、種植花園、建構發電設施、發射太空船或是養雞。所有的程式與執行將會一直在人類的控制之下。

這樣一種用途廣泛的強大科技，其對人類事務的影響並不容易預見。輕率的使用這種科技，很快就會走向生態浩劫。明智地使用它，則可以迅速降低人類所有的純經濟困難。這為富有與貧窮的國家提供了同樣的經濟資源成長速度，而其速度會快到經濟限制再也無法主導人類生活的方式。就某種意義上來說，這種科技將成為人類經濟問題的永久解決方案。就跟過去一樣，當經濟

問題不再迫切，我們會發現總有不匱乏的新問題取而代之。

因為美觀或生態理由，在地球上可能會出現的情況是，自我複製機器的使用受到嚴格限制，而生物工程的方法在任何行得通的地方將會取而代之。舉例來說，自我複製機器可以在海洋中增生，收集供人類使用的礦物，但我們可能會更願意讓珊瑚及牡蠣更安靜地完成同樣的工作。如果經濟需求不再是最重要的，那麼為了環境和諧，我們承擔得起某種程度的效率損失。因此，自我複製機器在地球上所扮演的角色，可能極為克制又不出風頭。

自我複製機器能夠發揮的領域，將會是在太陽系中不適合人類居住的地方。以鐵、鋁及矽膠製造的機器不需要水，它們可以在月球、火星或其他小行星上擴散並蓬勃發展，執行龐大的工業計畫，且不會對地球的生態有任何風險。它們將以陽光與岩石為食，不需要其他原料來進行建造。他們將在太空中建造出伯納爾想像人類可以居住的自由飄浮城市。它們將從具有充沛水源的外行星衛星上帶來大量的水，送到太陽系內部需要水的地方。這些水最終會讓火星的沙漠生意盎然，讓人類走在那裡的戶外天空下，能呼吸到像地球一樣的空氣。

從長遠的眼光看未來，我預見了太陽系將會分為兩個區域。陽光充足但水資源缺乏的內部區域，將會是大型機器與政府企業的區域。人們將組織成龐大的官僚架構，自我複製機器在這裡將會是個順從的奴隸。外部與陽光照射不到的區域將會是外部區域，那裡的水資源充足但陽光匱乏。外部區域中有彗星，那裡的樹木與人們生活在較小的社群之中，彼此之間距離遙遠。在這裡的人們會再次找到他們在地球上失去的野外生活。成群的人們可以隨心所欲的自

由生活，不受政治當局的管理。在距離太陽遙遠的外部區域中，他們將可以永遠漫遊在地球不再擁有的開放領域中。

　　我已經描述了我們要如何對付世界與肉體，但還沒有提到我們要如何對付魔鬼。伯納爾在對付魔鬼上也遇到困難。他在一九六八年的序言中承認，書中關於魔鬼的那一章是讓人最不滿意的內容，魔鬼總是會找到人類的新愚蠢行為，好阻撓我們太過理性的夢想。

　　因此我沒有假裝我對魔鬼的詭計有解決方法，而是以討論人性的因素來結尾，這些人性因素顯然阻礙了我們去實現我所說的宏大設計。當人類面對著從事任何偉大事業的機會時，總是會有三個人性弱點大力阻擋我們的努力。首先是無法定義或是一致認同我們的目標。其次是無法籌措足夠的資金。第三是對嚴重失敗的恐懼。這三個因素顯然都為美國近年來的太空計畫帶來困擾。不過這些因素仍未真的讓計畫終止，這在在都證明了這項計畫的生命力。當我們面對未來極巨大的生物科技與太空移民企業時，同樣的三個因素必定會再次造成我們的困擾與延誤。

　　我現在想要藉由一個歷史案例，來對你說明如何克服這些人性弱點。我要引用清教徒先祖之一的威廉・布拉德福德（William Bradford）所著的《普里茅斯殖民史》（Of Plimoth Plantation），這本書是在描寫麻薩諸塞州第一批英國移民的歷史。布拉德福德擔任普利茅斯殖民地的總督有二十八年之久。在移民過來的十年後，他開始寫下這段歷史。他寫下這段歷史的原因，就像他自己說的那樣：「讓孩子們可以看到，他們父親開始經歷這一切時所要面對的困難。還有就是，以後可能會有其他人得要面對類似的困境，那麼這段歷史可能就會有些用處。」

二百年來，布拉德福德的這本著作一直沒有出版，但他從不懷疑自己所寫的東西能長久存在。布拉德福德在這裡描述了無法對目標達成共識的問題。時間點是在一六二〇年的春天，就是清教徒先人啟航的那一年：

但是，在所有事情中，最為困難的就屬行動的部分了，特別是有許多參與者必須有共識的工作，就像在這裡所看到的一樣。一些本來應該離開英國的人脫隊不去了。其他原本願意冒險投資的商人與朋友退縮了，還編造了許多藉口。有些人不喜歡去不了圭亞那（Guiana）。另外一些人再次表示，除非去維吉尼亞州，不然不願意冒險。有些人（我們最仰賴的那批人）非常不喜歡維吉尼亞州，若是要去那裡，那麼他們什麼事都不要做。來自萊登（Leyden）的人們，推遲了建造自己家園的計畫，並投入了大筆金錢。夾在這些分歧的意見中，讓他們相當緊張，擔心這些事情會帶來什麼問題。

下一段引述則有關長期的資金問題。布拉德福德在這裡引用了羅伯特・庫什曼（Robert Cushman）信中所寫，庫什曼是負責為清教徒航行採買備品與食物的人員。他在一六二〇年八月十七日從英國達特茅斯（Dartmouth）寫了這封信，那是延誤已久的一年，船隻早在幾個月前就該啟程：

馬丁先生說，他在那種情況下從來就沒有沒收到錢過，他對那些商人一點義務都沒有，他們是吸血鬼，我不知道這是怎麼一回事。那個簡單的人的確沒有跟商人談過任何條件，甚至也沒有

與他們說過話，但所有的錢是用飛的來到漢普頓（Hampton）的嗎？或者那是他自己的錢？有人會像他那樣，不知道錢怎麼來的，或在什麼條件下才可以用，就魯莽浪費地花起這筆錢嗎？其次，我很久之前就告訴過他有變動，他也欣然接受，但現在他變得不可理喻，說我把他們出賣給奴隸，他對奴隸沒有義務。他可以自己打理兩艘船啟程。好傢伙，什麼時候呢？他投入了自己僅有的五十鎊，如果他放棄自己那一份，那他就一分錢也沒有了，我就是這樣被他說服的。朋友，如果我們真的開創了一個殖民地，那就是上帝創造的奇蹟了！特別是考慮到我們的糧食多麼缺乏，我們大多數人都不團結，也沒有良好的領導人與團體。

我引述的最後一段是在描寫對災難的恐懼，這出現在清教徒最初決定前往美國的爭執中：

其他人再次因為恐懼而反對，並試圖轉移話題。他們提出很多意見，那些都不是不合理或是不重要的事情。因為這是大型計畫，且會遭受到許多意想不到的危險。除了海上人員的傷亡（這是無可避免的），還有這麼長的航程會讓體弱的婦女及其他年長或勞苦衰弱的人們（很多人都這樣）無法承受。就算他們願意渡海，他們將踏上的那片土地狀況很糟，可能會讓他們難以承受，其中一部分或是全部的人可能會氣力耗盡，徹底毀了他們自己。因為在那裡，他們很容易就會挨餓受凍，某種程度上來說，根本就是一無所有。空氣、食物與飲水的變化，會讓他極不舒服並染上重病。還有那些逃過或是克服這些困境的人，仍會持續處在野蠻人的威脅下，那些野蠻人殘酷、野蠻且極為奸詐，對自己征服的地方，會採取最為狂

暴無情的手段，他們不滿足於殺戮及奪走生命，還喜歡用最血腥的
方式來折磨人。

　　我可以繼續長篇引用布拉德福德的文字，但這不是重點。
重點是我們可以從他身上學到什麼？我們學到，不團結、資金
短缺與對未知的恐懼，是人類並不陌生的三個魔鬼。無論什麼
時候，只要我們經歷重大冒險，它們便一直與我們同在，而且
將永遠與我們同在。從布拉德福德那裡，我們也學到要如何擊
敗他們。清教徒不是使用技術與邏輯的魔法來擊敗它們。清教
徒的勝利需要那些承受壓力的人們還要能具備各種美德：韌
性、勇氣、無私、遠見、常識與良好的幽默感。布拉德福德認
為對上帝旨意的信仰，是最重要的美德，他會將信仰放在這份
列表的首位。

　　在這番長篇大論的結尾，我要對自己不認同伯納爾的部分提
出說明；伯納爾相信，我們將經由社會主義組織與應用心理學所
結合的工具來擊敗魔鬼。而我相信我們最好的防禦，將是仰賴從
布拉德福德時代到我們時代一直保持不變的人性特質。如果我們
夠明智，我們將在未來的幾個世紀中完好保留下這些人性特質，
這些特質將見證我們安全地渡過許多確實在等待我們的命運危
機。不過我讓伯納爾有最後一次發言的機會，而這段話也是布拉
德福德必定經常思考的一個問題，當他看著土生土長的第一代新
英格蘭人偏離了上一代的路徑時，他不知道要如何回答：

　　我們仍然怯生生地抓著未來，但第一次理解到它就是我們自己
行徑所產出的東西。看過它之後，我們是否要放棄那些違反我們最

初欲望本質的東西，或是我們對於自己新能力的理解，足以改變這
些欲望，為其所帶來的未來效勞呢？[2]

---

2. 這次演講的地點是在倫敦的伯克貝克學院（Birkbeck College），這間學院原先是
一所夜校，為有心想要自我提升的工人提供教育。身為激進馬克思主義者的伯
納爾，發現伯克貝克學院與他義氣相投，就在那裡工作了大半輩子。他於 1971
年過世，我在一年後發表了一場演講來紀念他。演講中提出的想法，為我以後
在寫到未來時奠定了基礎，特別是我著作《宇宙波瀾》（*Disturbing the Universe*,
Harper and Row, 1979）中的「思想實驗」及「銀河綠化」這兩章。

第 25 章

上帝在實驗室裡？

　　本章要提到的是兩位著名的科學家理查・費曼與約翰・波金霍爾（John Polkinghorne），對科學及宗教的看法。理查・費曼於一九六三年，在西雅圖的華盛頓大學演說了一系列的丹利講座（Danz Lectures）[1]。約翰・波金霍爾則於一九九六年，在耶魯大學給了一系列的特里講座（Terry Lectures）。這兩人極為不同，波金霍爾是一絲不苟的學術界學者，費曼則是衝動型的叛逆者。波金霍爾對於出版自己的講稿準備得非常嚴謹，他為我們提供了邏輯一致的優美論述。另一方面，華盛頓大學出版社邀請費曼整理講稿，想於一九六三年出版他的演講內容，但費曼從未整理。華盛頓大學有錄下這些講座，並保留了錄音帶。

　　我們這裡有的是費曼當初演講的逐字稿，這是他從零碎的筆記中臨場發揮的內容，費曼的言談及人格特質從中清晰可見。他談論的是真實的人及他們的問題，而不是抽象的哲學。他之所以對宗教感興趣，因為那是人們理解自己生活的一種方式，但他對神學並不感興趣。波金霍爾的想法則完全不同，他是位科學家，

1. *The Meaning of It All: Thoughts of a Citizen-Scientist*（Addison-Wesley, 1998）.

同時也是英國教會任命的牧師。他受過正規的神學訓練，才能被任命為牧師。對他而言，神學跟科學一樣真實及嚴肅，他書中提到有關神學的內容要多於宗教。

　　我從這兩本書中各挑選了一段出色的文字，來展示這兩本書截然不同的風格。波金霍爾的部分，我引用了他名為「發現真相：科學與宗教的比較」的第二章，這篇是了不起的傑作。波金霍爾比較了歷史上的兩場思想奮鬥，一場是科學上的奮鬥，另一場是宗教上的奮鬥。在科學奮鬥上，他提到了量子力學的探索與發展，這場奮鬥從二十世紀初期一直持續到二十世紀末期。在宗教奮鬥上，他提到了神學對耶穌本質的理解，這場奮鬥從聖保羅在耶穌死後不久提筆寫信那時開始，一直持續到看法多元且確定性降低的現代為止。他將這兩場奮鬥分為五個時期，並詳盡展示了這兩場奮鬥在五個發展時期中，發生的事件如何一致對應。在第一個時期，古典力學的崩壞、原子光譜的謎團以及普朗克與愛因斯坦發現光量子（light-quantum）等事件，對應到耶穌的死亡、門徒在耶路撒冷所經歷過的耶穌復活之謎，以及聖保羅對這些事件的全新理解。

　　在第二個時期，物理學與神學都充滿混亂；物理學中的古典理論與量子理論產生衝突，而神學中的正統與異端也陷入衝突中。在第三個時期，一九二五年出現的量子力學，解決了大多數尚未解決的物理問題，取得了巨大勝利。而基督學在西元四五一年時，因為集結在迦克墩公會議的神學家們頒布了關於耶穌本質的教條，使之成為東正教徒此後必須信仰的教條，因此也取得了巨大勝利。在第四個時期中，兩者都持續與未解決的問題纏鬥，物理學中是解析量子論所產生的矛盾，而在神學中是耶穌化身的

悖論。在第五個時期，物理學及神學都認知到新的見解具有深遠意義，我們離最終真理還非常遙遠。

波金霍爾從兩場奮鬥的細部一致性中，論證了科學與神學是探索單一知識的兩個面向，他認為探索上帝的神學與探討自然的科學，在本質上是相同的。這是個宏大的見解。他用來支持此見解的歷史證據讓人印象深刻，但我必須說，雖然我很欣賞波金霍爾的見解，可是我並不認同。要認同他的見解，就必須忽視科學與神學之間的關鍵差別。說到底，科學有關實質事物，而神學有關語言文字。每個地方的實質事物都以同樣的方式在運作，但語言文字卻不是。量子力學在所有國家及所有文化中的作用都一樣。量子力學賦予植物力量，能將太陽能轉換至葉子與果實中；量子力學也帶給動物力量，能將太陽能轉換至視網膜與大腦的神經影像中，無論人們住在東京還是廷巴克圖（Timbuktu）都一樣。神學則只在單一文化中有作用。在波爾霍金的文化中，「化身」與「三位一體」等詞語具有深遠意義，若你不是生長在跟他一樣的文化中，就無法擁有跟他一樣的觀點。

費曼演講錄引用的出色段落是從第三十四到四十八頁，跟波金霍爾的段落一樣，都是第二章，也都明確闡述了科學與宗教之間的關係，但兩個段落的相似性就此而已。費曼對學術論證不感興趣，他只關心人類的問題。他對宗教深表敬意，因為他認為宗教協助人們彼此友善對待及勇於面對悲慘之事。他認為宗教是人性重要的一部分。他本身不相信上帝，但他並不希望摧毀其他人的信仰。他沒有寫到專業科學家或專業宗教思想家，他寫的是來到大學的學生，這些學生家裡有著強烈的宗教信仰，他們在接觸到現代科學後，發現自己對原先的信仰有了疑問。他親眼目睹某

些學生所遭受到的痛苦,但他並沒有聲稱可以解決學生的問題。他看到守舊家庭信仰與科學道德之間的真正衝突,守舊家庭信仰要學生要毫無疑問地相信,而科學道德則要他們質疑一切。

對於出身於基本教義派基督教家庭的學生而言,這個衝突是劇烈的。對他們來說,跳脫困境的唯一方式可能就是完全拒絕科學,或是放棄他們的宗教傳統;還好他們只佔基督徒的一小部分。大多數的基督徒對上帝與耶穌教誨的一般信仰,是能與對細節大量懷疑的態度相調和的。對大多數人來說,宗教是一種生活方式,而不是一套教條式的信仰。就像科學沒有確定性仍可存活,宗教沒有教條也可以存活,兩者可以毫無衝突地共存。這是費曼建議學生的解決方法。

但費曼不是那種可以長時間保持嚴肅的人,所以他的書中遍布了許多精彩的個人故事,那是以實實在在的費曼風格來撰寫,生動描繪出他的想法。我們可以看到,對他而言,故事要來得比哲學重要,大多數的故事都很有趣,有少部分帶著悲傷,他甚至知道要如何將深切的個人悲劇講述成一個好故事。

其中最令人難忘的故事是在講一個假的奇蹟,這發生在他人生中最糟糕的時刻,他的第一任妻子長期臥病,於某天晚上9點22分死於肺結核,她房間中的時鐘也停在9點22分,沒有再動過。這若發生在一位教徒身上,可能會被當作奇蹟。但抱持懷疑精神的費曼,檢視那一刻並了解真正發生的情況。當時也在房間中的護士必須填寫死亡證明,記錄下他妻子的死亡時間與死因;由於房間的燈光昏暗,護士得拿起時鐘來看時間,她看過時間後就將時鐘放回去。這個時鐘很破舊,有些干擾就很容易停下來。這就是奇蹟發生的來龍去脈,也許其他奇蹟也是這麼發生的。對

費曼而言，宗教跟心理學的關係大過神學。費曼認為宗教是人性重要的一部分，要像其他人類現象一樣，用科學的質疑觀點來檢視。

因為歷史上一次奇特的意外事件，使得基督教變得與神學密切相關。沒有其他的宗教認為有必要對上帝與人類之間的抽象性質與關係，做出詳細精準的陳述。在猶太教與伊斯蘭教中，沒有什麼類似神學的東西。我對印度教及佛教的了解不多，但我的亞洲朋友告訴我，這些宗教也沒有神學。他們有信仰、故事、儀式與行為規範，但他們的經文是富有詩意的，而非分析性的。藉由知識分析來接近與了解上帝的這種想法，是基督教派所獨有。

神學在基督教界的威望，對科學的歷史產生兩個重要的影響。首先，西方科學的起源，就是基督教神學。現代科學在歐洲基督教區域爆發性的成長，將世界其餘地方拋在後面，這並非偶然。神學紛爭了一千年，孕育出分析思考的習性，這種習性也可以用於自然現象的分析上。其次，神學與科學之間的緊密歷史關係，造成了科學與基督教之間的衝突，這是科學與其他宗教之間所沒有的問題。一位現代科學家要成為一名像波金霍爾這樣認真的基督徒，要比成為像諾貝爾獎得主物理學家阿卜杜勒‧薩拉姆（Abdus Salam）那樣認真的伊斯蘭教徒還要困難。薩拉姆樂於公開自己的伊斯蘭教信仰，但不覺得有必要為此寫書。對薩拉姆而言，信仰與宗教之間會有衝突的想法是可笑的。伊斯蘭教的信仰與科學無關，但波金霍爾寫了書來向自己與我們證明，他的神學與科學是可以和諧共存的。對他而言，衝突真的有可能發生，因為他的神學與科學來自同樣的起源。

現代科學與基督教神學的共同起源是希臘哲學。造成基督教

嚴重神學化的歷史意外是，耶穌的出生地羅馬帝國東部，當時的主流文化就是希臘文化。

幾年前，我有幸能跟一位以色列的考古學家一同參訪以色列基波立（Zippori）的考古遺址，擔任嚮導的這位考古學家正在挖掘這處城市遺址。基波立是這座城市的希伯來語名，羅馬人稱其為塞佛瑞斯（Sepphoris），這是希臘語名。這次的參訪讓我敏銳意識到基督教的核心矛盾。我可以在這裡看到耶穌果斷拒絕的希臘文化，也就是在耶穌死後不久就滲入基督教，並至此之後就一直掌控基督教的希臘文化。基波立非常接近耶穌童年及青少年時期居住的地方。我爬到基波立最高建築物的頂端，望向五英里遠的另一個山丘。拿撒勒（Nazareth）就座落在那座山丘上。今日的拿撒勒是座城市，而基波立是個廢墟。在耶穌的時代，基波立是個城市，而拿撒勒是個村莊。拿撒勒與基波立之間，步行就可抵達。

基波立有兩個立即就能吸引人們目光的特點，第一個是浸禮池（mikveh），每間房子的地面都挖了很深的浸禮池，這些池子今日仍然存在。這證明了居民是虔誠的猶太人。第二個是希臘式風格與主題的馬賽克裝飾，其中有些是絕世傑作。保存最完整的一幅馬賽克，展示了希臘英雄赫拉克勒斯（Heracles）贏得了一場飲酒大賽的景像。有些馬賽克上還有銘文，全都是用希臘文撰寫。這證明了居民都徹底希臘化了。在居民生活的世界中，希臘文是財富與教育的語言，希伯來文是宗教的語言，而阿拉姆語（Aramaic）是農民的語言。就我們所知，耶穌說的是阿拉姆語。描述耶穌生活的福音及定義新宗教的保羅書信，則是以希臘文寫成的。

　　在檢視過那些關於基波立生活形態的證據後，我們就會毫不訝異地了解到，在西元七十年猶太人大力反抗羅馬時，基波立為何會站在羅馬那一邊，也因此逃離了被摧毀的命運，而耶路撒冷則被摧毀了。在哈德良（Hadrian）做皇帝時，猶太人進行了第二次反抗，基波立還是站在羅馬那一邊，所以再次逃過被摧殘的命運。其後不久，羅馬皇帝卡拉卡拉（Caracalla）的私人朋友擔任了基波立的首席拉比（chief rabbi，猶太教領袖）。毫無疑問地，他們會以希臘文來談論帝國與猶太人民的事務。基波立在羅馬帝國正式採納基督教後被摧毀了，不過不是因為戰爭，而是因為地震。考古學家喜歡地震，因為地震將日常生活方式完好保存在廢墟之下。地震之後，沒有人再回到基波立居住。沒有人弄亂這片廢墟。

　　根據當地阿伯拉基督教徒社群的傳說，耶穌的母親是在基波立出生及長大。這個傳說與我們所了解到的一些關於瑪利亞的事實是一致的。她很可能是位城市姑娘，與約瑟訂婚後搬到了拿撒勒這個村子。無論這個傳說是真是假，約瑟可能不時會步行或騎馬到基波立，在市場購買食物用品，也有可能去販售他的木製用具。當耶穌長大到可以走五英里的路時，他必定也曾走到過基波立。很難想像一個在距離大城市五英里地方長大的聰明孩子，沒有抓住每個去探索它的機會。基波立當時是加利利省中兩個最大的城市之一，另一個是提比里亞（Tiberias）。

　　聖經的故事告訴我們，耶穌十二歲時與他的家人一同拜訪耶路撒冷，他抓住機會與聖殿中博學多聞的博士交談了三天，所有聽過他談話的人，都為他的知識感到震驚。無論那個故事是真是假，他必定有過很多機會與基波立的博學博士們交談，

藉此強化他的知識。我認為基波立是他認識那些經士和法利塞人（Pharisees）的地方，他之後對這些人大力譴責。他很有可能在青少年時是深深沉迷在這座城市的希臘文化中的，可以肯定的是，他成人後就大力反對了。雖然基波立必定是他生活中的重要部分，但聖經中卻從未提及。

我還參觀了那胡姆村（Kefar Nahum），這是位於加利利湖沿岸的遺址，在聖經中被稱為迦百農（Capernaum）的地方。從聖經中的記載可以看出，迦百農是個漁村，耶穌的門徒彼得和安德烈，在耶穌找到他們時是單純的漁民。迦百農就是座希臘城市，雖然沒有基波立那麼大，但有著一樣的風格與文化。當地有座保存良好的猶太教堂，看起來很像座希臘神廟。這座城市具有希臘式的寬敞風格，有著巨大的公共建築物及開放空間，我們可以想像年輕人在此消磨時間，並討論著哲學與宗教上的最新想法。在參觀過迦百農後，我不再認為彼得及安德烈是單純的漁民了。我認為他們是時尚的年輕人，雖然以捕魚為主，但也沉浸在城市的希臘文化中。當耶穌從山丘上走下來，呼喚他們離家，與他一同過著四處傳教的艱苦生活時，他們知道自己要離開什麼樣的生活，也知道自己為何離開。他們可能跟耶穌一樣，對城市生活的虛偽產生厭惡，這就是為什麼耶穌呼喚他們時，他們就跟從他的原因。

依據這些零碎的考古證據，我想像著耶穌與門徒的傳奇景像，無論這個景像成立與否，有兩個事實是確定的；首先，耶穌不是個單純的農民，而是在與城市及大量希臘文化有緊密接觸的環境中長大。其次，他想要以完全清除希臘文化為基礎，來領導人民進行精神上的復興。他所有講道的內容，全都引用自希伯來

聖典中的律法書及先知書。在了解希臘文化所能提供的東西後，他回到了自己的希伯來根源。

當耶穌死後，他引發的群眾運動迅速發展成為新興宗教。這個新興宗教從耶路撒冷迅速傳播至旅人容易到達的其他城市，那些都是希臘文化更為盛行的城市。耶穌的追隨者首先在希臘的安條克（Antioch）自稱為基督徒，而掌理這個新宗教的領導人「塔爾蘇斯的聖保羅（Saint Paul of Tarsus）」是個徹底希臘化的猶太人。聖保羅使用希臘文對雅典的博學人士講道，他的文字奠定了正統基督教教條的基礎。基督教成為不懂希伯來文並接受希臘傳統教育的那批人的宗教。在一個世紀之內，希臘文化席捲了基督教，而希臘哲學也演變成基督教神學。

這段歷史給西方文明遺留下了奇特的歧見。一方面，我們在福音記載的耶穌教義中所發現的耶穌信仰，是一般人在苦難世界中試著找尋自我方向的宗教。另一方面，神學將基督宗教轉變成為嚴謹的知識學科，成為孕育學者甚至是科學家的溫床。費曼寫的就是第一個方面，而波金霍爾寫的是第二個方面。這兩者之間沒有太多關聯性。耶穌同時引發了這兩者的產生，也成了歷史上最大的諷刺之一。

波金霍爾在書的結尾處，平靜地陳述了科學家與神學家共同的信念，即是我們經由人類理性對上帝與自然所理解的這份信念是可靠的。費曼則在結尾處鄭重聲明，支持教宗若望二十三世於一九六三年發布的通論《和平於世》（*Pacem in Terris*），教宗呼籲所有國家在真理、公正、仁愛與自由的基礎上取得和平，並號召對的社會組織來實現這個目標。波金霍爾當然會支持費曼的聲明，不過費曼就不一定會同意波金霍爾的說法了。費曼相信所有

人類的見解都是可以質疑的，就算有人的見解都立基在理性上，他們還是會出錯。

後記（2006 年）

在這篇書評中我寫到「我們在福音記載的耶穌教義中所發現的耶穌信仰 」時，我想到的是前三部福音。第四部的聖約翰福音，向我們展示了一個迥然不同的耶穌，精神上更偏向希臘式，以神學的語言來談論自己。因此，希伯來的耶穌與希臘耶穌之間的衝突，已經存在前三部福音與第四部福音之間。聖約翰福音其實是後來所寫，並且受到希臘思想的影響。這種思想可能來自聖保羅。我要感謝伊萊恩 • 柏高絲（Elaine Pagels），我的大部分基督教常識，尤其是聖約翰福音的部分，都是受教於與她的交談之中。

第 26 章

這份偶像崇拜

　　「我確實熱愛這個人，這份崇拜不亞於任何世人的偶像崇拜。」伊麗莎白女王的劇作家班·瓊生（Ben Jonson）這樣寫道。「這個人」是瓊生的良師益友，他就是威廉·莎士比亞（William Shakespeare）。瓊生與莎士比亞兩人都是成功的劇作家。瓊生博學多聞，具有學者風範；莎士比亞寫意隨興，是個天才；他們之間沒有嫉妒存在。莎士比亞比瓊生大九歲，在瓊生開始寫作之前，倫敦舞台上已經滿是莎士比亞的傑出作品。就如瓊生所言，莎士比亞是個「性情真誠、坦率且不拘小節的人」，他會給予朋友實質的幫助與鼓勵。

　　莎士比亞給過瓊生的最大幫助是在一五九八年，他在瓊生寫的第一部戲劇《個性互異》（*Every Man in his Humour*）演出時，領銜主演其中一個角色。該劇大獲成功，這也開啟了瓊生的職業生涯。瓊生當時二十五歲，莎士比亞則是三十四歲。

　　一五九八年之後，瓊生持續寫詩與劇本，而他的許多戲劇都是由莎士比亞的劇團來演出。瓊生以詩人及學者的身分而知名，最終被授予在西敏寺舉行葬禮的榮譽。瓊生從未忘記過老朋友的恩情，當莎士比亞過世時，瓊生寫了一首詩「紀念我摯愛的大師

莎士比亞」，詩中包括了以下著名的詩句：

> 他不只屬於一個時代，而是屬於所有時代！……
> 大自然本身為他的創作感到驕傲
> 也欣然穿著他詩句的衣裳……
> 但你的藝術創作，我必定不能全部獻給大自然
> 溫文儒雅的莎士比亞，也該享有一部分。
> 儘管大自然就是詩人的素材，
> 但他的藝術確實賦與其形體，而且
> 想要寫出生動詩句的他，得要辛苦創作，……
> 一位優秀詩人就是這樣形成與誕生……

　　瓊生與莎士比亞，跟費曼有什麼關係？簡單來說，可以用瓊生的那句話來說明，那句話就是「我確實熱愛這個人，這份崇拜不亞於任何世人的偶像崇拜」。命運給了我極佳的運氣，讓費曼成為我的導師。我是個努力學習的學術型學生，在一九四七年從英國來到康乃爾大學，一來就被費曼寫意隨興的才華所吸引。年輕自以為是的我，決心要成為費曼這位莎士比亞的瓊生。我從未想過會在美國這片土地上遇見莎士比亞，但是當我看見他時，我毫不費力地就認出他來。

　　我在遇到費曼之前，已經發表過數篇數學論文，這些論文滿是小聰明，但完全不重要。當我遇到費曼時，立即知道自己進入了另一個世界。他對發表漂亮的論文毫無興趣。費曼從基礎開始向上重建物理學，非常努力地想要了解大自然的運作，他的努力程度勝過我所見過的任何一個人。我很幸運地在他八年的奮

鬥努力要結束之際遇見了他。當七年前他還是約翰·惠勒（John Wheeler）的學生時，他想像著一種新式物理學，現在這個新式物理學終於融合成對於大自然具有一致性的見解，他稱此見解為「時空方法」。這個見解在一九四七年時仍未完成，有著一堆沒交代的部分和不一致的地方；但我一看到，就認為這必定是對的。我抓住每一個機會聆聽費曼說的話，學習徜徉在他的大量想法中。他喜歡講話，也很歡迎我當他的聽眾，所以我們成了終生摯友。

有一年的時間，我看著費曼精進他以圖片及圖表描述大自然的方式，直到他能改善沒交代的部分，並剔除不一致的地方為止。然後他開始以圖表為指引，來計算數字。他能夠以驚人的速度計算出可直接與實驗比對的物理量，而實驗結果也與他的數字一致。

在一九四八年的夏天，我們可以看見瓊生所寫的成真了：「大自然本身為他的創作感到驕傲，也欣然穿著他詩句的衣裳。」

同一年，當我與費曼邊走邊談的同時，我也在研究物理學家朱利安·施溫格與朝永振一郎的成果，他們以較為傳統的方式取得類似的成果。施溫格與朝永振一郎的成功，是運用更費力且更複雜的方式，來計算費曼可以直接從圖表中得出的同樣數量。施溫格與朝永振一郎並沒有重建物理學，他們運用的是原有的物理學，只是引入新的數學方式從物理學中汲取數字。當我發現他們的計算結果明顯與費曼一致時，我就知道自己被賜予了獨一無二的機會，可以將這三個理論結合在一起。

我寫了一篇「朝永振一郎、施溫格與費曼的幅射理論」的論文，解釋為何這幾個看似不同的理論其基礎卻是一樣的。我的論

文在一九四九年的《物理評論》發表，這開啟了我的職業生涯。就像瓊生推出《個性互異》時一樣。我那時跟瓊生當年一樣是二十五歲，費曼則是三十一歲，比一五九八年時的莎士比亞小了三歲。我小心翼翼地以同樣敬重的態度，對待我論文中的三個主角，但我內心知道，費曼是三人中最偉大的；而且我論文的主要目的，就是要讓全球的物理學家都能接觸到他的革命想法。費曼積極鼓勵我發表他的想法，也從未抱怨過我搶了他的風頭。他是我這部戲中的首席演員。

我從英國帶到美國的珍貴財產之一，就是約翰・多佛・威爾遜（J. Dover Wilson）的《真正的莎士比亞》（*The Essential Shakespeare*），這是一本莎士比亞精簡傳記，裡面包含我在這裡引用的大部分瓊生文句[1]。威爾遜的這本著作，既不是小說，也不是歷史，而是介於兩者之間。這本書以瓊生與其他人的第一手證詞為基礎，但威爾遜還將自己的想像力與少量的歷史文件結合，描述出栩栩如生的莎士比亞。特別是莎士比亞在瓊生戲劇中演出的最早證據，是出自一七〇九年的文件，這距離事情發生已有一百多年。我們知道莎士比亞的演員名氣跟他的作家聲名一樣響亮，所以我認為沒有理由去質疑威爾遜所說的那個故事。

費曼除了對科學有超凡熱情外，也對笑話與一般人的娛樂有強烈的興趣。在他英勇奮鬥地去理解自然定律的空檔，他喜歡與朋友在一起放鬆心情、玩玩邦戈鼓（bongo drums），也喜歡用把戲及故事來娛樂朋友。費曼在這方面也像莎士比亞，我在威爾遜的書中找到一段瓊生說過的話可以證明：

---

1. Cambridge University Press, 1932.

　　當他進入寫作狀態時，他就會日以繼夜地進行，強迫自己不能放鬆，什麼事都不管，直到他精疲力竭為止。當他脫離這種狀態時，他會將自己再次投入運動和放鬆之中，這時要把他拉回到他的書上幾乎是不可能的任務。不過一旦他開始進入狀態，他就會因為放鬆過而變得更強大，也更為認真。

　　這就是莎士比亞，這也是那個我認識、愛戴也視為偶像崇拜的費曼[2]。

---

2. 從我為費曼選集《發現事物的樂趣：費曼短篇作品集》（*The Pleasure of Finding Things Out: The Best Short Works of Richard Feynman*, edited by Jeffrey Robbins〔Perseus, 1999〕）寫了這篇序言之後，有更多關於費曼的書籍已經出版。其中一本就是我在第 23 章中評論的那本信件選集。隨著費曼歸隱到歷史之中，他的地位似乎爬升的越來越高，就像莎士比亞一樣，超越同時代的人。

第 27 章

百萬分之一

《揭穿》(*Debunked*)[1] 是本簡短又具有高度可讀性的著作，它講述了將人類的愚蠢偽裝成科學的故事。當老百姓在嘗試分辨某件事是有道理還是胡扯時，這本書就能提供有用的協助。這本書在法國出版時，它的書名是《*Devenez sorciers, devenez savants*》[2]，直譯就是「成為魔術師，成為專家」，或偏向意譯的話就是「學會魔術，學會看穿它」。英文版的書名沒有點出重點。這本書要說的是，為了避免被魔術欺騙，最好的方法就是自己親身學會這些技倆。

譯者是醫學院裡的一名教師，曾經為要設計臨床試驗的醫師撰寫過機率的書籍。他對法文與法國文化的知識來自於原生家庭，他在書中加寫了一篇序言，解釋他如何處理翻譯上的問題。他說：「經過重寫，那些與眾不同的優美法式極長句出現的頻率已經減少，但並沒有完全去除……我選擇了易於理解的方式，而

1. Georges Charpak and Henri Broch, *Debunked! ESP, Telekinesis, and Other Pseudoscience*, translated from the French by Bart K. Holland（Johns Hopkins University Press, 2004）.

2. Paris: Éditions Odile Jacob, 2002

非純粹保留原有風格。」在他的句子中,令人痛苦的長句不多,就算有,也不會難以理解;還留有與眾不同的優美法式極長句的幾個段落,是作家對於不同意者表達大量鄙視之意的地方。他們問道:「因為懶惰、缺乏自律、沒有能力或是熱愛媒體關注,所以大學同僚們就有了一堆錯誤、假道學、廢話或謊言,還自以為是高尚的論點,這是可以接受的嗎?」譯者保留了足夠的優美法式風味,帶給我們法文版的原汁原味。但有爭議的段落很少。這本著作中的絕大部分都是在講故事,這些故事都講的很好,也都能表現出其中的含意。

喬治‧查帕克(Georges Charpak)這個名字將我帶回了五十年前的記憶,那時我住萊蘇什村(Les Houches)上方的山側,萊蘇什村位於法國勃朗峰附近的高山區域中。我當時在萊蘇什暑期學校教物理學,當年那間學校只有三年的歷史,而今日仍在蓬勃發展。這間學校是由塞西爾‧德威特(Cécile DeWitt)創建,她那時是年輕的博士後研究員,公開表示想要復興法國物理學。塞西爾目前已不再經營學校,不過她仍然非常活躍,並協助這份事業持續發展。一九五一年,當塞西爾創建這所學校時,法國的理論物理學正處於低潮,頂尖大學的學術工作被老人所把持,與新興發展脫節。塞西爾自己籌措了微薄的資金,在法國偏遠的角落建立自己的學校,這是法國巴黎的官僚管不到的地方。她買下一個廢棄的農場,盡力讓裡面的房舍或多或少適合居住。學生們從歐洲各地蜂擁而來。那年夏天我所任教的班級學生,是有史以來最好的一批,他們之中有許多人後來都成為自己國家的著名科學領袖。全部學生中最耀眼的就是喬治‧查帕克了。

我們一起住在牛棚中,學生聽課的地方則在一個穀倉裡。我

開了一門名為高等量子力學的艱澀課程。我辛勤的教導，學生們辛勤的學習。不過，正式課程是學校中最不重要的部分，更令人難忘的是非正式的課程、餐點與遠足，還有我們每日在泥濘與雨水中共同經歷的艱辛過程。在短短的幾年中，這間學校成為物理學復興的主要推手，不僅僅只在法國，在整個歐洲都是。它一直都是卓越的中心，聚集了有天份的年輕人，給予他們一同工作與學習的機會，建立了持續終身的友誼。牛棚在很久以前就被堅固的永久建築物所取代，泥濘的農地也被裝有現代雕塑的露台所取代。當我一九五四年在萊蘇什時，包括塞西爾、老師與學生在內的所有人都很年輕，也都陶醉在生活的樂趣中。我們歐洲人在戰爭與隨之而來的貧困日子中存活下來，現在我們終於看到歐洲從廢墟中站起來重建自己。萊蘇什就是一個看得見的重建象徵，無論是精神上或實質上的。我們知道自己有幸能夠參與其中。

　　喬治在農場裡的某處發現了一個還帶有角的舊公牛頭骨，他喜歡把這些角戴在自己的頭上。牛角跟他公牛般的體格與個性非常匹配。我對喬治有個鮮明的回憶就是，他曾帶著牛角在一處泥濘地上咆哮，假裝自己是公牛。他的新婚妻子多明尼克（Dominique）則拿了一把學校廚房的長柄勺當做武器，假裝自己是鬥牛士。喬治大半輩子都是歐洲核子研究組織（European Council for Nuclear Research；CERN）的領袖。這個研究組織位在法國與瑞士邊界，距離萊蘇什不遠，是歐洲科學復興的另一個象徵。當我在一九九二年聽到喬治是我們學生中，第一個贏得諾貝爾獎的人時，我一點也不感到驚訝，所以在這本書中，再次看到他與科學理性的敵人激烈戰鬥，也就不足為奇了。

　　這本書的第二作者亨利‧布羅克（Henri Broch）是尼斯大學

的物理學教授。他不若喬治是那麼有名氣的物理學家，但他以研究超感官知覺及心電感應這類超能力而知名。他調查了許多聲稱自己擁有超能力人士的說法。他之所能夠成功拆穿這些超能力，要歸功於他自己也擁有魔術師的技術。他掌握了魔術技倆的藝術，因此可以公開重現所謂的超能力。

布羅克在法國扮演的角色與神奇藍迪（The Amazing Randi）在美國所扮演的角色雷同。神奇藍迪就像布羅克一樣，是個技術純熟的魔術師，他向任何擁有超能力的人挑戰，請他們做出他無法重現的奇蹟。我曾參加過一場在聖地牙哥舉行的會議，神奇藍迪就在那裡遇上以色列著名的彎曲湯匙者烏里‧蓋勒（Uri Geller）。蓋勒在會議中間有場公開表演，展現他在不碰到湯匙及鑰匙這類金屬物品的情況下，可以用自己的意志力彎曲它們。為了讓表演令人印象更為深刻，他用了「念力」（telekinesis）一詞來描述一般人會說是湯匙彎曲的情況。這場表演在一個大型公共禮堂中舉行，大批群眾湧入。我也帶了家人去看演出。

蓋勒按造慣例，邀請觀眾中帶著湯匙或鑰匙的志願者上台。我那時十二歲的女兒艾蜜莉，帶了一把我們的舊鑰匙自願上台。那把舊鑰匙已經沒有使用，蓋勒會不會成功把它折彎，我們都不介意。蓋勒小心翼翼地檢查鑰匙，並將鑰匙交還給艾蜜莉，請她抓好鑰匙不要放手，然後他就跟觀眾聊起念力來。他向我們描述了鑰匙中的原子是如何因應他的意志力而重新排列的，而那時艾蜜莉就站在台上等著。然後他突然轉身向艾蜜莉說：「現在，讓我們看一下妳的鑰匙吧！」

她把鑰匙交給他。是的，鑰匙彎曲了。接著，他將鑰匙還給她，她下台來將鑰匙展示給觀眾看。她說她可以發誓，自己一直

看著鑰匙，從來沒有讓鑰匙離開視線。之後，蓋勒繼續與其他志願者進行表演，彎曲了各式各樣的其他物品。然後，蓋勒離場，換蘭迪開始表演。

　　蘭迪表演了跟蓋勒同樣的過程，結果也一樣成功。陸續有幾位志願者上台，也都跟艾蜜莉一樣吃驚地下台。蘭迪解釋他是怎麼做到的，折彎鑰匙其實是簡單的部分，他用一隻手就可以做到，將鑰匙尖端插入另一把鑰匙的孔中，並一起擠壓兩隻鑰匙就可以了。他是在與觀眾談論意志力時，完成這個動作的。這個技倆的最困難之處在於交換鑰匙。他必須要進行兩次交換，第一次是在志願者把鑰匙拿給他時，第二次是在他將鑰匙還給志願者時，他會用藏在手中的另一把類似鑰匙，交換志願者的鑰匙。每次進行交換時，他就會大聲講話或突然移動另一手，來分散志願者與觀眾的注意力。魔術師的重要技能就是，要能夠在欺騙的當下，分散觀眾的注意力。艾蜜莉說，如果她沒有看過蘭迪的示範，她不會相信自己這麼容易被騙。蘭迪在重演蓋勒的所有花招並解釋其中方法之後，還表演了數個更為神奇的技倆來娛樂觀眾，但他就沒有多做解釋了。

　　布羅克在書中一段標題為「心電感應實作」的文中，描述他精彩表演了自己能以心電感應將訊息傳送到數英里外的伙伴那裡；這場表演是在私人住宅中進行，房子裡有一群完全沒有參與騙人把戲的朋友。布羅克先請這群朋友提供一副紙牌，徹底洗牌後隨便選出一張。在這整個過程中，布羅克都坐在房間中，他顯然無法影響哪一張牌會被選出來，也無法事先知道哪一張牌會被選上。讓我們假設被選出來的那張牌是梅花五。布羅克接著拿出他口袋裡的通訊錄看了一眼，就在一張紙上寫下某個人的名字與

電話，並要求朋友們選個人去另一個房間中打電話。當朋友去打電話時，布羅克坐在椅子上集中注意力凝視著那張牌，喃喃自語地努力運用他的心電感應能力。同伴接起電話時說：「我們有幾個兄弟一起住在這裡，請問你要找哪一位？」打電話的朋友講了名字後，對方說：「請說。」那位朋友解釋了他們選了一張紙牌，而布羅克正試著要把紙牌的影像以心電感應的方式傳送過去。為了產生戲劇效果，伙伴適時地停頓一下才說：「你們挑出的牌是梅花五。」打電話的朋友衝回去告訴布羅克及其他在一起的朋友們，訊息已經傳過去了。

目睹這種表演而本身又不是專業魔術師的人，幾乎是無法看穿它。對於門外漢而言，這看起來就像是心電感應真實存在的可靠科學證據，幾乎每個人都忽略了最重要的線索，那就是布羅克寫下對方姓名與電話之前所看的那本通訊錄。那本通訊錄內有張列表，一副正常紙牌所含的五十三張都對應到一個常見的法國名字。伙伴那裡也有另一份同樣的列表，所以當他一聽到名字，他就知道是哪一張牌了。

這本書還有另一篇名為「驚人巧合」的好章節，有些奇怪的事情似乎是日常生活中真有超能力在運作的證據，它們不是蓄意欺騙或耍花招造成的結果，而只是機率法則產生的結果。機率法則的矛盾特徵是，它們讓不太可能發生的事情時常意外發生。說明這個矛盾的簡單方法，就是利特伍德的奇蹟定律。約翰・利特伍德（John Littlewood）是一位知名的數學家，他在劍橋大學任教時我還是個學生。身為專業數學家的他，在闡述奇蹟法則之前就先精準地定義奇蹟。他將奇蹟定義為在發生當下具有特殊意義的事件，但發生的機率只有百萬分之一。這個定義與我們對「奇

蹟」一詞的一般理解吻合。

　　利特伍德奇蹟定律指出，在任何一個正常人的生活中，奇蹟發生的機率大約是每個月一次。這個定律的證明其實很簡單，我們清醒且積極參與日常生活的時間大約是一天八個小時，我們在這段時間中看見與聽見事情的發生率大約是每秒一件，因此每天發生在我們身上的事件，總數約為三萬件，大概就是每個月一百萬件左右。除了少數例外，這些事情都不是奇蹟，因為它們不重要。奇蹟的發生機率大約是百萬分之一，因此，可以預期平均而言，一個月會有一次奇蹟發生。布羅克講述了一些發生在他及朋友身上的驚人巧合，而這所有的巧合都可以輕易用利特伍德定律來解釋。

　　有許多自稱為超心理學家的人，試著使用嚴謹的科學方法來研究超能力現象。他們最喜歡的工具是一副二十五張的小紙牌，每張牌上有五種符號中的一種，這五種符號是方形、圓形、星形、十字與曲線。理想的心電感應實驗是由兩個人進行，一位發送者和一位接收者，兩人分別坐在不同的房間中，並且要小心控管，消除兩人之間或是他們與實驗者之間，有接觸的所有可能性。發送者與接收者以精準的時鐘，同步進行他們的動作。在事先設定好的時間中，發送者從洗好的牌堆中抽取紙牌，每次凝視一張牌，並記錄下凝視過的紙牌順序。在此同時，接收者猜測紙牌並記錄下猜測的順序。實驗結束時，一位公正的見證人（非實驗者）會比對這兩份記錄，並算出猜對的比例。若是沒有心電感應，猜對的比例大約會接近20%，若是比例持續高於20%，實驗者可能就會宣稱找到心電感應的證據。

　　如果這個心電感應實驗的理想畫面是真的，我們應該在很久

以前就能夠確定心電感應是否存在。然而根據我的個人經驗，這類實驗在現實世界中呈現的情況卻非常不同。很久以前，當我還是青少年時，超心理學非常流行。我買了一副超心理學的紙牌，與朋友一同進行猜紙牌的實驗。我們花了長長的數個小時，輪流凝視紙牌及猜紙牌。我們與布羅克不同，我們有著強烈的動機，想要找出心電感應的正面證據。我們認為心電感應很有可能存在，並想要證明自己擁有心電感應的天賦。當我們開始進行時，有達到一些特別高的猜牌正確率；然後，隨著時間過去，那個正確率下降至趨近於20%，而我們的熱情也就被澆熄了。在幾個月的期間，我們偶爾會再拿出來試試，之後我們就收起紙牌，忘了它的存在。

　　回頭看我們的紙牌實驗，才了解對於任何心電感應的科學實驗而言，存在有三大障礙；第一個障礙是無聊。這個實驗讓人忍無可忍的無聊，我們最後會放棄，就是因為無法忍受花費數小時一直坐在那裡猜紙牌的無聊感。第二個障礙是控管不足。我們從未試著在發送者與接收者交談時實行嚴格控管。沒有這類控管，我們的結果在科學上就毫無價值。但是任何禁止我們交談和說笑的更嚴格控管系統，只會讓我們更覺得這個實驗無聊透頂。

　　第三個障礙是採樣偏差。這種實驗結果的關鍵，就取決於你要在什麼時候停止實驗。如果你決定在一開始正確率特別高的時候停止，結果就會非常正面。如果你是到覺得無聊透頂時才決定要停止，那麼結果就會非常負面。解決這種偏差的唯一方法，就是事前決定好什麼時候要停止，但這是我們做不到的事情。我們還沒有厲害到事先決定好要猜一萬次，就能不管我們猜牌的正確率是多少，真的撐到做完才停手。我們沒有成功克服這三大障礙

中的任何一個，要得出任何具有科學可信度的結論，我們都得要克服這三大障礙。

猜紙牌實驗的歷史是個令人遺憾的故事，這起初是由杜克大學的約瑟夫・瑞因（Joseph Rhine）開始，後來就有許多其他研究小組沿用瑞因的方法繼續進行。數個宣稱具有正面結果的實驗，後來都被證實是造假。而沒有造假的實驗，也同樣受制於阻擋我們的那三個障礙。為了消除所有造假可能性，去進行嚴格控管，既困難又花錢，還很無聊，而且就算強力執行這些控管，這一類的實驗還是會因選擇性的報告結果，而產生嚴重偏差。但是利特伍德定律不只可應用在日常生活的事物當中，也可應用在實驗結果上。根據利特伍德的定義，明顯偏高的猜牌正確率算是個奇蹟。如果多個不同的小組在不同的條件下，進行了大量的實驗，偶爾就會出現奇蹟。如果選擇性地報導奇蹟，那麼奇蹟與真正發生的心電感應，在實驗上就看不出有什麼差別。

查帕克與布羅克認為，占星術與其他偽科學的現代發展是一種在攀升的威脅，所以他們誓死抗爭到底。他們對於今日法國學生普遍存在的不科學思想感到震驚。他們以另一句優美的法式文句總結自己對於這些非理性行為的反應：

「這個問題是無法避免的：科學思想難道不是智慧、清晰思維與對那些美德的熱愛所需的伴侶嗎？這不僅表現在對上天的虛無咒語中，也表現在邏輯的行動中。」

他們在這裡觸及了一個核心問題——科學的適當限制是什麼？關於科學在人類理解中所扮演的角色，存在有兩種極端的觀點；其中一個極端是簡化論的觀點，認為從物理、化學到心理學、哲學、社會學、歷史、道德與宗教的所有各類知識，都可

以簡化歸納成科學。任何不能簡化成科學的東西就不算知識。
愛德華·威爾遜（Edward Wilson）在一九九八年所著的《一致
性》（*Consilience*）中，強力表達了簡化論的觀點。

　　另一個極端是傳統觀念，認為知識有許多各自獨立的來源，
科學只是它們其中之一。善惡的知識、恩典與美麗的知識、道德
與藝術價值的知識、從歷史與文學或從家人與朋友親密了解中獲
得的知識、從思考或宗教中獲得的事物本質知識，所有這一切知
識的來源，都與科學平起平坐，這些屬於人類遺產某一部分的知
識，可能比科學更古老，並且可能更持久。大多數人的觀點都介
於兩個極端之間。查帕克與布羅克的觀點偏向簡化論那一端，而
我則是偏向傳統的另一端。

　　科學適當限制的這個問題，與超能力現象可能存在之間，
有著強烈的連結。查帕克、布羅克與我都同意，以科學的方法來
研究超感官知覺與心電感應的嘗試失敗了。查帕克與布羅克說，
既然超感官知覺與心電感應無法以科學方法來研究，它們就不存
在。他們的結論清楚且具有邏輯，但我無法接受，因為我不是簡
化論者。我認為超能力現象可能存在，但可能無法以科學的方法
來研究。這是一個假設。我並不是說這就是真的，只是說這站得
住腳，而且我覺得合理。

　　超能力現象是真實存在，但其超出科學範圍的這項假設，是
有大量證據支持的。英國心理學研究協會（Society for Psychical
Research）與其他國家的類似組織，已經在收集這類證據。這個
協會的期刊中，就充滿了一般人擁有超能力的驚人故事。這些證
據都是奇人軼事，與科學無關，所以也無法在控管的情況下重
現，但證據是存在的。協會的成員在事件發生後，費盡千辛萬苦

盡快與第一手的見證者會談，並謹慎記錄下故事內容。從故事中可明顯看出一個事實，那就是超能力事件若是發生，也只在人們承受壓力並經歷強烈情感的情況下才會發生。這個事實立即解釋了，為何超能力現象無法在控制良好的科學實驗條件下觀察到，強烈的情緒與壓力以及受到控制的科學程序之間，本來就不相容的。在典型的猜牌實驗中，參與者一開始可能會興致高昂，並記錄到一些高正確率，但是隨著時間過去，無聊就會取代了興致，正確率就會下滑到機率所預測的20%。

　　我認為超能力的心理能力與科學方法，或許可以互補。「互補」一詞是由尼爾斯・波耳帶入物理學中的技術用語。這表示對大自然的兩種描述可能都是站得住腳的，但不能同時被觀察到。光的二象性就是互補的最典型例子。在一個實驗中，光的行為看起來是個連續波，而在另一個實驗中，光的行為又像是一大群粒子，但我們無法在同一個實驗中，既看到光波又看到光粒子。物理學中的互補性，是個既定的事實。將互補這個概念延伸到心理現象上，純粹只是我的想法，但我認為應該存在有一個心理現象的世界，不過因為這個世界太過動盪且瞬息萬變，以致於無法用笨拙的科學工具來擷取。

　　我在這裡要聲明，我對這方面純粹是個人興趣。我的祖字輩的女性長輩，其中一位是個惡名昭彰卻又成功的信仰治療者，另一位表姐妹則任職心理研究協會期刊的編輯多年，這兩位女士都受過良好教育，非常聰慧，也都非常相信超能力現象。她們有可能受到迷惑，但她們兩人都不是傻子，她們的信念來自個人經驗和對證據的謹慎審視。她們所相信的東西，沒有什麼是與科學不相容的。

　　無論超能力現象是否存在，其存在的證據都因為大量無稽之談和徹底謊言而走樣。在我們開始評估證據之前，我們必須要除掉那些將未解之謎轉變成獲利事業的誇大與詐騙人士。查帕克與布羅克做得好，將那些來賺錢的人趕出科學殿堂，也揭露了他們的把戲。無論是這方面的信徒，還是抱持著懷疑態度的人，我都會推薦這本書。無論你是否相信占星術，閱讀這本書都是很好的休閒娛樂。

後記（2006 年）

　　有大量措辭強烈的信件湧入回應這篇書評，正統科學家因為我認為心電感應可能存在，而感到憤怒；心電感應的信徒們則因我認為其存在無法證明，而感到憤怒。這是一個讓許多讀者深切關心的問題。

　　最有趣的回函來自魯伯特・謝爾德雷克（Rupert Sheldrake），他寄了自己研究狗兒心電感應的實驗論文給我。以狗做為實驗對象，比起人類具有數個優勢；牠們不會感到無聊，牠們不會作弊，牠們對實驗結果沒有任何興趣。謝爾德雷克的實驗與我認為心電感應無法用科學來研究的說法相反。可惜的是，這個實驗是由人，而非狗來進行，所以無法完全消除人為偏見和選擇性報告的影響。

　　不過謝爾德雷克說這是個科學實驗，那是對的。這個實驗可以重覆，而且可由不同的研究人員，使用不同的狗兒，來重覆實驗。對這有興趣的讀者，可以看看謝爾德雷克著作中所提供的證據，書名為《知道主人什麼時候要回家的狗兒，與其他無法解釋的動物能力》（*Dogs That Know When Their Owners Are Coming Home, and Other Unexplained Powers of Animals*, Crown, 1999），以及他最近發表的一些論文。

第28章

許多世界

生活有時會模仿藝術。奧拉夫·斯塔普爾頓（Olaf Stapledon）在六十六年前撰寫了《造星者》（*Star Maker*）一書，將哲學思想以戲劇性的手法呈現出來。六十六年後的現在，宇宙學家對於我們所在宇宙的可能模型，也提出類似的看法。

斯塔普爾頓是位哲學家，並不是科學家。他之所以撰寫這本書，是想要為邪惡這個舊哲學問題找到優雅的新解法。我們世界中有邪惡存在，但也有位非全然惡意的全能創造者存在，這個問題想要調和兩者之間的矛盾。解決辦法是去假設，我們的宇宙只是眾多宇宙之一，創造者致力於創造一系列的宇宙，在這過程中他不斷改善自己的設計。我們的宇宙只是他早期的缺陷創作之一，而我們在自己周遭看見的邪惡，就是這些缺陷，創造者從缺陷中學習到下一次要如何改進。斯塔普爾頓在倒數第二章「造星者與他的成品」（The Maker and His Works）中將故事帶到了高潮，在他描繪出的強大景象中，創造者像工匠那般以我們為素材來練習他的技術。故事的主角是人類觀察者，他首先探索了我們宇宙中的多種世界，那是個智慧生物已經演化出來的宇宙，最終他與造星者對決。然而在發生極致對決的那一刻，讓人感受到的

不是圓滿，而是可悲。就像上帝在旋風中回應約伯一樣，造星者
擊倒他，也回絕了他。造星者評判他的創作時，帶有愛意，但決
不寬容。儘管我們整個宇宙美麗雄偉，但到最後也就只是個缺陷
的實驗品而已。造星者已經忙於設計其他的宇宙，而我們這裡的
缺陷在那些宇宙中可能已經修復。

在過去幾年間，李・斯莫林（Lee Smolin）與馬汀・里斯
（Martin Rees）及其他宇宙學家們，一直著眼在一個非常不同的哲
學問題上。他們思考的問題與道德判斷無關，而是與科學事實有
關。這個科學事實就是，我們的宇宙對於生命與智慧的成長異常
友善。物理與化學定律中的許多細節，似乎也齊心讓我們的宇宙
對生命友善。如果核力、重力與化學力的細節稍有不同，我們所
知的生命就無法演化出來。我們的生命形式可以適應本身源起的
宇宙，但是在有時間去孕育恆星與行星之前，就陷入熾熱時空奇
異點的宇宙中；或是在孕育出任何比氫重的原子之前，就膨脹成
寒冷稀薄氣體的宇宙中，任何生命形式都無法適應。看起來我們
的宇宙似乎經過某種微調，重力塌陷與宇宙膨脹的兩股力量幾乎
完全平衡，因此恆星與行星有時間可以演化，而生命所需的各種
化學元素原子，也有時間可以形成。解釋宇宙為何對生命友善的
哲學問題，就是所謂的微調問題（fine-tuning problem）。

若是假設我們的宇宙只是眾多宇宙之一，這個微調問題就
可以解決。斯莫林是第一位提出這種想法的人。這個問題之所以
能解決，是因為新的宇宙就像嬰兒一樣，從舊的宇宙之中誕生出
來，嬰兒與父母相似，嬰兒宇宙與各式各樣隨機的物理化學定律
一同誕生，活得比較久的宇宙會生出更多的嬰兒宇宙。做出這些
假設後，隨之而來的就是達爾文的演化過程會進行天擇，選出活

得比較久的宇宙。像我們這樣的生物碰巧居住在活得較久的宇宙之中，絕非偶然。這類宇宙所具有的物理與化學定律，已經微調到能夠讓生命與智慧成長。在現存的數十億個宇宙之中，只有少數微調到足以讓生命演化，而這些少數的其中之一就是我們的家園。斯莫林的多宇宙論不需要有個造星者來設計，它只需要天擇這隻隱形之手來引導它的演化，以及能夠取得有利隨機變數的好運氣來提供生命一個家園。

天文學家馬汀‧里斯提出了大自然可能用來解決微調問題的另一種方法，他表示，若有眾多宇宙存在，那麼其中某些宇宙就可能演化出比我們心智更高等的生命形式。超智慧生命形式所具有的能力，或許可以在其大腦或在超級電腦中，模擬出另一個複雜程度較低宇宙的完整歷史。所以里斯提出了一個問題：我們與我們所居住的宇宙會不會都是模擬出來的，缺乏任何真正的物理實體，只存在於我們超智慧同僚的心智架構中？

里斯說：「這個想法開啟了一種新式虛擬時間旅行的可能性，因為創造模擬的高等生物，實際上可以重新啟動過去。這不是傳統所說的時間迴圈，它是對過去的重建，讓高等生物可以探索他們的歷史。」里斯以未來超智慧生物可以微調過去的這種概念，來解決微調問題。

如果我們目前的宇宙，是由具有智慧的外星人所模擬創造，而這些外星人又是因為對不同物理定律選項所得結果，感到興趣而進行探索，那麼我們就可以預期，我們所觀察到的物理定律，是因為要讓我們的宇宙盡可能有趣而被選出來的。我們可以預期會發現，我們的宇宙能讓結構與過程達到最大的多樣性。我們地球上極為豐富的生態環境支持了里斯的說法。行星、恆星、星系

與天體大觀園裡的其他奇特居住者，所展現的多樣性亦是如此。
我們觀察到我們的宇宙不只是對生命友善，也對生命能擁有最大
程度的多樣性友善。正如同生物學家霍爾丹（J. B. S. Haldane）
所言，造物主似乎對甲蟲特別喜愛。智慧超群的未來生物可能也
會喜愛甲蟲 [1]。

　　這裡還有一個大驚喜，在里斯的想像中，我們的宇宙是在智
慧外星人腦中的一種模擬，這與斯塔普爾頓的想法非常相似，斯
塔普爾頓想像我們的宇宙是造星者的一個作品。這兩個想法針對
的，是不同的哲學問題，斯塔普爾頓探討的是邪惡的問題，而里
斯探討的則是微調的問題。他們源自不同的文化，斯塔普爾頓的
源自道德哲學的文化，而里斯的則是源自科學宇宙學的文化。然
而，雖然源自不同的文化與不同的思維，但斯塔普爾頓與里斯卻
產生了同樣的想法。這不是科幻小說家第一次提出領先時代的新
觀點，這些新觀點在半個世紀後才成為受人尊敬的科學家論述的
一部分。斯塔普爾頓的造星者就像朱爾．凡爾納（Jules Verne）
的尼莫船長與威爾斯（H. G. Wells）的莫洛博士這些科幻角色一
樣，隨著時間的過去變得越來越真實。

　　另一個隨著時間過去變得越來越真實的科幻角色是天狼星，
這隻超級智慧狗是斯塔普爾頓在《造星者》之後另一部重要小說
中的主角。斯塔普爾頓在一九四四年出版《天狼星》，這是另一
個以戲劇來呈現哲學問題的故事。天狼星著手對付的哲學問題，

---

1. 我不確定造物主對甲蟲特別喜愛的說法，是源自於霍爾丹還是達爾文。新版《造
　星者》的編輯帕特．麥卡錫（Pat McCarthy）告訴我，在《牛津語錄詞典》（*The
　Oxford Dictionary of Quotations*）中，這句話的出處是霍爾丹。不過霍爾丹有可能
　是從達爾文那裡拿過來用的。

是有關動物的道德問題。既然動物明顯有著跟我們相似的感覺與情緒,為何牠們沒有與我們類似的合法權利與道德地位?在天狼星出版後的半個世紀中,為動物權利及動物自由而努力的活動,在許多國家中都日益壯大。隨著我們對野生動物的豐富社會與情感生活有更多了解,我們在面對剝奪飼養動物權利的問題上,就越來越站不住腳了。基因工程的飛快進步,促使超級智慧貓狗可能就會在目前這個世紀裡出現。斯塔普爾頓的故事以可悲的故事結局警告我們,物種的界限模糊後可能帶來的後果。

我希望帕特‧麥卡錫(Pat McCarthy)也可以出版新版的《天狼星》,這可以跟新版的《造星者》一起搭配。我認為《天狼星》是斯塔普爾頓所有著作中最好的一本。它在出版時沒有獲得應有的關注,因為一九四四年時,大多數的讀者都忙於更緊急的事情上。《天狼星》在風格上不若《造星者》那麼有說教意味,也更別有特色。《天狼星》的故事是在一個生動的背景下展開,那裡就是斯塔普爾頓了解與喜歡的北威爾斯,也就是牧羊犬的國度。主角是真正的人與狗,而不是無形的靈魂。這場悲劇是個孤獨生物的困境,牠了解狗的世界,也了解人類的世界,但卻不屬於這兩個世界中。

不過我也不能把《天狼星》捧得太高,這樣對《造星者》不公平。《造星者》可能就像我們碰巧生活在其中的宇宙,是個有缺陷的傑作,但仍是一部傑作。它是一部經典的科幻文學作品,為我們現代人講述故事。這本書應該列在好書清單上,任何聲稱受過教育的人士都應該去讀一讀。就如麥卡錫在引言中提到的一樣,這本著作夠格與但丁(Dante)的《神曲》(*The Divine Comedy*)相提並論。

第 29 章

從外部檢視宗教

　　打破宗教的魔咒，是許多人都可以參賽的遊戲。就我所知，這個遊戲的最佳參賽者就是格弗雷‧哈羅德‧哈代教授（G. H. Hardy），他是一位世界知名的數學家，碰巧也是個瘋狂的無神論者。無神論者有兩種，一般的無神論者不相信神的存在，而瘋狂的無神論者則認為神是他們的敵人。當我還是劍橋三一學院的初級研究員時，哈代是我的導師。身為初級研究員的我，很享受能與知名老前輩一同在貴賓桌用餐的特權。在我任職期間，一位知名的老同事辛普森教授過世。辛普森對學院有著強烈的情感，他同時也是宗教信徒，生前囑咐他要火化，骨灰要撒在研究員花園中，他最喜歡散步與冥想的滾球草地上。他死後幾天，學院教堂為他舉辦了一場莊嚴的葬禮。隆重追悼他對學院多年來的忠實服務，以及他身為基督徒學者與老師的風範。

　　當天晚上，我坐在貴賓桌，旁邊的位子還是空的，哈代教授反常地在用餐時間遲到。在我們都就坐並以拉丁文進行完餐前禱告後，哈代溜達進入餐廳，招搖地將鞋子在木地板上刮出聲響，以每個人都聽得到的音量大聲抱怨：「他們在研究員花園的草地上撒了什麼可怕的東西？沾在我鞋子上都弄不下來。」哈代當然

知道那是什麼。他向來不喜歡宗教，尤其不喜歡辛普森那種虔誠信徒，他只是抓緊機會進行一點報復而已。

保羅・艾狄胥（Paul Erdös）是另一位世界著名的數學家，他也是瘋狂的無神論者。艾狄胥總是將上帝稱為SF，就是至高無尚的法西斯主義者（Supreme Fascist）的縮寫。艾狄胥多年來成功騙過義大利、德國及匈牙利的獨裁者，從一個國家移動到另一個國家中，以逃離他們的魔掌。他稱神為SF，因為在他的想像中，神就是像墨索里尼（Mussolini）這類強大野蠻但反應遲鈍的法西斯獨裁者。艾狄胥經常從一地移往另一地，不讓他的行動陷入可預測的模式中，好騙過SF。SF就像其他的獨裁者一樣，太過愚笨，以致於無法理解艾狄胥的數學。哈代與艾狄胥都是討人喜歡的角色，對於人類喜劇的貢獻也超乎常人。他們兩人都是天生的小丑，同時也是偉大的數學家。

現在輪到丹尼爾・丹尼特（Daniel Dennett）上場來打破魔咒了，他是一位哲學家。他在《打破魔咒：宗教是一種自然現象》（*Breaking the Spell: Religion as a Natural Phenomenon*）[1]中，正面迎擊從現代世界宗教中產生的哲學問題。宗教為何存在？為何宗教在多種不同文化中，對人民具有如此強大的控制力？宗教主要的實質效果是好是壞？以宗教做為公眾道德基礎，是有用的嗎？我們可以做什麼，來對抗我們認為危險的宗教活動擴展呢？科學工具與方法可以幫助我們了解宗教是種自然現象嗎？丹尼特在開頭就說：

---

1. Viking Penguin, 2006.

　　像整個宗教事業是怎麼推動的這種大問題，我是不會回答的，而是要儘量細心提問，並點出在如何回答問題上我們所知道的東西，以及說明為何我們要回答這些問題。

　　我是名哲學家，不是生物學家、人類學家、社會學家、歷史學家或神學家。我們哲學家善於提出問題而非回答問題……

　　丹尼特說到做到。他不回答問題，但花了四百頁來問問題。這本書步調悠閒，具有輕鬆的對話風格和許多的題外話。它分為三個部分，第一部分是關於科學探索的本質，第二部分是關於宗教的歷史與演化，第三部分則有關宗教現況。丹尼特在第一部分中，以狹義的方式來定義科學探索，他將其定義在可重複及測試證據的收集。他在科學這一方面，和歷史與神學等人文學科的那一方面，做了明確的區分。他認為，包含歷史敘述和個人經驗的大量證據，不能算是科學。因為它無法在受控制的條件下重覆進行，所以不屬於科學。他引用了《宗教體驗的多樣性》（*The Varieties of Religious Experience*）中的幾段話，對此不但認同也高度讚揚。這本書是由威廉‧詹姆斯（William James）於一九○二年所出版，是從心理學家的觀點來看待宗教的經典論述。丹尼特認為詹姆斯的著作是「見解與論點的寶庫，但近來常被人忽視。」不過他也認為，詹姆斯的見解與論點不能算是科學。

　　詹姆斯試著從內部來檢視宗教，就像醫生試著透過病人的眼睛看世界。詹姆斯在成為心理學教授之前曾受過醫學訓練。他研究聖人與神祕主義者的個人經驗，並認為這就是證據，可以證實某些東西確實存在超越時空界限的精神世界中。丹尼特稱讚詹姆斯是人類處境的探索者，但不是精神世界的探索者。對丹尼特而

言，聖人與神祕主義者所看見的異象稱不上是證據，因為它們既無法重覆也無法測試。丹尼特以科學的法則從外部檢視宗教。對他而言，聖人與神祕主義者所看見的異象，只是一種需要被解釋的現象，就像喜愛或憎恨不同膚色者的這類心理狀況，不一定就會被認為是病態的。

這本書的第二部分篇幅最長，包含了丹尼特的核心論點。他描述了宗教在漫長歷史演化中的各個階段，從原始的部落神話與儀式開始，最後以當代美國市場導向的大型福音傳教教會做為結束。他從外部檢視這演化過程，設法找出能以科學來理解它們的方式。他試著將它們解釋成，信仰系統間進行達爾文競爭下的產物，只有最適應情況的信仰系統能夠生存下來。信仰系統的適應程度，是依據它產生新信徒與維持他們忠誠度的能力來定義。它與人類本身的生物適應性無關，也與信仰的真假無關。丹尼特強調，他對宗教演化的解釋是可以用科學方法檢驗的。它可以經由對各種信仰系統的傳播度與持久度，進行定量測量來檢驗。這些測量將會提供客觀的科學檢視，以找出現存的宗教，是否比那些滅絕的宗教，更具有良好適應性。

丹尼特還提出其他關於宗教演化的假設。他觀察到有兩種情況不同的信仰，一種是發自內心去接受某些教條，就是真理的信仰。另一種是為信而信的信仰，只是想要讓自己處在相信那些教條，就是真理的理想中。他發現的證據顯示，自認為自己是宗教信徒的大批人士，其實並不相信他們宗教的教條，只是將信仰當作一個想要的目標而去信。「為信而信」的這種現象，讓宗教對於許多本來難以改變的人產生了吸引力。你不用真的相信，就可以加入一個宗教。你只要想要相信，或是假裝相信就行了。信

仰是困難的，但為信而信就容易多了。為信而信，是造成宗教傳
播度增加及後續適應性增強的重要現象之一。丹尼特提出的這種
為信而信與適應性之間的關係，還是個尚待檢驗的假設，並不是
個科學確立的事實。他感到遺憾的是，目前這類相關研究很少。
《打破魔咒》這個書名表達出他的心聲，他希望當宗教的科學分
析完成後，宗教威鎮人類的那股力量就可以被打破。

　　丹尼特在書中輕鬆開起現代大型福音傳教教會的玩笑，這些
教會關注的是他們會眾的規模，而不是他們宗教生活的品質。這
些教會的領導人在競爭激烈的市場上販售他們的宗教，而行銷技
倆最好的那些人就會佔上風。市場偏好方便實用性，而不是去認
真遵循單純聖潔的生活。丹尼特從外部檢視宗教，他清楚看見宗
教組織的領導人如何被權力與金錢腐化。他引用了研究美國宗教
組織與做為的社會學家之一艾倫・沃爾夫（Alan Wolfe）的話：

　　　福音教派之所以會普及，一半是來自對信仰的由衷信賴，另一
　　半來自對平民化與民主化的訴求，它決意找出信仰者切確想要的東
　　西，並把這些東西提供給信仰者……「聖所」一詞因其「強烈的宗
　　教涵義」而被教會避談，與正確解釋聖經段落相比，人們更關注的
　　是，教會提供的大量免費停車和保姆的服務。

　　丹尼特像哈代和艾狄胥一樣，藉由讓宗教看起來很愚蠢的方
式，來打破這個魔咒。我的許多科學家朋友和同事也有類似的成
見。有一位我深感敬佩的知名科學家對我說：「宗教是一種童年
疾病，我們現在已經從中復原。」只要公開承認，這種成見其實
沒什麼錯。整體而言，丹尼特對宗教演化的說法，算是公正也相

當公平。

　　丹尼特書中的第三個也是最後一個部分，描寫了他對當代世界宗教的觀點。在「道德與宗教」的長篇章節中，他將二十世紀許多最嚴重的罪惡都怪罪在宗教上。他怪罪的不是只有被宗教驅使而從事恐怖主義的少數殺人狂，還有不公開譴責狂熱分子行為的多數和平溫和的信徒。無論要處理的是在貝爾法斯特的愛爾蘭天主教狂熱分子，還是在英國與西班牙的伊斯蘭教狂熱分子，這都是個嚴重的問題。他認同地引用了物理學家史帝芬・溫伯格的名言：「好人會做好事，壞人會做壞事。但好人要做壞事，就需要宗教了。」

　　溫伯格所說的話就目前來看並沒有錯，但這並非完整的真理。要讓這段話成為完整的真理，我們還要加上一句話：「還有壞人要做好事，也需要宗教。」

　　基督教的重點就是，它是個為罪人所建立的宗教。耶穌說得很明白；當法利賽人問耶穌的門徒：「你們的老師為什麼要與稅吏及罪人一起吃飯呢？」他說：「健康的人用不著醫生，有病的人才用得著。」只有小部分的罪人悔改做好事，但也只有小部分的好人會因宗教去做壞事。

　　我認為無法以資產負債表來權衡宗教的善惡，也無法經由公平程序來決定哪個比較偉大。從內部來檢視宗教，我個人的偏見讓我得出這樣的結論，宗教的善行遠大於惡行。在美國許多地方，隨著貧富差距加大，教會與猶太教堂幾乎是唯一能將人們凝聚在一起的機構。在教會或猶太教堂中，來自不同階級的人們齊聚在青年團契或成人教育團契中，創作音樂或教導孩子、為慈善事業募款，在疾病與災難發生時相互扶持。沒有宗教，國家的生

活將會一貧如洗。我對伊斯蘭教沒有任何親身體驗，但據說在伊斯蘭國家中，清真寺在凝聚社群與照顧孤寡上扮演著類似的角色，而美國的清真寺在某種程度上也是這樣。

丹尼特從外部檢視宗教，得出完全相反的結論。他視極端教派是產生年輕恐怖分子與殺手的溫床，大批一般信徒因為沒有把這些人交給警察，所以反而是給了他們道德上的支持。丹尼特認為從法律的角度來說，宗教就是具有吸引力的有害行為，這意味著它這種組織會引誘兒童與青少年，並讓他們暴露在危險的想法與犯罪誘惑中，就像把他們放在沒有圍欄的游泳池或未上鎖的槍械庫旁一樣。我對宗教的觀點與丹尼特一樣真實，也同樣帶有偏見。我認為宗教是人類遺產中珍貴且古老的一部分。丹尼特則認為宗教是大量多餘的精神包袱，我們應該要樂於丟棄。

在丹尼特對宗教相關的道德罪惡進行嚴厲論述後，他書中的最終一章「我們現在要做什麼？」顯得既平淡又緩和。他說：

「因此，最後我的核心政策建言是，我們要溫和堅定地教育全球人民，好讓他們可以對自己的人生做出真正有見識的選擇。」

這個建議聽起來一點壞處也沒有。為何我們不能齊聲同意？遺憾的是，它掩蓋了根本的歧見。要讓這個建議有具體意義，就須明確指出「我們」這個小小字眼代表的是什麼，要教育全球人民的「我們」是誰？關鍵在於政治對於宗教教育的控制上，這是宗教帶給現代社會的所有問題中最具爭議性的。「我們」可能是受教育孩童的父母、當地學校董事會、國家教育部、合法設立的教會管理機構，或是與丹尼特有同樣觀點的國際哲學家團體；在所有這些可能的「我們」中，最後一種是最不可能成立的。丹尼特的建言，並未解決如何規範宗教教育的這個實際問題，在我們

能對「我們」的含意達成共識之前,「溫和堅定地教育全球人民」的建言,只會造成宗教信徒與好心哲學家間的進一步分歧。

對教育的控制,是宗教信徒與政府當局之間,政治鬥爭最為激烈的舞台。在美國,由於政教分離的法律教條,禁止公立學校提供宗教教育,使得這些鬥爭特別棘手。信仰正統基督教派的父母會有個合情合理的不滿,他們被迫支付公立學校的費用,但卻看見這毀壞了他們孩子的宗教信仰。

英國在湯馬斯‧赫胥黎(Thomas Huxley)運用智慧下,避免了這種不滿的產生。赫胥黎是達爾文的密友,也是達爾文進化理論的主要支持者。在達爾文理論發表的十一年後,也就是一八七〇年,英國建立了公共教育體系。當時赫胥黎被任命為皇家委員會的成員,他們要去決定公立學校要教授什麼樣的內容。

赫胥黎本身是個不可知論者(agnostic,不能肯定神是否存在的人),但身為委員會成員,他堅決主張學校應該要一同教授宗教與科學。基督教聖經應該要視為英國文化不可缺少的一部分,做為教材教導給每個孩子。近年來,英國的教育範圍已經擴大到將猶太教及伊斯蘭教納入其中。這個政策施行的結果是,從一八七〇年迄今,身為教徒的父母與公立學校間,沒有再出現強烈的對持。公立學校進行宗教教學,恰巧與宗教信仰下降及對宗教寬容度增加的時間點一致。在公立學校中接觸過宗教的孩童,不會將宗教奉為圭臬。我們不知道赫胥黎是否預見到英國宗教信仰的衰退,但他無疑會歡迎這項教育政策的意外結果。

遺憾的是,赫胥黎解決宗教教育問題的方法,在美國無法使用。每個國家都不一樣,特別是在宗教事務上,沒有一個解決宗教教育問題的方式,能夠適用所有情況。每個國家都必須在當地

文化的規範中，經由政治妥協，在衝突的觀點之間找出可行的解決方案。解決方案無須在科學或哲學上具有一致性。

很久以前，當我還是個在英國的男孩時，帶狗搭火車的旅客必須為狗買「狗車票」；問題來了，當我帶著一隻烏龜搭火車時，我是否需要買「狗車票」。火車列車長的回應是：「貓跟兔子算是狗一類的，但烏龜算是蟲子，所以不用買票。」管理宗教教育的規則，應該也要應用這類可以自由解讀的方式來管理。

丹尼特還主張要從科學的觀點，對宗教進行更透徹的研究。這裡，我們再一次認同他的建言，但我們對於「研究」的意思可能就有分歧。丹尼特將研究限制在，對於宗教活動與組織這類社會現象進行的科學調查。就我看來，從外部來檢視宗教的這類研究是有幫助，但這對於宗教的核心奧祕就不會有太多的了解。宗教的核心奧祕就是，從遠古時代迄今的所有人類社會中，宗教行為依然可以長年興盛。

我的母親跟我一樣，是抱持懷疑態度的基督徒，她常常說：「你可以把宗教丟出門外，但它總是會穿過窗戶再回來。」我最近就親身體驗到我母親話中的真理。我與太太一同去參觀了莫斯科北方謝爾耶夫村（Sergiev Posad）的修道院，這是俄羅斯東正教的古老總部。帶我們參觀的年輕導遊幾乎沒有提到，我們應該要欣賞的古老建築與藝術品，反而花了一個小時談論她自己的信仰，以及她從教堂古聖人墓地中，感受到的神祕感召力。經歷三個世代的無神論政府及官方對宗教的鎮壓後，宗教從它的根源處再次萌芽。

我在這裡要率性地來談談，我個人在哲學上有著與丹尼特立場相反的偏見。身為人類的我們，還在摸索著去知道及理解我

們出生的這個陌生宇宙。我們理解的方式眾多，科學只是其中一種。我們的思考過程，僅有部分是立基在邏輯上，而且與情緒、欲望及社交互動密不可分。我們這種智慧生物無法單獨生活，只能以身為社群中的一分子過活。我們理解的方式一直是集體性的，從我們洞居時期圍繞著營火互相講故事時，就已經開始了。我們今日的方式仍然是集體性的，包括了文學、歷史、藝術、音樂、宗教與科學。科學是一組特別的工具，在理解與使用物質宇宙上大獲成功。宗教是另一組工具，向我們暗示有個超越物質宇宙的心智或精神宇宙存在。要了解宗教，就必須從內部去探索它，就像詹姆斯在《宗教體驗的多樣性》中探索它一樣。聖人與神祕主義者的見證，包括謝爾耶夫村那位年輕女性在內的見證，都是可以對宗教有更深入理解的素材。

《薄伽梵譚》（*Bhagavad Gita*）、《古蘭經》（*Koran*）及《聖經》，比任何宗教機構的科學研究都更能告訴我們宗教的本質。丹尼特主張的研究，只使用為不同目標而設計的科學工具，這將會一直錯失目標。我們都同意宗教是種自然現象，但自然所包含的事物，可能比我們能用科學方法掌握的還要多得多了。

就我所知，關於現代伊斯蘭恐怖分子的最佳資料來源，是那本由馬克‧薩格曼（Marc Sageman）撰寫的《了解恐怖網絡》（*Understanding Terror Networks*）[2]。薩格曼是美國的前外交官，曾在阿富汗及巴基斯坦與聖戰者共事過。他在這本書的第五章中，詳細描述了策劃及執行美國911攻擊事件的網絡。他發現這項攻擊計畫在德國漢堡策劃成形的期間，凝聚整組人的連結不

2. University of Pennsylvania Press, 2004.

是政治性的，而是個人性的。他總結道：「儘管媒體對911犯案
者普遍那樣報導，但比起對群體外的恨意，對群體內的愛似乎才
是他們之所以採取這種行為的更佳解讀。」

　　我想引用另一本最近出版的書來結束這篇評論，這本書是
由大貫惠美子（Emiko Ohnuki-Tierney）撰寫的《神風日記：日
本學生兵的反思》（*Kamikaze Diaries: Reflections of Japanese Stu-
dent Soldiers*）[3]。書中大量摘錄了七名年輕人寫的日記，他們都
是在二戰最後幾個月中，因執行自殺任務或擔任神風飛行員赴死
的年輕人。這些日記為我們提供了這些年輕士兵在想法及感受上
的第一手見證，他們是一群知道自己注定要死的年輕人。他們的
想法及感覺不但沒有妄想，還出奇地清晰，他們之中還有人以詩
詞表達了自己的感受。他們每一個都受過高等教育，熟悉多種
不同語言的西方文學，在自己短暫的人生中，投入大部分的時
間在閱讀及寫作上。他們之中只有林市造（Hayashi Ichizo）是
教徒，他在日本的基督教家庭中長大。他的基督教信仰並沒有
讓他在面對自我犧牲時，能比其他人更容易接受。他讀過齊克
果（Kierkegaard）的《致死的疾病》（*Sickness unto Death*），並
帶著這本書與聖經一起完成他最後的任務。

　　包括林市造在內的所有年輕人，都對人生有著極悲慘的看
法，只有與朋友家人在一起的童年回憶，才能減輕這種感覺。他
們離現代美國人想像中，那種被洗腦去駕駛神風飛機的殭屍還遠
得很，他們是有想法的敏感年輕人，既不是宗教狂熱者，也不是
國家主義的狂熱者。

---

3. University of Chicago Press, 2006.

因為篇幅有限，這裡我只以他們其中一位做為代表，中尾武德（Nakao Takanori）留下的一首詩是這樣起頭的：

在暗夜之中，時鐘的聲響是何等寂寞。

他在赴死前一週寫信給父母，他在這封最後的信中寫道：

歡送會上，大家鼓勵我，我也儘量激勵我自己。我的副駕駛宇野茂（Uno Shigeru）是位十九歲的英俊男孩，他是海軍二等士官，家裡位在兵庫縣。他把我當作兄長，而我也把他當作弟弟看待。我們將同心協衝進敵人的戰艦中。雖然我的一生中沒有做過什麼大不了的事情，但我實現了過著單純生活的願望，死後也不會感到難堪，這就夠了。

對於那些執行911攻擊的年輕人，我們沒有任何他們的第一手證詞。他們不若神風飛行員那樣受過高等教育，也不若神風飛行員那麼有想法，他們受到宗教的影響更大。但有個強而有力的證據顯示，他們不是被洗腦的殭屍，他們是受到祕密兄弟情誼感召而響應的士兵，這賦予他們人生的意義與目的。他們同心協力執行一場出色的任務，對抗全球最大強權。根據薩格曼的說法，他們的動機跟神風飛行員類似，多是出於對同伴的忠誠，而非對敵人的憎恨。一旦構思好行動計畫並下令執行後，不去執行計畫是難以想像的可恥之事。

雖然我知道，一九四五年與二〇〇一年的兩個事件之間，存有極大差異，但我相信，神風日記讓我們更能理解那些在二〇〇

一年造成重大傷害的年輕人所抱持的心態。如果我們想要了解現代世界的恐怖主義，如果我們想要採取有效措施，以減少其對理想主義年輕人的吸引力，最重要的第一步就是去了解我們的敵人。在我們了解敵人之前，我們得要尊重他們，他們是受到邪惡感召的勇敢且有能力的士兵。神風日記給予我們一個基礎，讓我們可以建立尊重與了解。

第五部
書目資料

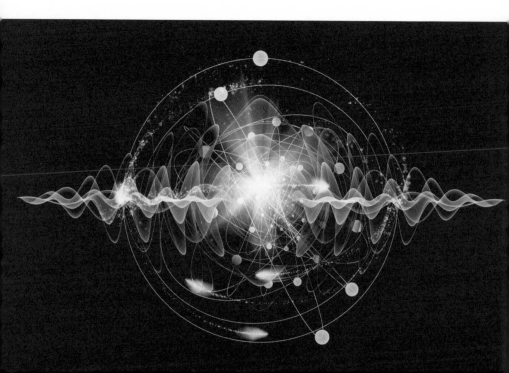

- 第1章：這篇書評刊載於1995年5月25日的《紐約書評》（*New York Review of Books*），最初是1992年11月在英國劍橋一場研討會上的演講內容，收錄在約翰‧康威爾（John Cornwell）編輯的《自然的想像力：科學視野的新領域》（*Nature's Imagination: The Frontiers of Scientific Vision, Oxford University Press, 1995*）這份會議記錄中。

- 第2章：這篇書評刊載於1997年4月10日的《紐約書評》，是1995年5月在耶路撒冷希伯來大學（Hebrew University of Jerusalem）演講內容的精簡版。這份講稿曾做為弗里曼‧戴森《想像的未來》（*Imagined Worlds*, Harvard University Press, 1997）的第5章發表。

- 第3章：是為湯馬斯‧戈爾德（Thomas Gold）著作《深熱生物圈》（*The Deep Hot Biosphere*, Springer-Verlag, 1999）撰寫的序言。

- 第4章：對於麥克‧克萊頓（Michael Crichton）著作《奈米獵殺》（*Prey,* HarperCollins, 2002）的書評，刊載於2003年2月13日的《紐約書評》。

- 第5章：對於瓦克拉夫‧史密爾（Vaclav Smil）著作《地球生物圈：演化、動力與改變》（*The Earth's Biosphere: Evolution, Dynamics, and Change*, MIT Press, 2002）的書評，刊載於2002年5月15日的《紐約書評》。

- 第6章：對於湯馬斯‧萊文生（Thomas Levenson）著作《愛因斯坦在柏林》（*Einstein in Berlin*, Random House, 2003）的書評，刊載於2003年4月24日的《自然》期刊（*Nature*）上。

- 第7章：對於湯姆‧斯托尼爾（Tom Stonier）著作《核災》（*Nuclear Disaster*, Meridian Books, 1963）的書評，刊載於《限武

與裁軍》(*Disarmament and Arms Control*(1964),pp. 459-461)。

- 第8章:「將軍們」出自弗里曼·戴森《武器與希望》(*Weapons and Hope*, Harper and Row, 1984)的第13章。

- 第9章:「俄國人」出自弗里曼·戴森《武器與希望》的第15章。

- 第10章:「和平主義者」出自弗里曼·戴森《武器與希望》的第16章。

- 第11章:這篇書評刊載於1997年3月6日的《紐約書評》,與第2章一樣取材自同篇講稿,也發表在弗里曼·戴森《想像的未來》的第5章中。

- 第12章:是為麥克斯威爾·布魯斯(Maxwell Bruce)與湯姆·米爾恩(Tom Milne)編輯的《終結戰爭:理性的力量:約瑟夫·羅特布拉特紀念文》(*Ending War: The Force of Reason: Essays in Honor of Joseph Rotblat*, Palgrave Macmillan, 1999)所撰寫的序言。經出版社同意轉載。

- 第13章:對於馬克斯·黑斯廷斯(Max Hastings)著作《大決戰:1944-1945年的德國戰役》(*Armageddon: The Battle for Germany, 1944-1945*, Knopf, 2004)以及漢斯·埃里希·諾薩克(Hans Erich Nossack)著作《結束:1943年的漢堡》(*The End: Hamburg,1943*;英譯本譯者為喬爾·艾吉〔Joel Agee〕,他也寫了篇譯者序言,照片攝影者為埃里希·安德烈斯〔Erich Andres〕, University of Chicago Press, 2004)的書評,刊載於2005年4月28日的《紐約書評》。

- 第14章:對於尤里·馬寧(Yuri Manin)著作《數學與物理》(*Mathematics and Physics*;英譯本譯者為安·科布利茨與尼爾科布利茨〔Ann and Neil Koblitz〕, Birkhäuser, 1981)及保羅·福爾曼(Paul Forman)在物理科學歷史研究系列中,列為

第三冊的著作《威瑪文化、因果關係與量子論，1918-1927年：德國物理學家與數學家對於敵對學術環境的適應》（*Weimar Culture, Causality, and Quantum Theory, 1918-1927: Adaptation by German Physicists and Mathematicians to a Hostile Intellectual Environment*, University of Pennsylvania Press, 1971）的書評，刊載於《數學益智》期刊（*Mathematical Intelligencer*, Vol. 5（1983）, pp. 54-57）。

- 第15章：對於愛德華・泰勒（Edward Teller）與朱迪思・舒勒里（Judith Shoolery）著作《回憶錄：二十世紀的科學與政治之旅》（*Memoirs: A Twentieth-Century Journey in Science and Politics*, Perseus, 2001）的書評，刊載於《美國物理學期刊》（*American Journal of Physics*, Vol. 70（2002）, pp. 462-463）。

- 第16章：對於提摩西・費里斯（Timothy Ferris）著作《在黑夜中觀看：後院觀星者如何探測太空深處並保衛地球免於星際危險》（*Seeing in the Dark: How Backyard Stargazers Are Probing Deep Space and Guarding Earth from Interplanetary Peril*, Simon and Schuster, 2002）的書評，刊載於2002年12月5日的《紐約書評》。

- 第17章：對於詹姆斯・格雷克（James Gleick）著作《牛頓傳》（*Isaac Newton*, Pantheon, 2003）的書評，刊載於2003年7月2日的《紐約書評》。

- 第18章：對於彼得・加里森（Peter Galison）著作《愛因斯坦的時鐘與龐加萊的地圖：時間帝國》（*Einstein's Clocks, Poincaré's Maps: Empires of Time*, Norton, 2003）的書評，刊載於2003年11月6日的《紐約書評》。

- 第19章：對於布萊恩・格林（Brian Greene）著作《宇宙的結構：空間、時間與現實的本質》（*The Fabric of the Cosmos: Space, Time, and the Texture of Reality*, Knopf, 2004）的書評，刊載於2004年5月13日的《紐約書評》。

- 第20章：是2004年10月27日在普林斯頓高等學術研究院，慶祝奧本海默百年誕辰的演講講稿。引用蘭辛‧哈蒙德（Lansing Hammond）1979年信件的部分，發表在我之前為奧本海默公開講座精選《原子與虛空》（*Atom and Void,* Princeton University Press, 1989）這本書所寫的序言中。本章中的其他部分則是取自我的著作《武器與希望》的第11章「科學家與詩人」。

- 第21章：對於布萊恩‧卡斯卡特（Brian Cathcart）著作《大教堂中的蒼蠅：一群劍橋科學家如何贏得原子分裂的國際競賽》（*The Fly in the Cathedral: How a Group of Cambridge Scientists Won the International Race to Split the Atom*, Farrar, Straus and Giroux, 2004）與艾倫‧萊特曼（Alan Lightman）著作《神祕感》（*A Sense of the Mysterious,* Pantheon, 2005）的書評，刊載於2005年2月24日的《紐約書評》。

- 第22章：對於弗洛‧康威（Flo Conway）及吉姆‧西格曼（Jim Siegelman）著作《資訊時代的黑暗英雄：控制論之父》（*Dark Hero of the Information Age, the Father of Cybernetics,* Basic Books, 2005）的書評，刊載於2005年7月14日的《紐約書評》。

- 第23章：對於由蜜雪兒‧費曼（Michelle Feynman）編輯與撰寫序言的理查‧費曼（Richard Feynman）著作《費曼手札：不休止的鼓聲》（*Perfectly Reasonable Deviations from the Beaten Track,* Basic Books, 2005）的書評，刊載於2005年10月20日的《紐約書評》。

- 第24章：1972年5月在倫敦伯克貝克學院（Birkbeck College）舉行的伯納爾講座，講稿以附錄的形式發表在由卡爾‧薩根（Carl

Sagan）編輯的《外星文明通訊》（*Communication with Extraterrestrial Intelligence,* Appendix D, pp. 371-389, MIT Press, 1973）。

- 第25章：對於理查‧費曼著作《這一切的意義：公民科學家的思想》（*The Meaning of it All: Thoughts of a Citizen-Scientist*, Addison-Wesley, 1998）與約翰‧波金霍爾（John Polkinghorne）著作《科學時代的上帝信仰》（*Belief in God in an Age of Science,* Yale University Press, 1998）的書評，刊載於1998年5月28日的《紐約書評》。

- 第26章：由杰弗里‧羅賓（Jeffrey Robbins）編輯的《發現事物的樂趣：費曼短篇作品集》（*The Pleasure of Finding Things Out: The Best Short Works of Richard Feynman*）的序言。蜜雪兒‧費曼（Michelle Feynman）與卡爾‧費曼（Carl Feynman）版權所有。經出版社（Basic Books, a member of Perseus Books, LLC）同意轉載。

- 第27章：對於喬治‧查帕克（Georges Charpak）與亨利‧布羅克（Henri Broch）著作《成為魔術師，成為專家》（*Devenez sorciers, devenez savants*；英文版譯者巴特‧荷蘭〔Bart K. Holland〕, Johns Hopkins University Press, 2004）的書評，刊載於2004年3月24日的《紐約書評》。

- 第28章：由奧拉夫‧斯塔普爾頓（Olaf Stapledon）創作並由帕特‧麥卡錫編輯（Pat McCarthy）的著作《造星者》（*Star Maker,* Wesleyan University Press, 2004）的序言。

- 第29章：對於丹尼爾‧丹尼特（Daniel Dennett）著作《打破魔咒：宗教是一種自然現象》（*Breaking the Spell: Religion as a Natural Phenomenon,* Viking Penguin, 2006）的書評，刊載於2006年6月22日的《紐約書評》。

國家圖書館出版品預行編目資料

反叛的科學家：一代傳奇物理大師的科學反思/弗里曼‧戴森（Freeman
  Dyson）著；蕭秀姍譯.-- 初版.-- 臺北市：商周出版：英屬蓋曼群島商家
  庭傳媒股份有限公司城邦分公司發行, 2021.09
  面； 公分
  譯自：The Scientist as Rebel
  ISBN 978-626-7012-68-0（平裝）

  1.戴森（Dyson, Freeman J.）2.科學家 3.物理學 4.傳記

309.9   110013367

反叛的科學家：一代傳奇物理大師的科學反思
The Scientist as Rebel

作　　　者／弗里曼‧戴森 Freeman Dyson
譯　　　者／蕭秀姍
責 任 編 輯／彭子宸

版　　　權／黃淑敏、吳亭儀
行 銷 業 務／周佑潔、黃崇華、張媖茜
總　編　輯／黃靖卉
總　經　理／彭之琬
事業群總經理／黃淑貞
發　行　人／何飛鵬
法 律 顧 問／元禾法律事務所 王子文律師
出　　　版／商周出版
　　　　　　臺北市 104 民生東路二段 141 號 9 樓
　　　　　　電話：(02) 25007008　傳眞：(02)25007759
　　　　　　E-mail：bwp.service@cite.com.tw
　　　　　　Blog：http：／／bwp25007008.pixnet.net／blog
發　　　行／英屬蓋曼群島商家庭傳媒股份有限公司城邦分公司
　　　　　　臺北市中山區民生東路二段 141 號 2 樓
　　　　　　書虫客服服務專線：(02)25007718；(02)25007719
　　　　　　服務時間：週一至週五上午09:30-12:00；下午13:30-17:00
　　　　　　24小時傳眞專線：(02)25001990；(02)25001991
　　　　　　劃撥帳號：19863813；戶名：書虫股份有限公司
　　　　　　讀者服務信箱：service@readingclub.com.tw
　　　　　　城邦讀書花園：www.cite.com.tw
香港發行所／城邦（香港）出版集團有限公司
　　　　　　香港灣仔駱克道 193 號東超商業中心 1 樓
　　　　　　E-mail：hkcite@biznetvigator.com
　　　　　　電話：(852) 25086231 傳眞：(852) 25789337
馬新發行所／城邦（馬新）出版集團【Cite (M) Sdn. Bhd.】
　　　　　　41, Jalan Radin Anum, Bandar Baru Sri Petaling,
　　　　　　57000 Kuala Lumpur, Malaysia.
　　　　　　Tel: (603) 90578822　Fax: (603) 90576622
　　　　　　Email: cite@cite.com.my

封 面 設 計／陳文德
排　　　版／極翔企業有限公司
印　　　刷／中原造像股份有限公司
經　銷　商／聯合發行股份有限公司
　　　　　　地址：新北市 231 新店區寶橋路 235 巷 6 弄 6 號 2 樓
　　　　　　電話：(02) 2917-8022 Fax: (02) 2911-0053

■ 2021 年 9 月 9 日一版一刷
ISBN 978-626-7012-68-0　 eISBN：9786267012833（EPUB）
Printed in Taiwan
定價 420 元

城邦讀書花園
www.cite.com.tw